U0856497

欧盟与英国碳排放贸易机制研究对广东的启示

OUMENG YU YINGGUO
TANPAIFANG MAOYI JIZHI YANJIU
DUI GUANGDONG DE QISHI

李 青◎主编

中国出版集团
世界图书出版公司

图书在版编目（CIP）数据

欧盟与英国碳排放贸易机制研究对广东的启示 / 李青主编. —广州：世界图书出版广东有限公司，2016.7
ISBN 978-7-5192-1585-9

Ⅰ. ①欧… Ⅱ. ①李… Ⅲ. ①欧洲国家联盟－二氧化碳－排污交易－研究②二氧化碳－排污交易－研究－英国 Ⅳ. ①X511

中国版本图书馆 CIP 数据核字（2016）第 174744 号

欧盟与英国碳排放贸易机制研究对广东的启示

策划编辑： 刘正武
责任编辑： 张东文
出版发行： 世界图书出版广东有限公司
（地址：广州市新港西路大江冲 25 号　邮编：510300
网址：http://www.gdst.com.cn　E-mail：pub@gdst.com.cn）
发行电话： 020-84451969　84459539
经　　销： 各地新华书店
印　　刷： 广州市番禺官侨彩印有限公司
版　　次： 2016 年 7 月第 1 版　2016 年 7 月第 1 次印刷
开　　本： 787 mm × 1092 mm　1/16
字　　数： 315 千
印　　张： 20.25
ISBN 978-7-5192-1585-9 / X · 0057
定　　价： 58.00 元

咨询、投稿： 020-84460251　gzlzw@126.com

前言

低碳经济已经成为全球性共识，碳交易是利用市场机制引领低碳经济发展的必由之路。由于尚未建立全国统一的碳交易市场体系，我国被迫处在全球碳交易产业链的最底端。由此，推动全国碳排放交易试点工作迫在眉睫。

目前，作为全国首批开展碳排放交易试点的省市，北京、天津、上海、深圳等地的碳排放权交易试点工作已陆续启动。作为省级的试点，广东碳排放交易市场的筹建也在加紧推进，碳排放权交易机制在设计上有了实际进展，碳排放权的总量确定、企业初始配额分配和交易机制等研究已取得了一定成果，一条具有广东特色的碳排放总量控制与交易体系的路径正在探索，也将取得更辉煌的成果。

欧盟尤其是英国是国际碳排放贸易机制最完善的地区之一。“他山之石，可以攻玉”，本书综合分析了欧盟与英国的碳排放交易机制，介绍了广东碳排放交易的现状，总结欧盟与英国建设碳排放贸易机制的经验，为广东进行碳排放贸易机制的试点工作提出政策建议。

本书采用编著的形式，收集了有关介绍欧盟、英国以及广东在碳排放交易的材料，参考了多位学者的研究，是国内较为全面地介绍欧盟和英国碳排放机制及广东的探索的研究材料。本书分为9章加1个附录。第一章，主要介绍国际碳市场的现状；第二章，主要介绍欧盟碳交易机制；第三章，主要介绍英国碳排放机制；第四章，主要介绍欧盟碳排放交易的法律保障；第五章，主要介绍欧盟与英国碳排放贸易机制的全球影响与国际合作；第六章，主要介绍欧盟与英国碳排放贸易机制对中国及广东的影响；第七章，主要介绍广东碳排放贸易的现状分析；第八章，主要介绍广东在发展绿色低碳产业的探索；第九章，主要是欧盟碳排放贸易机制的经验借鉴与政策建议。附录包括四个部分，一是世界主要低碳环保组织的介绍；二是广东企业低碳发展的案例；三是欧盟与英国碳排放贸易的主要政策文件；四是广东低碳发展的主要政策文件。

本书由广东外语外贸大学广东国际战略研究院课题组完成编著，主编为李青教授，参与编写的人员包括：黄亮雄博士、张翊博士、胡仁杰博士；此外，广东外语外贸大学商学院的硕士研究生王佳琳、钱馨蓓、李璐、王琪、李淼和广东外语外贸大学经济贸易学院的李美婷也参与了本书的编著，其中，王佳琳整理了大量的资料。

本书得到了国家自然科学基金项目"'一带一路'建设与中国制造：战略转型与价值链提升"（项目编号：71573058）、广东省自然科学基金研究团队项目"全球价值链的广东制造：国际竞争力与战略转型"（项目编号：S2013030015737）的资助，我们在此表示感谢。感谢广东国际战略研究院的商杰强、张健和闫晓珊为本书的编写过程提供了良好的环境与后勤服务。我们同时感谢前人的研究给予了我们良好的参考材料。

广东外语外贸大学广东国际战略研究院课题组

2016 年 7 月

contents

目录

第一章 国际碳市场的现状研究

全球工业化快速发展，人类对自然资源的消耗增长迅猛，一方面，以化石燃料为代表的不可再生资源释放的巨大能量，为人类经济活动提供了能源驱动，进而创造了极高的物质文明和人类社会巨大的财富；另一方面，由于长期对自然资源的过度开发和使用，大规模的生态环境遭到破坏，空气被污染，二氧化碳排放造成“全球温室效应”的扩张加剧。气候变化正成为当今世界影响最为深远的全球性环境问题之一，温室效应带来的气候变暖正在不断影响人类的生存和发展。面对气候变暖和环境污染的问题，为了保证经济的可持续发展，实现人与自然的和谐相处，人类开始反思，开始从理论和实践各个方面尝试解决问题，各国政府也在积极采取措施治理环境。其中，以经济手段治理环境，改善人类生存条件，创造可持续发展的绿色生存模式，开始受到人们的关注并成为治理环境的一种重要战略措施。碳市场作为应对“高碳经济”时代产生的碳排放和温室效应，是市场框架下治理环境问题最为有效和突出的经济手段，其根本目的是推动碳市场和碳金融的发展，促使全球经济由“高碳密集型”转向“绿色低碳型”，实现人类和环境的双重可持续发展。

第一节 碳排放贸易市场的基本内涵

一、碳市场的起源

全球气候变化是当前人类面临的最严重的问题之一，也是目前国际社会普遍关注的热点问题。政府间气候变化委员会（IPCC）认为，近50多年的升温，有很大可能是由人类活动排放温室气体所致，因为，控制温室气体——CO_2的排放成为应对气候变化最有效的措施。《京都议定书》作为限制各国温室气体排放较为有效的国际法案，主要目的是将大气中的温室气体含量稳定在一个适当的水平，防止剧烈的气候改变对人类造成伤害，并提出了三种灵活履约合作机制，即联合履约机制（Joint Implementation，JI）、排放权交易（International Emission Trading，IET）以及清洁发展机制（Clean Development Mechanism，CDM），这三种机制直接催生了国际碳交易市场，碳金融也随着碳交易市场的形成而展开。

（一）气候变化与低碳经济的发展

气候和环境是人类生存发展的基础，自工业革命以来，全球正经历着一场以气候变暖为主要特征的全球性环境变化。全球气候变化是指在全球范围内，气候平均状态统计学意义上的绝大改变或者持续较长一段时间（一般为10年以上）的气候变化。气候变化的原因可能是自然的内部进程或者是外部压力，或者是人为地持续对大气组成部分和土地利用的改变。《联合国气候变化框架公约》（UNFCCC）将“气候变化”定义为“经过相当一段时间的观察，除自然气候变化以外由人类活动直接或间接地改变全球大气组成而导致的气候变化”。UNFCCC因此将因自然原因的“气候变化”和人为导致的“气候变化”区分开来。

自20世纪80年代开始，包括政府间气候变化专家委员会（IPCC）所做的5次评估报告在内的科学研究表明，人类社会自1750年工业革命以来，由于大量使用化石燃料排放CO_2等温室气体，致使全球气候变暖，且20世纪中叶以来更有进一步加剧的趋势。气候变化导致海平面上升、海洋酸化、冰川融化、洪涝、干旱、海啸等自然灾害频发、生物多样性受损等不良影响，对自然生态系统和社会经济系统均可能产生巨大影响，严重威胁整个人类社会的现实安全和可持续发展。已公布的政府间气候变化委员会（International Panel on Climate Change，IPCC）第五次报告显示：1880—2012年全球平均温度已升高0.85℃［0.65—1.06℃］；过去30年，每10年地表温度的增暖幅度高于1850年以来的任何时期。在北半球，1983—2012年可能是最近1400年来气温最高的30年。特别是1971—2010年间海洋变暖所吸收热量占地球气候系统热能储量的90%以上，海洋上层（0—700米）已经变暖。与此同时，1979—2012年北极海冰面积每10年以4%—5%的速度减少；自20世纪80年代初以来，大多数地区多年冻土层的温度已升高。全球气候变化是由自然影响因素和人为影响因素共同作用形成的，但对于1950年以来观测到的变化，人为因素极有可能是显著和主要的影响因素。目前，大气中温室气体浓度持续显著上升，CO_2、CH_4和N_2O等温室气体的浓度已上升到过去80万年来的最高水平，人类使用化石燃料和土地利用变化是温室气体浓度上升的主要原因。

1. 对农业生态系统的影响。全球变暖影响农作物的生长质量和产量。气候变化将影响中国水稻、小麦、玉米等主要作物的生产和产量，在气候变暖的条件下，如果没有新的适应技术，农作物的生育期会缩短，生长量会减少，这将会抵消作物全年生长期延长的效果，而且由于生育期缩短，减少了作物通过光合作用积累干物质的时间，质量也会下降，从而对作物产量产生影响。其次，气候变暖会影响到中国主要农作物的病虫害发生情况，会加重农业病虫害的发展，这是因为农作物害虫的分布、生长发育、繁殖和越冬等与温度条件密切相关。气候变暖会使中国主要农作物害虫虫卵的越冬北界北移，害虫成活率提高，虫口数剧增，虫害发生期、迁入期提前，危害期延长。此外，全球变暖导致农业成本和投入大幅度增加。肥效对环境温度的变化十分敏感，尤其是氮肥，在温度越高的情况下，能被农作物直接吸收利用的就越少。因此，要想保持原有的肥效，就必须加大施肥量，而且全球变暖使得土壤有机质的微生物分解将加快，造成地力下降。

2. 对海平面的影响。全球变暖导致海平面的上升，影响沿海地区的农业生产。气候变暖会引起冰川融化，从而导致海平面升高，这将影响海岸带和海洋生态系统。在全球变暖的大趋势下，中国海平面也在持续上升，使得沿海地区遭受风暴的影响，而且由于建造了大量高层建筑以及抽取大量地下水，导致地面出现下降，因此其海平面的上升幅度还要进一步加大，从而大幅度降低了防洪标准。海平面上升与异常气候事件进一步加重了风暴潮、赤潮入侵与盐渍化等海洋灾害，可能会淹没沿海地区大片地势低洼的农田，使得沿海地区的农民无田可种。此外，海平面上升还会造成其他的不利影响，像海水倒灌不但会使农田盐碱化，还会使内河的渔业生产受到影响，从而影响到沿海地区农业生产，并引发一系列社会经济问题。

3. 对水文资源的影响。气候变化直接影响水文循环的现状，导致水文水资源在时空上的重新分配和在数量上的改变，从而影响社会的发展和人们赖以生存的生态环境。气候变化对水资源的影响主要表现在3个方面：（1）气温的升高，使得土壤中的水分蒸发速率加快，地表水渗入速率也随之加快，从而改变了生态系统抵抗外界环境干扰和保持系统平衡的能力；（2）径流量大小、降水时机的改变，降水强度的改变，旱灾、洪灾的频率与强度的扩大，水汽循环加速或减缓等因素；（3）水资源相关项目不合理的规划和不科学的管理所引发的影响，如土地利用方式的改变，径流特征的改变导致海平面上升，水资源的分布变化。同时，也影响了人类生活的空间格局，从而改变了水资源供求关系以及人口迁移模式①。

4. 人类健康的影响。世界卫生组织指出：每年因气候变暖而死亡的人数超过10万人，如果世界各国不能采取有力措施减缓气候变暖，到2030年，全世界每年将有30万人死于气候变暖，威胁人类生存。气候变暖正在继续，温室效应对人们身心健康的影响与危害，已经普遍性地凸显，人们该如何应对这场灾难，已经是迫在眉睫而必须要思考的大问题。气候变暖，对全球的影响是全方位的，它不但导致了气候失常与有些物种的变异与新生，它对人类身心健康的影响，已经普遍性地显现，而且正在随着温室效应的逐步加重而逐渐加深。气候变暖对人类健康的最直接影响是使热浪袭击频繁或严重程度增加，热浪、高温使病菌、病毒、寄生虫更加活跃，会损害人体免疫力和疾病抵抗力，导致与热浪相关的心脏、呼吸道系统等疾病的发病率和死亡率增加。这种影响对老人、儿童、发展中国家贫穷的群体尤为显著。世界卫生组织预计，到2020年全球死于酷热的人将增加1倍。

---

① 史玉品．黄河源区气候变化及其对水资源的影响［D］．河海大学硕士学位论文，2006.

“低碳经济”的概念最先由英国提出，英国也是低碳经济的积极倡导者，《京都议定书》为欧盟规定的目标是到2012年温室气体排放量在1990年的基础上减排8%，根据欧盟内部的“减排量分担协议”，英国的目标是到2012年在1990年水平上减排12.5%。而英国制定的国内目标是，力求在2010年将二氧化碳减排20%，到2050年减排60%，实现低碳经济发展。温室气体过高会影响人类的经济活动和生产生活，因此，在全球范围内倡导低碳经济是遏制气候灾难效应的必要手段，各国已经意识到发展低碳经济的重要性，并将寻求低碳经济发展作为各国发展可持续经济中的一个重要战略组成部分。低碳经济几乎涵盖了所有的产业领域，有学者称之为“第五次全球产业浪潮”，“低碳经济”（Low-Carbon Economy）是一个与气候变化相联系的范畴，首次出现在官方文件是2003年英国的能源白皮书——《我们能源的未来：创建低碳经济》，但是并没有得到足够的重视。自2008年全球经济危机以来，随着美国政府将低碳经济和经济发展联系起来，发达国家纷纷部署和实施“低碳经济”战略，低碳经济开始在全球范围得到广泛重视。直到今天，不同学者、组织和政府对“低碳经济”的理解也是不同的。

国际上将“低碳经济”定义为：所谓低碳经济，是指人类通过技术手段和制度设计，降低化石能源（主要是煤、石油、天然气）的消耗，减少温室气体的排放，遏制全球气候变暖，从而减少由此带来的各类自然灾害的发生和生态环境的恶化，保护人类的生存安全。正确理解低碳经济的内涵，应当重点把握以下五个方面：

1. 低碳经济包括生产、交换分配消费在内的全社会各产业活动的低碳化，努力降低温室气体排放，实现低排放甚至零排放。

2. 低碳经济是经济发展的、生态环境代价以及社会经济成本最低的经济，是一种能改变地球生态系统自我调节能力的可持续发展经济。

3. 低碳经济实质是能源利用效率和清洁能源结构的问题，核心是能源技术创新、制度创新和人类生存发展观念的根本性转变。

4. 低碳经济是一种经济形态，向低碳经济的转型目标是实现低碳高增长，强调发展模式，转型过程具有阶段性特征，经济表现为能源效率的提高、能源结构的优化以及消费行为的理性，低碳并不是目的，而是手段，重要的是实现可持续经济的发展。

5. 低碳经济是一种发展哲学，是人类生存方法的根本转变，低碳经济的发展是呈体系化的多方面共同发展，涉及全球各个国家以及国家内部生产、分配、流通、消费等部分的产业关系连接，包括碳汇与碳补偿碳交易、碳标识以及碳成本的内部化和碳消耗、碳消费和碳足迹等的市场化减排激励约束。

（二）碳市场的理论基础

气候变化主要是由于温室气体的快速增加，大气中的温室气体主要来自人类的经济活动，传统的经济学理论认为：经济活动的目的是追求个体经济利益的最大化。庇古的外部性理论提出以后，许多学者意识到对经济活动的价值判断应该以是否增加了社会整体福利为标准，在使用化石燃料的过程中，要考虑全社会的利益，不能无限制地进行温室气体排放。如何解决温室气体排放的外部性问题一直是困扰学者们的难题，随着经济理论的发展，产权理论的加入为交易外部性提供了有效的解决办法，为碳交易的产生奠定了坚实的理论基础。

1. 外部性理论。“外部性”一词来源于英国剑桥学派的创始人马歇尔所著的《经济学原理》，由马歇尔最早提出的外部性行为是指因为企业组织外部的产业组织方式造成的企业生产成本的减少或增加。但是马歇尔考察的是外部经济对本企业的影响，而庇古则提出了研究本企业的行为如何影响其他企业的活动和收益，庇古认为边际社会成本大于边际企业成本的行为是外部不经济行为，采用“庇古税”来调整外部不经济行为。庇古从社会福利的角度系统地研究了外部性问题，他发现，当企业的经济活动对他人造成不利影响，但又不需要为这种影响承担相应责任的时候，就会造成社会整体福利的下降。根据庇古的理论，碳排放是典型的经济外部性行为。经济活动中对化石能源的大量使用，一方面增加了企业的经济效益，另一方面使大气中温室气体浓度显著增加，最终导致了全球变暖。企业在化石燃料的使用过程中增加了自身的经济利益，但却没有为导致全球变暖而承担相应的经济责任，与企业相对的生活群体遭受了损失但没有获得相应的补偿。按照外部性理论，要解决企业生产外部性问题，需要政府的介入，对排放温室气体的企业进行征税或收费，采用市场化的交易方法来控制和削减温室气体的排放，以实现社会福利的最大化。

2. 产权理论。针对传统经济学在解决外部性所产生的各种问题，科斯于1937年和1960年分别发表了《厂商的性质》和《社会成本问题》两篇论文，为解决外部性问题提供了理论依据。科斯认为，只要产权明晰，相关利益者就可以通过交易的方式解决外部行为体，实现资源的最优配置。在科斯产权理论的指导下，一些国家和政府开始制定相关法律，明确温室气体排放权利的归属，将温室气体排放权的外部性问题转化为内部性问题。这样，温室气体排放权界定以后，政府通过设定温室气体的排放上限，规定企业要进行温室气体排放，就必须向拥有温室气体排放权的企业或个人购买这种权利。企业在排放温室气体时，既增加了企业自身的经济利益，又为其对环境造成的影响承担了相应的成本，通过这种交易，社会资源最终还是先最优化配置。

（三）碳市场的实践基础

产权理论为解决温室气体的排放问题提供了较好的理论依据，使各国能够采用全新的减排方法进行有益的尝试。美国是最早尝试运用产权理论来解决环境问题的国家，美国国家环保局（EPA）用于大气污染源及河流污染管理，其成功的经验为后来的碳交易机制的形成具有重要的帮助。而后德国、澳大利亚、英国等国家相继进行了排污权交易政策的实践。排污权交易是当前受到各国关注的环境经济政策之一。

联邦环保局排污权交易计划是美国运用产权交易理论解决环境问题的第一次尝试，其核心是“排放抵消”，在减轻空气污染的同时允许企业的经济发展。排污权交易一般是指，由政府部门确定出一定区域的环境质量目标，并据此评估该区域环境容量，然后推算出污染物的最大允许排放量，并将最大允许排放量分割成若干规定的排放量（即若干排污权）。排污者从其利益出发，自主决定其污染治理程度，从而买入或卖出排污权。排污权交易其实是通过模拟市场来建立排污权交易市场，它的主体是污染者，而与受害者无关，客体是排污权（即剩余的排放许可）。理论上，这一机制不但可以在国内运用，还可以用于国际社会，包括在发达国家与发展中国家之间进行交易。

经济合作与发展组织理事会于 1991 年 1 月提出了《关于在环境政策中使用经济手段的建议》，其中提出了可交易的许可证。1992 年联合国环境与发展会议通过的《里约宣言》的原则和该会议通过的《21 世纪议程》第 8 章强调："需要作出适当努力，更有效和更广泛地使用经济手段"；《气候变化框架公约》第 4 条第 2 款规定：附件一所列的发达国家缔约方和其他缔约方可以根据本公约共同执行减少温室气体排放的政策和措施，也可以协助其他缔约方为实现本公约的目标作出贡献。1997 年 11 月在日本京都召开的《气候变化框架公约》首脑会议（以下简称"京都会议"）通过了一项允许发展中国家向富国"出售"吸收二氧化碳的森林能力的规定，以美日为代表的发达国家企图通过该交易来逃避超量排放二氧化碳的责任，遭到了以中国为代表的发展中国家的强烈反对，最终只能在发达国家之间进行。

但是，发达国家引入市场机制治理和控制排放问题的实践验证了这样一个道理：只有建立合理的法律和交易制度，排污权交易实践才能获得成功，只有坚实的实践基础，市场化的碳交易才能获得成功。

（四）碳市场的法律基础

碳市场的产生和发展有两个重要的国际法基础文件，即《联合国气候变化框架公约》（下文简称《公约》）和《京都议定书》。《公约》是限制全球碳减排活动的总指导规则，而《京都议定书》为碳交易机制的产生提供了直接的依据和动力。

1.《联合国气候变化框架公约》。《联合国气候变化框架公约》是 1992 年联合国政府间谈判委员会就气候变化问题达成的公约，并在巴西里约热内卢举行的联合国环发大会上通过。《公约》是第一个为全面控制温室气体排放以应对全球气体变暖给人类经济和社会带来不利影响的国际公约，也是国际社会在对付全球变暖问题上国际合作的一个基本框架。《公约》

的诞生是人类应对气候变化的里程碑，是国际谈判的基石，但是《公约》只规定了缔约国的义务，并没有明确和量化减排目标，为了实现“将大气中温室气体的浓度稳定在防止气候系统受到危险的人为干扰的水平上”这一目标，制定了几项原则：第一，“共同但有区别的责任”原则，发达国家一般都被赋予了强制减排的目标，而发展中国家则是量力而行，尽力而为；第二，“统筹兼顾”原则，要求考虑发展中国家应对气候变化的具体需要；第三，“适应性原则”，尊重各缔约国的可持续发展权，使减排行动与各国的国情相适应，一致发展；第四，“合作原则”，应对气候变化的措施不能成为国际贸易的壁垒，应避免歧视性措施。

2.《京都议定书》。《京都议定书》是人类第一部限制各国温室气体排放的国际法案，1997 年 12 月，《联合国气候变化框架公约》第三次缔约方大会在日本京都召开，149 个国家地区的代表通过了旨在限制发达国家温室气体排放量的《京都议定书》。《京都议定书》的主要目标是将大气中的温室气体含量稳定在一个适当的水平，从而防止剧烈的气候改变对人类造成伤害。“共同但有区别的责任”原则，是《公约》的核心原则，即发达国家率先减排，并向发展中国家提供资金技术支持。发展中国家在得到发达国家资金技术的支持下，采取措施减缓或适应气候变化。这一原则在历次气候大会上均为决议的形成提供依据。

《京都议定书》与《公约》的最主要区别是，《公约》鼓励发达国家减排，而《京都议定书》强制要求发达国家减排，具有法律约束力。具有法律约束力的《京都议定书》，首次为发达国家设立强制减排目标，也是人类历史上首个具有法律约束力的减排文件。而且为了控制减排成本，《京都议定书》还创设了三个灵活的减排机制，包括：联合履约机制（JI）、清洁发展机制（CDM）和国际排放权交易（IET），建立了碳排放权的市场交易机制，并实现了 AAUs（IET 下的配额）、ERUs（JI 下的减排单位）以及 CERs（核证减排量）的交易。AAUs 可通过免费发放、拍卖等方式获得，而 ERUs 和 CERs 需要经过核证程序。

国际排放贸易机制（IET）指的是附件 I 的缔约国相互之间交易转让配额 AAUs，使减排成本高的国家向减排成本低的国家购买碳配额，以降低温室气体减排的成本，国际排放贸易机制属于总量控制—碳交易型，如

图 1-1 所示，欧盟是利用排放贸易机制实现减排和降低减排成本的成功典范，其基于《京都议定书》确定的 CO_2 总量目标，进行成员国碳额分配，并且建立起欧盟碳交易市场（EU-ETS），欧盟交易市场也是当前国际上最大的碳交易市场。

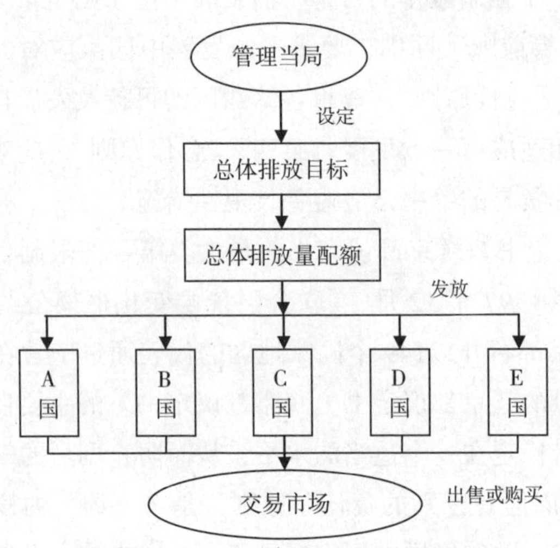

图 1-1　国际排放权交易机制（IET）

JI 指的是附件 I 的缔约国之间交易和转让由合作项目产生的减排单位 ERUs，使超额排放国家实现履约义务的机制，如图 1-2 所示。具体为投资国向东道国提供技术支持或双方合作开发东道国的项目，从而获得基于项目的 ERUs，由东道国转让给投资国，同时在东道国的配额上扣减相应额度。JI 属于基线减排与信用交易型（Baseline-and-Trade），不同的减排项目采用适当标准设定减排基准，基准线为实施项目前的预估计量，实际减排的排放量与基准线的差别可通过核证获得减排信用用于履约。联合履约项目在运行前必须进行审定，并且每年须对温室气体减排量进行核证，核证工作由独立的第三方机构完成，2005 年《京都议定书》缔约方第一次大会形成决议，成立联合履约监督委员会（Joint Implementation Supervisory Committee，JISC），对联合履约项目活动进行核证。

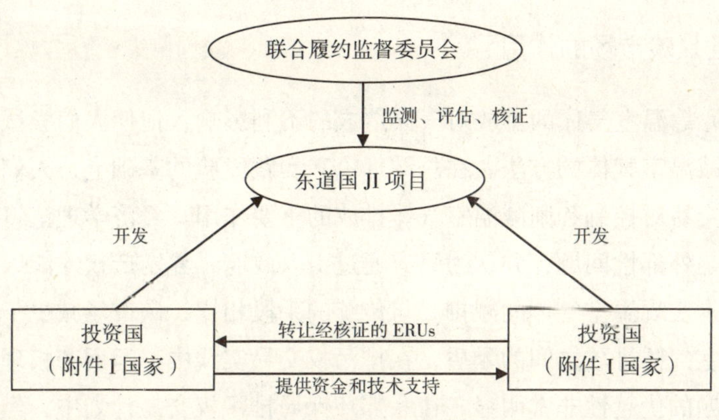

图 1-2　联合履约机制（JI）

CDM 是附件 II 的缔约国通过资金支持或者技术援助等形式，与发展中国家开展减少温室气体项目的开发和合作，产生核证减排量的项目需要在联合国注册，在获得联合国清洁发展机制执行理事会（Executive Board，EB）的认可以后，如图 1-3 所示，这部分“核证减排量”就可以参与交易，发达国家可以用其抵消国内的超额温室气体排放。与 JI 不同的是，其东道国为非附件 I 国家，CDM 是唯一一个涉及发展中国家的交易机制，不仅为发展中国家开发新能源提供技术支持，还能以低成本开发 CERs，降低履约成本。

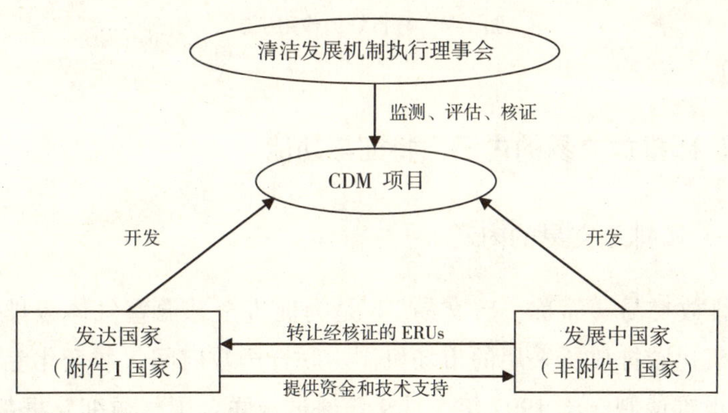

图 1-3　清洁发展机制（CDM）

（五）碳市场的作用

CO_2 等温室气体的排放对气候造成的不利影响，促使人们尝试各种控制和削减温室气体的方法。在总结理论和实践经验的基础上，人们逐渐认识到碳交易对控制和削减温室气体排放的重要作用。经济学理论将温室气体看作是外部性问题，并认为只有通过引入政府，界定产权才能以最低的社会成本实现温室气体的减排。与传统的手段相比，碳市场减少了经济发展与温室气体排放之间的矛盾，在排污权交易实践中，运用产权理论解决环境问题的优越性非常明显，在联邦环保局排污权交易计划中，经济得到发展的同时，借助配额的转让使得企业的减排成本降低，国际社会将开展碳市场交易作为一种减排机制写入《京都议定书》，为碳交易的开展提供了指导，各国开始制定适合本国国情的碳交易制度，一个崭新的交易品种——碳排放配额交易逐渐在全球发展起来，如图 1-4 所示。

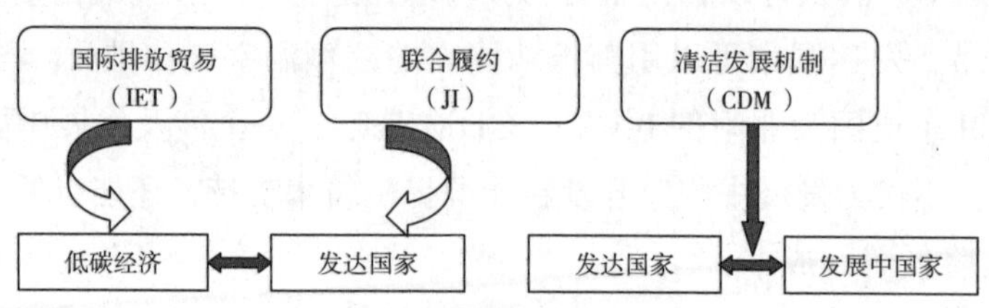

图 1-4 碳市场的作用机制

二、碳排放交易的内涵、特征与功能

（一）碳排放交易的内涵

碳排放交易（简称“碳交易”）是为促进全球温室气体减排，减少全球二氧化碳排放所采用的市场机制。联合国政府间气候变化专门委员会通过艰难谈判，于 1992 年 5 月 9 日通过《联合国气候变化框架公约》（UNFCCC）。1997 年 12 月于日本京都通过了《公约》的第一个附加协议，即《京都议定书》。《京都议定书》把市场机制作为解决以二氧化碳为代表的温室气体减排问题的新路径，即把二氧化碳排放权作为一种商品，从而形成了二氧化碳排放权的交易，简称“碳交易”。碳交易泛指一切与限制温室气体排放相关联的金融活动，狭义的碳交易市场是指以碳排放权为标的物的金融现货、期货、期权交易；广义的碳交易泛指所有服务于减少温室气体排放的各种金融制度安排和金融交易活动，包括低碳项目开发的投融资碳排放权及其衍生品的交易和投资，以及其他相关的金融中介活动。

（二）碳排放交易的特征

碳排放交易主要有三个特征：

1. 以碳排放权为标的的金融交易。碳排放交易是以碳排放权和碳配额为标的的交易活动，碳排放权具有金融产品的属性，可以作为商品进行买卖，并衍生为具有投资价值和流动性的金融工具，通过对碳资产收益的追逐带来产业结构的升级和经济增长方式的转变。

2. 社会整体福利为导向。碳交易并不完全以经济效益为导向，而以执行国家政策和发展人类生存环境为宗旨，不以眼前利益为终极目标，而以良好的生态效益和环境效益为己任，支持社会整体福利的提高，减少降低人类生活水准的环境问题。

3. 社会与自然融为一体。碳交易将环境学、经济学、社会学等多个学科相互连接。将人类的生存发展同气候变化、环境问题紧密结合在一起，并运用市场经济手段来解决科学、技术、经济的综合发展问题。各国经济可持续发展的基本条件是采用低碳发展模式。

（三）碳排放交易的功能

碳排放交易的核心功能是利用市场化手段解决气候变化问题，通过促进全球碳市场的发展，推进全球经济向低碳经济转型。具体功能包括：①调动各方参与碳减排，降低交易成本，使碳交易更加标准化、透明化，也促进了碳减排信息的传递；②促进碳金融市场的产生和发现碳价格，碳市场借助金融交易工具来实现排放权和配额转移，碳金融市场可以提供碳产品定价机制，具有价格发现作用，有利于统一碳市场价格，同时也有效地沟通商品贸易市场与能源市场。碳价格能够及时、较为公平地反映碳排放权交易的信息，如碳排放权的稀缺程度、供求双方的交易意愿等。资金在价格信号的引导下合理地流动，优化资源配置。

三、碳市场的构成要素及分析框架

碳交易市场以产权理论与环境经济学为经济学基础，根据《京都议定书》的“国际排放权交易机制”、“联合履约机制”以及“清洁发展机制”三种基本交易机制，欧美等发达国家出现了以碳排放权为商品的交易活动。在节约交易成本，提高交易效率的要求下，一个全新的交易市场——碳市场得以建立，并在数年里迅速发展。目前全球有 20 多个专业的碳交易市场，致力于以市场交易的手段控制和削减本国或本地区温室气体排放，任何一个市场，无论其表现形式和方式如何，其中必然包含了一些构成市场的共同要素，如参与者、交易动机、交易机制、交易标的、交易范围、交易场所等方面，这些要素的设计是市场设计的重要内容，是影响市场成功与否的关键所在。从既有的国际碳交易市场出发，对这些要素进行一定的分析，有助于我们了解碳市场、认识碳市场并掌握碳市场的运行规律。

（一）碳交易市场的交易机制

碳交易市场诞生于两种交易机制，即总量控制与交易机制（Cap-and-Trade）、基线与信用机制（Baseline-and-Credit）。熊焰（2010）指出，要更好地了解碳市场，就必须认识和了解两种不同类型的基本碳资产—配额（Allowance）和补偿（offset）的区别，以及创建它们的机制。配额是由总量控制与交易机制创建的，补偿或者碳信用则是由基线与信用机制创建的。

总量控制与交易制度是由管理当局设定总体排放量，并根据成员国的多少转化为配额，根据成员国的国内基本碳排放情况和本国国情进行适当的配额分配，减排成本低的国家可以将剩余的减排配额转卖给减排成本高的国家，由此形成配额交易市场，如图 1-5 所示。由于这里交易的基本碳资产是配额，所以，与其对应的碳市场被称为配额型交易市场，目前世界上的配额型交易市场主要包括欧盟的排放交易体系（European Union Emission Trading Scheme，EU-ETS），澳大利亚新南威尔士州温室气体减排计划（New South Wales Greenhouse Gas Reduction Scheme，NSW-GGAS），美国部分州参与的区域温室气体行动计划（Regional Greenhouse Gas Initiative，RGGI）等，另外还有澳大利亚和新西兰等国的全国性总量控制与交易机制正在审核中。

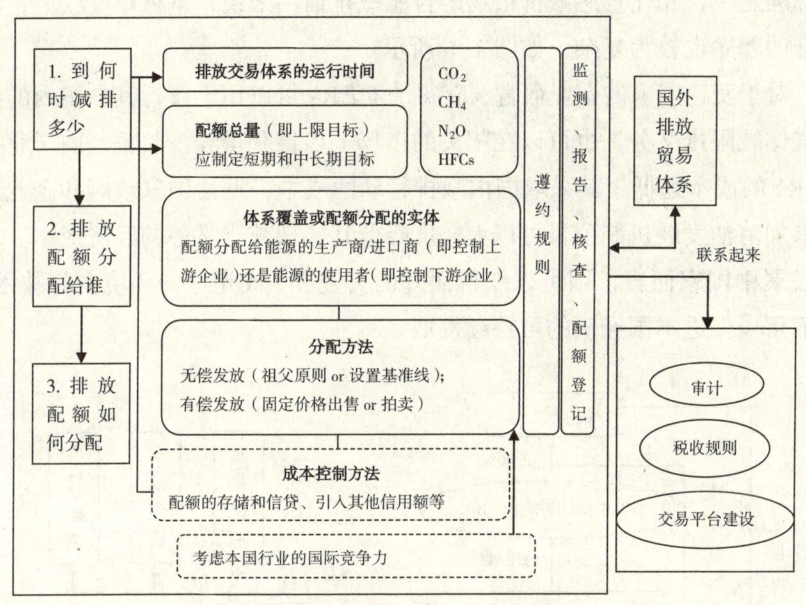

图 1-5 总量控制—碳交易市场机制

在基线减排与信用机制下，交易对象不是配额而是碳信用（credit）或称碳补偿 / 碳抵消（offset），它们来自减排项目。当两个具有一定额外性的减排项目完成的时候，经过一定的程序，其削减的排放被认可为碳信用，可以进入市场进行交易。由于这里交易的基本碳资产——碳信用来自项目，所以，与其对应的碳交易市场被称为项目型交易市场，目前其主要包括《京都议定书》下的清洁发展机制（CDM）和联合履约（JI）

市场，而根据其使用途径，可以分为两种，一种是进入自愿减排市场（Voluntary Emission Reduction，VER）的自愿减排信用，一种是进入强制减排交易体系作为抵消机制的辅助交易对象，例如CDM项目下产生的核证减排单位（CERs），但两种途径的最终目的都是减少成本以抵消碳排放。无论碳信用如何被利用，其产生、交易和注销机制都是类似的，项目所产生的减排信用须经过主管部门核证才能用于交易和履约。通过合理的标准体系开发和认证并形成可信的碳信用是交易和抵消的基础，因此，核准签发机制是基线减排和信用机制的核心，标准的选择非常重要。

其中CDM核准程序是发达国家和发展中国家缔约减排项目需要选择的标准之一，相比自愿减排市场的自愿减排信用来说，审核难度较大，其核准的程序也较为复杂，如图1-6所示。

对于发达国家的企业而言，获得的CERs可以用于履行其在国内的温室气体减限排义务，也可以在相关的市场上出售获得经济收益。由于获得CERs的成本远低于其采取国内减排行动的成本，发达国家政府和企业通过参加清洁发展机制项目可以大幅度降低其实现减排义务的经济成本。对于发展中国家而言，则可以获得额外的资金和/或先进的环境友好技术，从而可以促进本国经济的可持续发展。

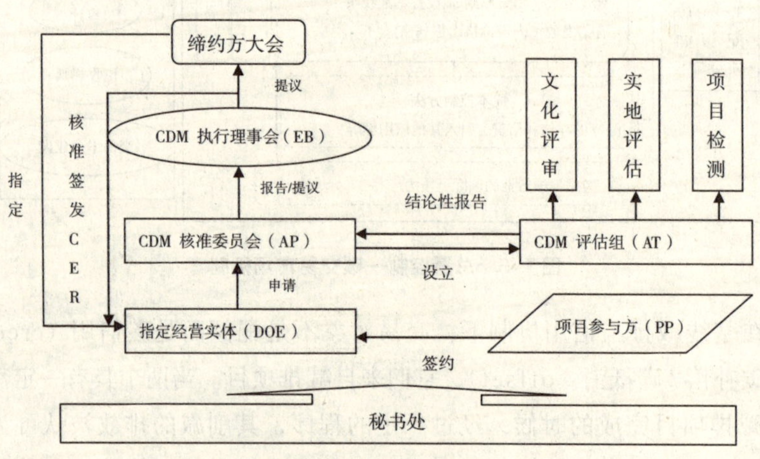

图1-6 CDM核准程序

（二）碳交易市场的类型

《联合国气候变化框架公约》和《京都议定书》的签订，为碳市场和碳交易提供了原则指导，促使国际上温室气体排放权交易快速增长，但由于发展程度以及对强制减少碳排放的态度和认识的差异，不同的区域和国家根据本国的国情和市场需求建立和发展的碳市场的法律基础运行机制以及交易标的的方面也不一样，如图 1-7 所示。现存的交易体系和正在建立的交易体系需要进行协调，通过解决减排目标的灵活性和可比性、减排范围以及交易透明度等方面的关键问题，确定全球统一的碳排放信用标准，从而降低交易体系和流程的复杂性并削减交易成本，增加不同市场之间的联系。

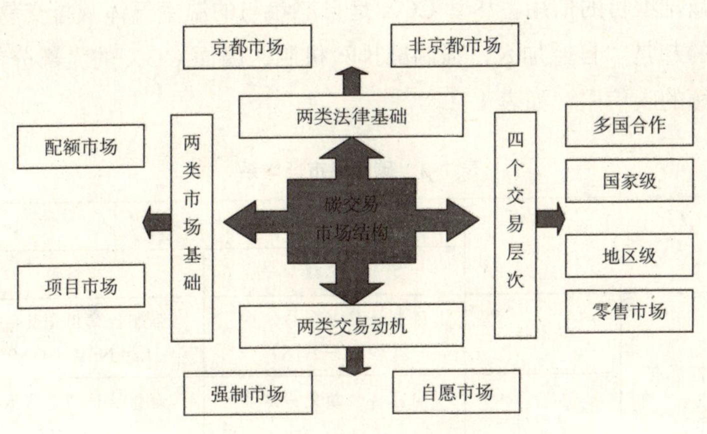

图 1-7 全球碳交易市场结构

在碳交易市场创建初期，主要供给方包括项目开发商、减排成本较低的排放实体、国际金融组织、咨询机构、技术开发转让商等，主要需求方由履约买家和自愿买家组成，其中履约买家包括减排成本较高的排放实体，而自愿买家包括处于企业社会责任或准备履约进行碳交易的企业、政府、非政府组织、个人。随着金融机构进入碳交易市场，包括碳交易所和交易平台、银行、保险公司、对冲基金等一系列金融机构，碳交易市场不断被金融化。随着越来越多的参与者进入碳交易市场，碳交易变得更加高效率并且更具规则。

碳交易市场有不同的分类方法。按照交易动机，可以分为强制市场和自愿市场；按照市场原理或者排放权来源，可分为配额市场（Allowance-based Markets）和项目市场（Project-based Markets）。

1. 自愿交易市场和强制交易市场。自愿交易市场是企业通过内部协议，相互约定温室气体排放量，并通过配额交易调节剩余，以达到协议要求，在这种交易基础上建立的碳市场就是自愿碳交易市场。自愿碳交易市场由于是企业自愿实施减排而建立起来的市场体系，因此交易量和交易额都比较有限，在过去几年中，该市场提供了参与低碳发展的机会。自愿交易市场比较典型的代表是芝加哥气候交易所（CCX），CCX 交易的温室气体排放权产品主要是碳金融工具（Carbon Financial Instrument，CFI），每一个单位的 CFI 代表 100 吨 CO_2 当量。CFI 是基于配额的信用，也可以是基于减排项目的信用。尽管 CCX 是自愿参与的温室气体减排交易机制，但实施的却是“自愿加入，强制减排”机制，因而 CCX 的大部分都还是基于配额的碳信用，如表 1-1。

表 1-1 碳交易市场体系

		交易标的标准	
		碳配额	碳信用
强制性标准	强制性	强制性配额交易体系（如 EU-ETS）	强制性信用交易体系（如 NSW GGAS）
	自愿性	自愿性配额交易体系（如 CCX）	自愿性信用交易体系（如 CDM）

自愿市场还包括另一种市场形式，即存在着不受任何配额限制的自愿碳交易市场，因为交易没有固定的场所，所以称之为自愿碳交易场外市场（OTC Market），这个市场不属于总量限制交易控制体系中的一部分，在这个市场中交易的基本都是基于项目的碳信用，所以可以称之为碳抵消市场（Carbon Offset Market）。场外市场的碳信用一般称为自愿减排量（Voluntary Emission Reduction，VER），OTC 市场上的购买者主要是企业、机构、政府、非政府组织、个人等，但是不同购买者购买的目的不尽相同。政府和企业购买 VER 更多的是为了树立自身形象，企业还有履行

社会责任的义务，而机构以及个人购买 VER 则可能存在倒买倒卖以投机获利。

自愿市场的场外交易在 2011 年达到 5.69 亿美元，如表 1–2，比 2010 年增长了 35%，碳交易价格也有所上升。但交易价格波动明显要比强制市场大很多，并且价格受认证方法的严重影响，从不到 0.1 美元 / 吨 CO_2 当量，到超过 100 美元 / 吨 CO_2 当量，其价格波动如此强烈的一个重要原因是其碳减排核证方法多样而且差异较大。

表 1–2 自愿市场场外交易情况

项目	平均价格（美元 / 吨 CO_2 当量）		交易量（百万吨 CO_2 当量）		交易额（百万美元）	
	2010 年	2011 年	2010 年	2011 年	2010 年	2011 年
场外自愿交易	6	6.5	69	87	414	569
自愿碳标准	5	4.4	28	43	142	191
黄金标准	11.3	10.4	6.5	8	73	86
美国碳注册	1.6	5.7	1.5	4	2.5	24

数据来源：世界银行，2012 年。

强制交易市场主要是以欧盟排放交易机制为主建立的强制减排市场，作为世界上第一个强制性排放交易体系，欧盟排放交易机制确立了以排放总量限制和交易为基本原则的交易制度。在排放总量闲置和交易为原则的交易制度下，政府作为环境的管理者，首先设置一个排放总量上线，受该体系管辖的所有企业的排放量的综合不能超过设定的上限。为了这个目标，每个企业将通过无偿分配或者拍卖的形式获得一定数量的排放许可凭证——欧盟碳配额（European Union Allowance，EUA），超过凭证登记的额度企业为了避免罚款将在市场上购买排放许可差额，以满足排放要求。

欧盟排放交易机制的市场体系与《京都议定书》下的贸易排放原则基本一致，在欧盟排放交易机制中，2008—2012 年期间，15 个签署《京都议定书》的欧盟成员国的减排目标为 8%，而实际上，与基准年相比，在不计算《京都议定书》灵活机制的碳汇与碳额度的情况下，这 15 个国家在此期间的减排达到了 11.8%，这一数据比 2012 年西班牙的排放总量还高。根据欧洲环境局（EEA）公布的官方数据，2012 年，欧盟温室气体排放持续降低，2012 年降低了 1.3%，在 1990 年基础上降低了 19.2%，已经完成了 2020 年在 1990 年基础上减排 20% 的目标，如图 1-8 所示。

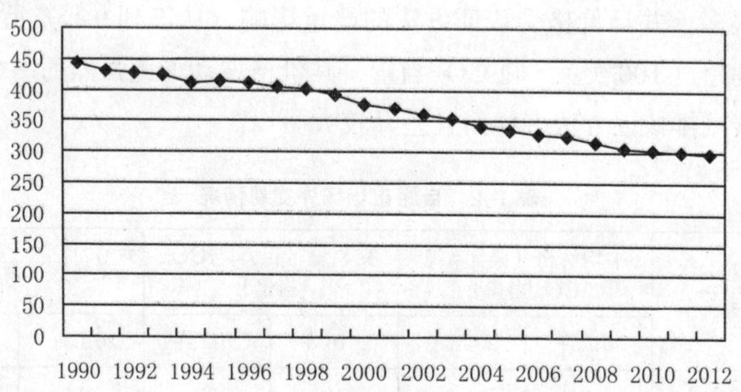

图 1-8　欧盟温室气体排放随时间变化

数据来源：《2012 年欧盟温室气体排放最终报告》(*Final EU Greenhouse Gas Emissions for 2012*)。

2. 配额市场和项目市场。温室气体排放配额由管理当局发放，用于记录持有者在未来一段时间内允许排放特定数量温室气体权利的法律凭证，这种凭证的效力和作用被特定市场的交易者共同认可和接受。在以碳排放配额为标的商品的碳交易市场中，交易者必须在“限量与贸易”（Cap-and-Trade）体制下购买由管理当局制定、分配的排放配额。欧洲气候交易所（ECX）和芝加哥气候交易所（CCX）都开展了以温室气体排放权配额或以其衍生产品为标的物的碳交易。但是欧洲气候交易所属于强制交易市场，而芝加哥气候交易所总量限制交易计划属于自愿交易市场，但采取的是自愿加入、强制减排机制。

项目市场是由于一些企业、地区或国家减排成本较高，因而通过低于基准排放水平的合作项目，遵照基准线管理和交易原则（Baseline-and-Trade），买方提供资金或技术从而获得碳排放额。项目市场进行减排项目所产生的碳减排单位的交易，如清洁发展机制（CDM）下的核证减排量（CERs）、联合履约机制（JI）下的排放减量单位（ERUs），通常以期货方式预先买卖。项目市场根据是否直接进行项目投资可以分为一级市场和二级市场，二级市场并不产生实际的减排单位，如图 1-9 所示。

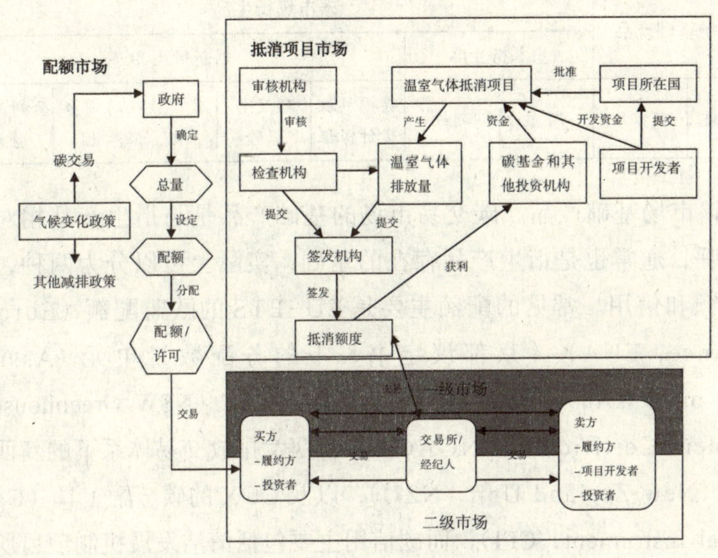

图 1-9　碳市场交易流程

配额市场和项目市场的划分是当前主流的划分标准，也是世界银行年度报告采用的分类方法。无论是从交易量还是交易额上对比，项目市场都远低于配额市场，基于配额市场占碳金融市场的主导地位，具有碳排放价格发现功能，决定着全球碳价格。项目市场是配额市场的有益补充。配额市场以总量控制和碳交易为基础，由政府按情况制定总的碳排放配额，有限的供给使碳排放有了稀缺性这一特征，这样企业根据自身需求买卖碳排放配额，通过市场经济形成了对碳排放额的需求和价格。当配额市场的碳排放权价格高于减排单位价格时，交易者便可在基于项目的二级市场购入已发行的 CERs 和 ERUs，从而进行套利或满足监管需求。

（三）碳市场的交易标的

碳交易市场的交易标的总体上可以分为两种类型，即碳排放权的基础产品和衍生产品。相应地，可以根据交易标的的不同，将碳交易市场分为基础产品市场以及衍生产品市场，如表 1-3 所示。

表 1-3 碳市场的划分（根据交易标的）

<table>
<tr><td colspan="8">碳市场</td></tr>
<tr><td colspan="2" rowspan="2">碳市场基础产品</td><td colspan="6">碳市场衍生品</td></tr>
<tr><td colspan="2">基本衍生品</td><td colspan="4">创新衍生品</td></tr>
<tr><td>碳配额</td><td>碳信用</td><td>期货</td><td>期权</td><td>碳排放权交付保证</td><td>碳交易保险</td><td>碳排放权的货币化／证券化</td><td>套利工具、债券</td></tr>
</table>

1. 碳市场基础产品。碳交易市场的基础产品是与衍生产品相对应的一种称呼，通常也是衍生产品存在的基础，实际上可以分为两种，即前述的配额和信用。常见的配额主要是EU-ETS的欧盟配额（European Allowance，EUA）、《京都议定书》下的分配数量单元（Assigned Amount unit，AAu）、NSW GGAS市场的NGAC（NSW Greenhouse Gas Abatement Certificates，NGACs）、新西兰排放交易体系下的新西兰减排单位（New Zealand Unit，NZU），以及CCX的碳金融工具（Carbon Financial Instrument，CFI）；而碳信用主要包括清洁发展机制项目所产生的核证减排量（Certified Emission Reduction，CERs）、联合履约项目所产生的减排单位（Emission Reduction Units，ERUS），以及自愿交易市场上项目所产生的验证减排量（Verified Emission Reductions，VERs）。

而事实上，ERU、CER等都具备一定程度的金融衍生品特征。例如，CDM项目由于开发周期较长，买卖双方根据需要签订合约，约定在未来特定的时间、以特定的价格购买特定数量的CER，因而CER表现出远期合约的特性。因为在双方签署合同时，项目一般还没有开始，所以也还没有碳信用产生。从交易的形式来看，CER更多被用于自愿碳交易场外市场（OTC Market），而EUA虽然场外场内交易都可以采用，但大部分都在交易所内进行。

2. 碳市场衍生品。基础产品是碳市场最基本的交易工具，衍生品在基础产品的碳排放权基础上派生出来。随着碳市场交易的发展，金融机构不断介入，碳衍生产品创新层出不穷，为碳市场的交易提供了更多的风险管理和套利手段，如表1-4。衍生品的价值取决于碳市场基础产品的价格，其主要功能不在于调动剩余资金和直接促进对碳金融的投资，而是管理和降低与原生碳金融工具相关的风险。国际上可进行碳衍生品交易的交易所主要有欧洲气候交易所（ECX）、芝加哥气候交易所（CCX）、印度碳交易所（ICX）等。

衍生品又可以分为基本衍生品和创新衍生品。基本衍生品即碳排放权的远期、期货及期权交易。创新衍生品包括碳排放权交付保证、碳交易保险、碳排放权的货币化以及套利工具、债券等。

表 1-4 主要碳衍生品

碳衍生品	特点和功能
碳排放权交付保证	在初级 CDM 交易中，由于项目成功具有一定的不确定性，这意味着投资人或借款人会面临一定的风险，在这种情况下，投资人或借款人有可能大幅压低原始项目的价格，这对促进减排项目的发展并不利，而且也可能扼杀一些有前景的盈利机会。为此，一些金融机构，包括商业银行和世界银行下属的国际金融公司，为项目最终交付的减排单位数量提供担保（信用增级），这有助于提高项目开发者的收益，同时也降低了投资者或贷款人的风险。
碳交易保险	项目交易中存在许多风险，价格波动、不能按时交付以及不能通过监管部门的认证等，都可能给投资者或贷款人带来损失。因此需要保险或担保机构的介入。进行必要的风险分散，提供担保，以促进项目的流动性。碳交易保险可以同时为碳交易合同或者碳减排购买协议的买卖双方提供保险。如果买方在缴纳保险后不能如期获得协议规定数量的 CER，保险公司将会按照约定提供赔偿；也可以为开发 CDM 项目的企业提供保险，如果企业在缴纳保险后不能将具有很大开发潜力的项目开发为 CDM 项目，将会获得保险公司提供的 CDM 项目开发保险。
碳排放权的货币化	CDM 项目属于远期交易，项目成功后通过出售所获减排额获得回报。而 CDM 项目的开发期一般都比较长，这使得项目的投资或贷款缺乏流动性。为充分利用项目资金，投资者或贷款人都被允许将其未来可能获得的碳减排证券化，以提高流动性。可将具有开发潜力的 CDM 项目卖给 SPV（特殊目的的工具）或投资银行，由他们将这些碳资产汇入资产池，再以该资产池所产生的现金流为支撑在金融市场发行有价证券融资，最后用资产池产生的现金流来清偿所发行的有价证券。
套利工具	碳套利工具是指利用不同碳信用产品之间的价差及变化来获利的金融活动，由于不同的碳市场交易的碳信用和产生的衍生产品不同，且市场存在一定的价差，所以存在套利空间。进行套利的不同碳信用产品之间必须有相同的认证标准，且受同一个配额管制体系管理，当合同中所涉及的减排量也相等时，就可以由市场价差产生一定的套利空间。在过去一段时间中，利用市场价差进行套利的工具发展迅速。其中包括：CER 和 EUA 之间，以及 CER 与 ERU 之间的互换交易，基于 CER 和 EUA 价差的价差期权等。
债券	投资银行和商业银行开发出了与减排单位挂钩的结构性理财产品，挂钩的对象可以是现货价格、原始减排单位价格、特定项目的交付量等。

（四）碳市场的交易场所划分

和传统的大宗商品交易市场一样，碳交易市场的交易场所同样可以分为场内交易和场外交易，并可根据交易场所的不同，把碳交易市场划分为场内交易市场和场外交易市场。场内交易是在交易所集中进行的交易，主要包括各种商品期货交易所、环境能源交易所和气候交易所，如欧洲的欧洲气候交易所、欧洲能源交易所、奥地利能源交易所和北欧电力交易所，美国的芝加哥商品交易所、芝加哥气候交易所和纽约绿色交易所，澳大利亚的澳大利亚气候交易所，印度的多种商品期货交易所，我国国内的北京环境交易所、上海环境能源交易所和天津排放权交易所。交易所克服了场外市场个别交易、局部市场的缺陷，逐渐成为碳交易市场的中心，成为市场体系中高级形态的市场。

（五）碳市场的交易范围

碳市场的交易范围基本可以分为区域内市场和区域外市场。当然，这里对“区域”的定义是宽泛的，可以根据交易体系本身所设定的地理区域而有不同的含义，既可以是一个国家内部的不同省份或州，也可以是一个国家集团，如欧盟。

区域外市场又可以分为国际市场和国家市场。IET 和 EU-ETS 都属于国际市场。区域外的市场则是指各个区域内市场为了达到减排目的，与其他市场进行合作和交易。如美国目前的三个区域市场之间各自构成了区域外市场。新西兰碳排放交易机制就属于国家市场，其包含了新西兰能源利用的各个领域及废弃物处理，并试图通过较大规模的市场来加快资金流动和降低交易成本。新西兰排放交易机制的排放上限并非由新西兰政府决定，而是直接根据《京都议定书》规定的减排目标进行设定。当国内的排放总量超过《京都议定书》的规定时，就要从其他《京都议定书》成员国那里购买相应的排放权；反之，则可以将多余的排放权出售给其他国家。从总的趋势来看，各国各地区都在建立或是筹划建立自己的碳交易市场，谋求在这个市场中的话语权，各个市场之间存在着一定的竞争关系。

区域内碳市场包括州/省、国内跨州/省以及城市/大都市区所开展的碳排放交易市场。澳大利亚新南威尔士州温室气体减排机制属于区域内市场（NSW-GGAS）。与EU-ETS相比，它在部门和行业的覆盖面上则要窄得多，仅仅将电力行业包括在内。NSW-GGAS温室气体减排机制将电力行业分为两类：一类是政府强制要求减排目标的排放实体；另一类则是对新南威尔士州的发展有重要影响力的用电大户。前者需要按照规定履行自己的减排义务，后者可以选择成为基准参与者。

从上述各要素出发，各种划分方法之间可以有重叠，或是说，对同一个市场，我们可以从不同的角度来进行归类。世界银行碳金融事业部（Carbon Finance Unit，CFU）在其年度研究报告中对碳市场进行统计分析时，采用图1-10所示的划分方法。

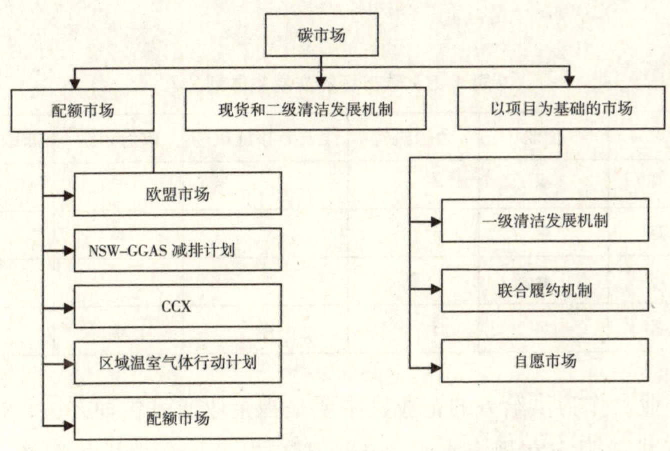

图1-10 碳市场区域划分（根据交易范围）

资料来源：世界银行，2010年。

四、碳市场的交易主体和清算交割流程

作为有组织的排放配额转让场所，参与碳市场的交易主体不仅包括配额的买方和卖方，还包括指定交易规则的市场组织、负责清结算业务的专业机构、管理和监督配额流转的核查机构以及专业的中介服务机构。这些

经济主体依照严密的交易规则和流程，通过碳市场的交易活动，自发调节所持配额的余缺，在排放总量控制和交易的背景下，追求自身的经济效益最大化。

（一）参与碳市场的交易主体

碳排放交易是由众多市场主体共同组成的市场，这些主体在不同层面发挥了不同的作用，保证了整个市场的健康运转。可以从两个角度来对这些参与者进行分类。首先，从各参与方在碳交易市场中所承担的角色来看，和任何市场一样，碳交易市场也可以分为供给方、需求方、中介方和管理者。其次，从各参与方本身的企业组织属性来看，这个市场中的参与者，又可以分为企业、金融机构、第三方机构、政府和非政府组织，如表1-5。

表 1-5　碳市场的交易主体划分

	企业	金融机构	第三方核证机构	政府组织	非政府组织
供给方	◆				
需求方	◆			◆	◆
中介方	◆	◆			
管理者			◆	◆	◆

1. 企业。作为供给方的企业，主要是指企业通过各种方法，如技术升级使实际排放限定在规定水平之下，则产生了多余的排放配额，或者企业通过实施 CDM 项目产生了 CER，则其有可能成为配额或碳信用的供给方；作为需求方的企业是指总量控制下企业分到的碳配额不足以满足企业排放量，实际排放超过了其许可排放，则为了满足其排放义务和责任，为了避免可能的高额惩罚，企业就会被动地通过碳交易市场购买一定的配额或是信用，去满足排放许可的要求，从而成为碳交易市场的需求方。而如果企业出于社会责任或是提升品牌形象或准备未来履约的需要，主动通过碳交易市场去购买一定的配额或是信用，同样也会成为需求方。

作为中介方的企业主要是指碳资产管理公司和咨询服务公司。近年来，随着碳金融概念的逐渐兴起和碳市场不断扩大，大量的产业资金开始进入碳排放权相关产业领域进行投资，这类投资者本身不是温室气体的排放者，也没有购买碳排放许可的需求，但他们承担了排放权市场价格波动带来的风险，因此，同碳排放企业一样，他们存在风险转移的需求，有需要利用碳排放期货市场对冲风险。在碳排放贸易中，清算机构是买方交易者的卖方，同时也是卖方交易者的买方，通过这种同时作为买卖双方交易对手的方法，使得交易的对手风险大大降低，也就不用再担心违约风险。碳排放贸易市场这种清算结构作为买卖双方的中介机构而存在，为最终的交易履约提供了保障，在降低市场风险的同时，促进了市场的规范化。

2. 金融机构。金融机构包括商业银行等银行金融机构和交易所、证券公司、保险公司、信托投资公司、基金管理公司、金融评级机构等非银行金融机构，在碳市场中，金融机构也可能成为交易的需求方和供给方，但是就其更突出的作用来看，仍然是其所发挥的金融中介作用，他们通过参与碳交易、做市商，成为价格发现者，从而在碳交易中扮演着重要的角色，发挥着重要的作用。

第一，商业银行。银行业参与碳金融相对较晚，但随着发达国家碳金融市场的日趋成熟，银行业逐渐积极参与碳金融服务，进行低碳信贷、碳减排项目的融资等。碳银行主要是指在碳市场体系中发挥积极作用的商业银行及相关金融机构，而商业银行最基本的职能是信用中介，银行自身并没有减排义务，它拿到减排量之后，主要有三种交易途径：一是交给委托人，这其中既有终端消费者也有贸易商；二是卖给其他的贸易商；三是自己持有用于风险管理。

第二，交易所。交易所是买卖双方公开交易的场所，是一个高度组织化、集中进行交易的市场，是碳交易市场的核心。交易所通过提供交易场所和设施，制定交易规则，组织并监督交易，成为一个市场交易平台，在此基础上，交易所开发相关产品，制定产品标准，成为一个价值发现平台。

第三，碳基金。碳金融活动的背景是低碳经济，低碳经济实现的关键问题是能源效率的提高和能源利用结构的调整，这需要进行能源及节能减排技术的创新和相关制度的改革，而与之相关的低碳技术的研究、开发及后期的商业化推广持续时间长、不确定性高，因此需要大量的资金支持。于是发达国家纷纷设立碳基金作为保障。发达国家的碳基金设立方式主要有以下几种：政府设立并进行管理；国际组织和政府共同设立，国际组织管理；政府投资设立独立公司，并按照企业模式运作；政府和企业共同设立，采用商业化管理。碳基金作为碳信用交易市场的主体，对推动碳市场的发展起着至关重要的作用，CER 市场在碳基金的影响下更加活跃，各类碳基金在市场上购买和转手交易 CER，使其流动性大大提高，从而增加了项目的资金融通能力，也在一定程度上降低了投资机构对项目所有者贷款的风险。

第四，保险公司。从宏观上来看，气候变化问题和碳市场面临着不确定性和风险，重大气候灾害事件的发生会造成巨大的经济损失。从微观上来看，随着碳交易市场的不断发展，不能遵守合约的行为，以及企业进行碳资产不良风险管理的需求越来越多，碳交易衍生产品的开发更进一步加剧了后果的严重性，风险转移和保险服务的需求越来越多。保险公司参与碳交易市场、开发与此相适应的保险产品成为一种必然选择。

第五，碳信托。碳信托（Carbon Trust）成立于 2001 年 4 月，是“气候变化税”（Climate Change Levy，CCL）一揽子方案的一部分，旨在提高工商业和公共部门的能源效率，同时支持英国低碳经济的发展。信托公司积极参与开发设计碳信托理财产品，充当碳投融资财务顾问以及从事碳投资基金业务等。碳信托作为碳资本的主要力量，其广泛联系货币市场和产业市场的特征使其能够更多地参与到低碳企业的融资当中，从而使这些企业更快捷地获得更多资金。碳信托作为一种筹集社会闲散资金的投融资形式，能够实现碳资本在投融资渠道和运作方式上的多元化，有效解决低碳企业资金短缺的问题。该信托公司实际上是一个私有公司，由英国能源及气候变化部（Department of Energy and Climate Change，DECC）担保和资助，并与相关政府部门保持独立的合作关系。英国能源及气候变化部通过资助碳信托以实现三个主要的结果：碳信托提供建议帮助机构减少碳排放；碳信托提供建议帮助机构通过节约能源节省开支；加速低碳技术的发展——可通过多种方式实现，尤为重要的是引导私营资本向低碳产业的创造初级阶段投资。

3. 第三方核证机构。在《京都议定书》规定的三种碳市场交易机制下，除了国际碳排放权贸易（IET）以外，联合履约机制（JI）以及清洁发展机制（CDM）都是按基线减排—信用交易型方式进行交易，其中联合履约项目在运行前必须进行审定，由独立的第三方机构对温室气体减排量进行核证，而 CDM 项目产生的核证减排量 CER 需要在联合国注册，在获得联合国清洁发展机制执行理事会（Executive Board，EB）的认可以后才能进行交易。企业实际排放量的确定是排放权交易体系中最关键的环节。在目前欧盟以及美国的交易体系中，企业自身都承担着实际排放量的监测和报告义务，在排放报告上报到主管部门之前，企业需要首先将报告提交核查机构，核查机构通过企业实地考察和对企业的排放量报告进行审核的方式，确保企业排放量报告的真实和准确。核查机构的核查结果需要以报告的形式详细说明核查结果，尤其是对于核查不合格的企业，需要给出理由。这种严格的第三方核查程序对企业的排放监测和报告形成强有力的监管，使得核查机构的监管职能得到有效的发挥。

4. 政府。首先，作为需求方的政府，其对碳市场的需求主要来自两个方面：一种是国内温室气体减排以及国际履约的需要；另一种是随着低碳经济和碳市场的增长，参与制订国际气候条约，增强国际竞争力的需要。对于减排和履约要求，政府一般会成立相应的节能减排组织部门进行规划设计或者委托企业从碳市场上购买减排量，成为碳市场直接或间接的需求方，对于低碳经济的要求，政府主要是想通过碳市场的建立和运作，参与国际碳竞争，推动低碳投资，促进经济增长，确保本国企业在碳技术、碳金融领域的国际竞争力。

其次，政府管理的职能作用主要体现在：第一，制定各项标准、规范和程序。为了保证碳排放交易的标准化，成员国政府主管部门负责对一些技术标准的选取进行规范，比如由政府主管部门来规定温室气体实际排量的检测方法以及选取计算法和测量法的具体要求，一般企业检测、报告和核查的流程也由政府做详细规定；第二，政府对其他市场机构的资质进行管理，对于参与碳交易市场的各中介服务机构，其申请或购买碳排放量在通过金融机构进行交易时，其标准可能并不统一或者其交易标的物的价值衡量标准并不可靠，成员国政府有责任对这些机构进行选定，并进行严格管理。

5. 非政府组织。目前，非政府组织在国际上发挥着越来越重要的作用，非政府组织在环保和技术方面有很大的优势，是公共产品的有力提供者，这些组织凭着共同的理念，汇集了全球众多志愿者的参与。作为需求者的非政府组织，主要是购买自愿减排信用但并不使用，而是减少碳总体排放量或者资助一些碳减排项目；作为管理者的非政府组织充当了碳市场的宣传者角色，他们对碳交易市场进行理论研究并发布研究报告，举办宣传活动来加强人们的减排意识，或施加舆论压力协助监督市场的运作。例如，英国非政府组织“资产所有者碳信息披露项目”（Asset Owners Disclosure Project，AODP）发布全球气候投资指数（Global Climate Investment Index）。

（二）碳市场的清算交割

碳市场交易实现的保障是碳交易额或者碳交易量的转让有一套标准的流程进行运作，作为实现交易结果的关键步骤，碳市场的清算、交割制度和操作流程是碳市场公平和效率的直接体现，为了维护市场的正常运行，碳市场上关于碳配额交易的清算和交割有一些特殊的规定和操作流程。

1. 碳市场清算的作用。清算过程是保证交易双方履约的重要步骤，通过清算确认交易双方持有的盈亏，为交割过程中资金的转移提供依据。清算平台之所以能够起到避免违约的作用，得益于清算过程的进行。在碳排放权贸易的清算过程中，清算平台充当交易双方的买方和卖方，这就意味着买卖双方不发生实质联系，一旦某一方违约时，清算平台就需要承担违约的损失，但同时必须履行对另一方的义务。因此，清算平台是碳排放贸易体系中不可或缺的重要组成部分。在碳排放贸易体系中，清算过程采用逐级清算的方法进行，但最终所有的交易都在一个统一的清算平台上进行，比如欧洲气候交易所选用的洲际交易所欧洲清算所作为清算平台。

2. 现货的交割清算过程。碳市场上期货的交易过程比现货更为复杂。交易所碳排放权现货交易的清算过程分级进行，交易所只对清算会员进行清算，清算会员对客户进行清算，交易所不直接对客户进行清算。交易日结束后，卖方即可以将碳配额通过自己的清算会员提交至清算所，最迟于次日18点30分完成上述过程。交易日次日，买方通过清算会员提交全部货款，交易后第二日买方会员收到碳配额，并转交买方交易者，卖方清算会员将全部货款转交卖方。交割清算过程是排放权交易的最后阶段，是保证交易双方履约的重要步骤，同时清算交割过程也是期货市场和现货市场相互关联的纽带。

第二节 国际碳市场的现状和趋势

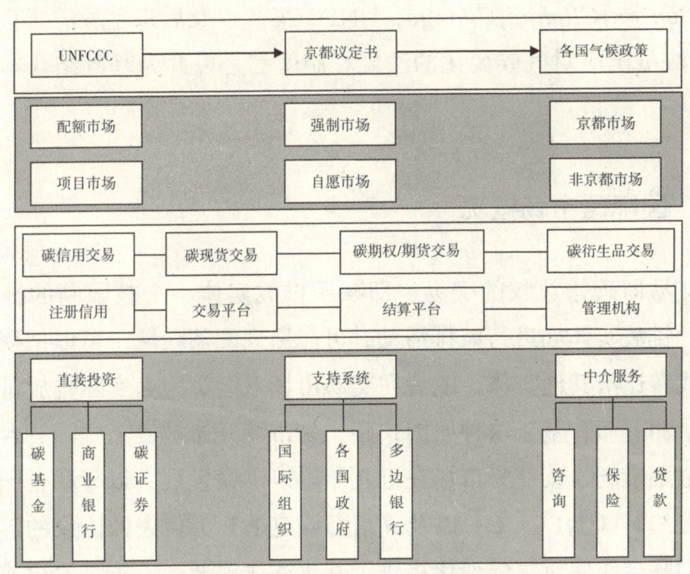

图1-11 国际碳市场结构图

在全球气候变暖日益严峻的背景下，解决气候问题成为全人类目前面临的最大环境问题。随着《京都议定书》的正式生效，世界各国纷纷加入到碳金融市场的建设中去，尽管部分国家和区域未加入《京都议定书》，但都制定了自身的减排机制，形成了特色的碳排放交易体系。碳交易市场又称为碳排放贸易市场、温室气体排放权交易市场，或以碳排放权交易为实质的碳信用市场。由于温室气体排放所造成的全球环境影响具有很强的外部性，因此旨在控制温室气体排放的碳市场需要有明确的国家制度作为其市场结构的稳定性、金融产品的市场稀缺性和市场交易的灵活性的基本保障。因此，碳市场体系的最高层是国家明确规定的法律、规章制度和金融政策，即国家明确的温室气体总量控制目标——碳排放信用的初始分配方案——碳交易市场规则，如图 1-11 所示，中间是碳市场的金融服务体系，包括碳市场结构、碳交易机制、碳交易平台、碳交易单位和交易主体等。碳市场的金融基础则包括银行、证券、保险、基金等。

当前，国际碳市场的核心是碳排放交易市场体系，法律规则以及其他金融产品服务都是围绕碳排放贸易展开。政策是碳市场得以运行的基础，其法律依据是《联合国气候变化框架公约》（*United Nations Framework Convention on Climate Change*，UNFCCC）以及后来签署的《京都议定书》，各成员国应对气候变化的法规和制度都是以此为基础结合本国实情建立的。

一、国际碳市场概况

碳交易即碳排放权的交易，即赋予排放实体一个被限制的排放许可（配额），排放实体如进行减排活动，可能出现配额余缺，可以把剩余的配额出售或转让给其他实体，或者在交易市场上购买因为实际排放量超出排放许可量的差额，基于这种原因，碳交易市场开始被推上国际舞台，作为新兴的金融市场，碳交易市场在近几年得以迅猛发展，以《联合国气候变化框架公约》（UNFCCC）以及《京都议定书》为代表的协议的签署与生效，为国际合作应对气候变化提供了基本法律框架，使碳排放权或碳信用可以作为一种商品出现在市场上。其中，CDM（清洁发展机制）项目是唯一一个发展中国家可以参与的京都减排灵活机制，通过发达国家与发展中国家之间的合作达到减排与发展的双赢，一般是由于发达国家作为温室气体排放大户，通过与发展中国家合作，向发展中国家提供资金或技术，帮助发展中国家实施温室气体减排项目，并获得发展中国家的经核证的减排量 CERs，降低履约成本，发展中国家通过销售 CERs 获得资金，并获得发达国家的技术以促进本国低碳经济绿色发展。

随着碳市场的快速发展，全球碳交易体系不断完善，交易模式、制度、产品等基本元素逐渐成熟化和体系化，碳市场吸引越来越多的交易主体参与进来，从早期的政府机构、大型排放企业到现在的个人、企业、组织机构和国家政府各个层面，都以不同的职能方式参与到碳排放交易市场中，此外，国际碳排放交易平台的多元化和成熟化，也有效保证了碳市场的稳健发展，当前比较重要的碳交易平台主要包括：欧洲气候交易所（ECX）、芝加哥气候交易所（CCX）、欧洲能源交易所（EEX）、澳大利亚气候交易所等。一些著名的大金融机构如渣打银行、摩根大通、汇丰银行都相继进入碳市场交易领域，国际碳市场的参与主体非常多，且供给、需求、中介职能之间可以相互转换，企业、政府/非政府组织可以购买碳排放配额以确保达到管理机构和监管机构的要求，中介机构包括碳交易所、碳投融资管理等促进了碳资产在金融市场的流动性，如此，国际碳排放交易市场不断扩大。

（一）碳交易的金融化特征

碳交易市场的快速发展，引发了人们对“碳”价值的思考，在碳交易的过程中，往往需要市场的多个主体参与，包括政策制定者、市场管理者、投资者、金融中介等参与者。一旦区域内或者区域外做出减排决策，排放贸易机制和低碳技术研发便开始展开，金融中介等会通过市场机制进行定价，从而将“碳”变为一种资产。例如，当前一些金融机构为碳交易市场设计的不同碳衍生品，包括碳排放权交付保证、碳排放权的货币化、套利工具、债券等，促进了“碳”价值的实现，也促进了碳金融市场的形成，从此意义上说，碳资产开始进入金融市场并具有金融资产价值，成为金融机构投融资决策的重要参考因素。

（二）国际碳市场的发展现状

作为新兴的金融市场，碳交易市场在近几年得到迅猛的发展，为了将大气中温室气体浓度控制在安全水平以下，世界各国需要在低碳和减排领域进行大规模的投资，根据世界银行的数据，2009 年国际碳金融市场交易总额为1437亿美元，2011年达到1500亿美元，而据其估计，发展中国家到2030年每年低碳和减排的资金需求就会达到1390亿—1750亿美元。在此背景下，许多国家、地区和多边金融机构相继成立相关的碳市场组织机构，在全球范围内参与减排和碳汇项目，并购买和销售从项目中产生的可计量的碳信用指标。除了京都碳市场外，还有由企业、非政府组织和私人出于自愿减排动机成立的"自愿碳市场"。但是目前国际排放权交易市场并未形成统一市场，市场上不同标的产品存在着不同的协议结构，各市场对交易的管理规则也不同，由此形成分散的区域市场。在各区域市场中，欧盟排放交易体系（EU-ETS）作为世界上第一个跨国强制碳排放交易体系，担任着全球碳交易市场的核心和主体，它是目前最为重要的碳金融市场，其交易价格和成交量都是国际碳金融交易的重要指标。国际碳金融从建立EU-ETS以来，一直呈现迅猛的增长势头，据世界银行估计，2011年，全球碳交易市场交易额达到1760亿美元，比上年增长11%，碳交易量达到102.81亿吨CO_2当量，比上一年增长17%，如表1-6。

随着全球碳减排需求的不断加强，EU-ETS将积极带动全球及区域碳交易市场的不断活跃，澳大利亚、新西兰、日本等国也先后出台了一系列鼓励碳排放权交易的动议和法规，使碳金融市场的总体交易发展日趋场内化，产品种类日益丰富，规模不断扩大，市场融合程度增加，呈现出国际化发展趋势。

表1-6 2010—2011年碳市场交易量和交易额

		2010年		2011年	
		交易量（$MICO_2e$）	交易额（百万美元）	交易量（$MICO_2e$）	交易额（百万美元）
配额市场					
EUA	欧盟排放配额	6789	133598	7853	147848
AAU	排放许可权	62	626	47	318
RMU	碳汇产生的减排单位	—	—	4	12
NZU	新西兰排放交易	7	101	27	351
RGGI	区域温室气体排放行动	210	458	120	249

（续表）

		2010 年		2011 年	
		交易量（$MICO_2e$）	交易额（百万美元）	交易量（$MICO_2e$）	交易额（百万美元）
CCA	美国加利福尼亚排放配额	—	—	4	63
Others	其他	94	151	26	40
Subtotal	小计	7162	134934	8081	148881
现货及二级市场					
CERs	二级市场的核证减排量	1260	20453	1734	22333
ERUs	二级市场的联合履约排放量	6	94	76	780
Others	其他	10	90	12	137
Subtotal	小计	1276	20637	1822	23250
一级市场（项目市场）					
PCER pre-2013	2013 年以前的初始核证减排量	124	1458	91	990
PCER post-2012	2012 年以后的初始核证减排量	100	1217	173	1990
PERU	初始联合履约减排量	41	530	28	339
Voluntary Market	自愿减排市场	69	414	87	569
Subtotal	小计	334	3619	379	3888
Total	合计	8772	159190	10282	176019

二、国际碳交易市场的发展趋势

（一）规模扩大化

国际碳交易市场的扩大化主要体现在以下几个方面：

1. 随着碳市场的发展和不断的碳排放交易的增加，未来会有越来越多的国家和地区加入碳交易市场。国际上的各主要碳排放交易市场的交易范围不断扩大，例如，随着欧盟的扩容将会吸引更多的国家加入EU-ETS，再比如美国部分州参与的区域温室气体行动计划RGGI将在美加两国吸引更多的州或省加入，甚至吸收合并其他交易市场如WCI和MGGRA，同时，正在审议或处于暂停的碳交易市场也将有机会正式运作，制定符合本国国情的碳交易政策和满足本国有效的碳排放需要的交易机制，在这些基础之上，各国和各地区的碳交易市场逐步相互连接，最终有可能成为全球统一的国际碳交易市场。

2. 随着碳交易市场范围的不断扩大，金融机构将不断为碳交易市场开发出适合各个行业的碳衍生产品，未来会有更多的行业被逐步纳入碳规制领域从而加入碳交易市场。

3. 市场类型的扩展。从市场类型来看，自愿交易市场虽然碳交易量不如强制交易市场，但是可以预期，由于非政府组织等公益团体的推动，在未来一段时间内会成为一些国家，特别是发展中国家的选择。

可以看到，碳交易市场在上述地域、行业、市场类型等方面的扩大化将导致市场交易量和交易额的扩大。

（二）跨市场多元化

国际碳交易市场的不断扩大呈现出多元化趋势，跨区域连接不同的市场领域，从碳市场交易标的的多元化来看，碳交易市场建立了与能源市场、环保市场和金融市场的联系，交易平台的国际一体化进度加快，碳信用或每吨二氧化碳当量排放权已经表现出货币特性，碳排放开始演变为碳货币。而利用公共或私有资金以及用于购买温室气体碳信用的投资决议被政府、金融机构、企业或者个人用来投资设立专门的碳基金（Carbon Funds），低碳企业在资本市场融资则可以通过政府或者其他企业为筹措低碳经济项目资金向投资者发行并承诺在约定时期内支付利息和本金的碳债券（Carbon Bonds）。碳交易市场以金融市场的需求方为导向，经过中介机构的多重产品组合，连接了各个市场的各个行业或者领域，呈现多元化发展趋势。

（三）竞争与合作共存

竞争与合作是国际市场永恒的主题，围绕着“碳排放权”这一新的生产要素和资源，以全球统一的碳交易市场为中心，各国各地区之间将展开激烈的竞争，进行深入的合作。“竞争”来自对碳排放权的分配和争夺，来自碳排放权交易中所涉及的利益和财富转移，来自低碳世界中游戏规则制定权的争夺。“合作”主要归因于人类在潜在的气候变化问题面前面临着共同的挑战，各国成为“命运共同体”，在全球化趋势下各国开展低碳经济，实行温室气体减排政策。从总体上看，国际气候合作问题充满利益冲突和博弈。从长期来看，减排是应对全球气候变暖的必然选择，而节能减排带来经济转型的巨大机遇，这是任何一个国家所不容忽视的。

三、国际碳交易市场存在的问题

（一）发展的不平衡性

全球已经建立起交易形式多样的碳交易场所，包括一级规范交易所和二级自愿交易场所，但市场的发展程度和市场的交易进展状况每个碳市场都不一样，国际碳排放交易市场的发展存在一定的不平衡性，表现在：

1. 碳市场交易的国家或区域发展不平衡。各成员国对气候和低碳经济的重视程度以及未来战略发展的阶段、国情不同，碳交易市场产生和发展的速度和规模也不一样，由于发达国家对碳交易市场的探索起步较早，就其金融化程度而言，目前已经形成多主体参与，共同合作的多赢状态。而随着发展中国家低碳经济的发展，碳排放权交易作为控制碳减排的市场化手段也逐渐得到重视，但是对于建立本国或者地区的碳交易市场还处于探索的初级阶段，真正通过交易平台完成的碳排放权交易业务并不多。

2. 市场类型发展不平衡。目前，从市场交易动机来看，碳排放交易市场可以划分为强制减排市场（欧洲气候交易所）和自愿减排市场（芝加哥气候交易所），与自愿承诺的减排市场相比，在基于法律强制减排的碳市场上，企业有更大的动力参与交易。实际统计数据也表明，参与欧洲气候交易所进行碳交易的企业数量远高于芝加哥气候交易所中企业的数量。

（二）市场的不确定性

碳市场的不确定性水平对总量（Cap）设定会产生重要影响。据称，EU-ETS（欧盟碳交易市场）的不确定性与总量（Cap）之间存在着数量关系，如果排放不确定性水平为5%，则Cap必须相应下降2%，经济体进行实质减排的概率才可能比较高。简而言之，Cap和排放不确定性之间存在负相关性，即不确定性水平越高，Cap必须要更低。此处所指的不确定性是一个广义上的概念，既包括经济波动的不确定性、企业减排行为的不确定性，也包括MRV（监测报告核查）数据质量的不确定性。这些不确定性蕴藏了风险，限制了我们在碳交易市场方面的想象力和执行力。

（三）价格波动大

碳市场处于一个较为复杂的外部环境中，因此，价格的反馈机制经常受到干扰而产生偏差、中断。由于存在不同类型的交易者，并且这些交易者对未来的预期也不相同，会导致市场出现混沌行为；此外，碳市场的外部环境变化因素，如国际摊派对配额的改变、天气温度变化对电力的需求等，都会干扰市场内部的价格反馈机制。比如具有一般市场规律特征的碳市场上，如果配额的供给过多而需求方较少，碳价就会下跌；而如果处于寒冷干燥的冬季，需要较大的热力来减少水力发电，由于欧盟55%的EUAs持有人是热力和电力部门，将造成EUAs的短缺和碳价的上涨，可以看到季节性的冲击，使得碳价随能源市场的变动而发生较大变化。

（四）运行机制

碳市场的运行机制，是指运行和管理碳市场的管理结构集合及运行机理。碳交易市场还是一个刚刚起步的金融市场，还处于发展的初级阶段，其本身在健康、有效运作的能力和机制方面还有进一步提高的余地，如减排的验证和核实、价格的透明性、对市场的充分监管、不能履行承诺的罚则、争端的解决机制等方面还不能满足市场发展的需要，各国各地区市场之间还存在着连接的问题，有效连接区域内和区域外碳市场需要良好的信息技术支撑和法律规章支持，还需要各国政府以及区域的共同努力。

（五）利益分配不均

碳交易市场建立的初衷是减少全球温室气体的排放量，实现低碳经济的可持续发展。随着《京都议定书》的签署，国际上开始相继出现一些大型的碳排放交易市场和气候交易所，根据《京都议定书》的三种灵活的减排机制，无论是发达国家还是发展中国家都积极参与治理温室气体减排的问题，但是其中也存在严重的利益分配不均匀的问题。首先，这种利益分配体现在各国在碳交易市场价值链上所处地位不同，碳交易市场继承了原有国际分工、国际经济秩序中所存在的不平等问题，从而导致了各国之间利益分配不均衡；其次，碳交易市场的参与主体表现为多元化的交易主体，如碳金融机构、管理机构、非政府组织、企业、公众等在碳市场追逐的利益分配均有所不同，尤其碳市场的投机倒把者，甚至对碳市场进行操纵，碳市场甚至成为金融投机市场而非减排市场。

第二章 欧盟碳交易机制研究

第一节 欧盟碳交易体系的建立与发展

一、欧盟低碳经济发展背景与现状

（一）发展背景

欧盟（European Union），欧洲联盟的简称，是根据 1992 年签署的《欧洲联盟条约》（也称《马斯特里赫特条约》）所建立的国际组织，历史可以追溯到 1952 年成立的欧洲炼钢共同体，并由最初的 6 个创始国经过 6 次扩张，至今拥有 27 个会员国。以英国、法国和德国为首的欧盟曾经一度影响了世界的经济发展，其政治体制成熟，经济水平发达，法律制度完善，科学技术先进，尤其是在环境金融、能源金融等方面走在了世界的前沿。

2002 年 8 月欧洲出现了持续不断的暴雨天气，特大洪水袭击了欧洲中部及东部地区；2003 年，热浪席卷欧洲，6 月份意大利气温比常年同期偏高 6—10℃，瑞士气温更是创下 200 年来最高，高温干旱导致河流水位下降、航运受阻、农作物面临减产，损失严重；2005 年洪水再次席卷欧洲，奥地利、瑞士、罗马尼亚和德国巴伐利亚州南部又一次经历惨痛的水灾。面对愈来愈严峻的气候变化问题，欧盟努力发挥其在全球的领导作用，采取了一系列独特有效的低碳发展行动。

（二）发展现状

1. 降低温室气体排放。面对全球气候变暖，欧盟最早提出了低碳经济的概念，并且强调通过发展低碳经济实现温室气体排放量降低和经济持续增长的双重目标。从最近 20 年来看，欧盟的温室气体排放量不断降低。与其他发达国家相比温室气体减排量成果显著。欧盟（27 国）的温室气体排放量从 1990 年的 55.88798 亿吨二氧化碳当量降低到了 2009 年的 46.14526 亿吨二氧化碳当量，降低了 17.4%；而同期，美国增加了 7.2%，澳大利亚增加了 30.4%，加拿大增加了 17.0%。

2. 注重发展可再生能源和提高能效。围绕着这些目标，欧盟不断对气候政策实施的效果进行评价，并在此基础上持续改良和推进气候政策的实施。例如 2007 年 1 月，欧委会对可再生能源发展状况进行及时总结，指出法律和体制方面的缺陷和不足是欧盟可再生能源发展缓慢的主要原因，从而促进欧盟进一步加强对其成员国发展可再生能源的法律约束力。欧盟在严格的气候政策框架下，通过实施制度和技术创新自上而下地推进欧盟各个成员国的低碳经济发展，并在此过程中及时地反馈和改进气候政策，将气候政策构建成欧盟低碳发展的基石。

3. 改变民众理念的低碳文化深入人心。对欧盟公民的一项调查显示，有 64% 的公民认为自身应该更积极地应对气候变化，有 28% 的公民对自己现在的努力感到满意，2% 的公民认为应对气候变化付出过多，另有 6% 的公民表示不清楚答案。总体上欧盟的民众对应对气候变化持积极态度，为欧盟气候政策的制定和实施创造了条件，同时拉动了低碳产品的消费。但更值得注意的是，欧盟成员国中一些低碳文化要素的兴起正在颠覆着民众原有的生活方式，产生了关于低碳发展的新的思考和实践。

二、欧盟发展低碳经济采取的行动

面对严峻的气候变化问题，欧盟在环境管理问题上实施了一系列的具体措施。首先欧盟于 2002 年 3 月 4 日批准了《京都议定书》，由于美国拒绝了执行《京都议定书》，欧盟又努力说服日本、澳大利亚和俄罗斯批准

《京都议定书》。当然除了推动《京都议定书》以外，欧盟还在其他各方面采取了行动计划。

（一）能源税收

能源税收是改善能源利用方式，提高能效的主要方法。2003 年欧盟通过的能源产品指令对能源载体电力、天然气和煤进行征税。在这之前，欧盟一些国家比如德国、荷兰、瑞典等成员国已经开始在已有的矿物石油税上征收能源税或者二氧化碳税。其中德国在 1999 年开始了范围广泛的环境税改革，在 1999 年和 2003 年这段时间内提高了能源产品的税率，并引进了一种电力税。英国在 2001 年开始对非国内用途的能源进行征税（气候变化税，Climate Change Tax）。

（二）THERMIE 项目

欧盟自 1990 年起开始实施 THERMIE 项目，鼓励新兴能源技术的开发，从而达到降低能源消费，减少能源生产和使用过程中环境影响的目的。第一期 THERMIE（1990—1994 年）投入 5.74 亿 ECU，涉及化石能源的技术改良，在能源利用和可再生能源方面，年削减二氧化碳近 1200 万吨、二氧化硫 7.5 万吨、氮氧化物 3 万吨，以及节能 300 万吨石油当量。第二期 THERMIE（1995—1998 年）为期 4 年，预算为 5.77 亿 ECU，主要资助对此使用节能技术和排放最少化的能源技术的示范项目。与示范项目相配套的是鼓励经验、信息与能源技术的传播。

（三）《欧盟提高能效的行动计划》

欧盟委员会于 2000 年 4 月颁布了《欧盟提高能效的行动计划》（*Action Plan to Improve Energy Efficiency in the European Community*）。该计划主要制定两个目标。

1. 欧盟每年将使其能源强度比不采取该行动计划的基准状况降低 1 个百分点，这样到 2010 年，欧盟可以减少使用能源 100 Mtoe（实现欧盟全部节能潜力的62.5%），每年减排二氧化碳2亿吨（总量约相当于欧盟承诺减排量的40%）。

2. 到2010年，联合发电的供电量将占到欧盟总发电量的18%，这又可以实现每年6500万吨二氧化碳的减排量。

这两个目标的实现涉及众多部门与行业，对于每年消耗能源占欧盟全部能源消费30%以上的交通部门来说，必然会成为实施能效行动计划的重点部门。早在1996年，欧盟理事会就通过了降低客车的二氧化碳排放和提高燃料效率的战略。该战略提出了一个二氧化碳减排十一年行动计划，旨在2005年或2010年前将新客车的二氧化碳排放平均值控制在每千米120克。通过提高燃料的效率和相关的财政政策，实现二氧化碳的减排目标。

此外，占欧盟全部能源需求40%的建筑业同样是节能潜力巨大的行业。从1991年开始实施的继续能源项目（SAVE）是专门针对能源消费而实施的节能计划。SAVE Ⅰ（1991—1995年）初始目的有两个，一是稳定二氧化碳的排放，二是达成欧盟在1986年所定的能源政策的目标。在SAVE的推动下，欧盟执行新的建筑用能标准，包括建筑物本身能耗、制冷、取暖和照明能耗等，并建立建筑物能源认证体系；对家用电器和通用设施，欧盟实行能源标识制度，与大制造商签订自愿协议，对冰箱、空调、洗衣机、电热水器和电视机等设备的待机能耗实行能源效率标识。1998—2002年实施了SAVE Ⅱ，继续支持能源标识制度，重点资助建筑和交通部门的示范项目，为了在地区和城市更好地实施能源管理，实施了SAVE Ⅲ，继续支持能源标识制度，重点资助建筑和交通部门的示范项目。

在工业部门的节能方面，欧盟主要采取强制性能效标准和长期协议的方法，推动企业进行节能工作。其中，热电联产是欧盟很多成员国优先选择的工业能效项目。欧盟计划2010年热电装机容量达135 GW，到2030年达195 GW，占总发电量的20%。到2010年，热电联产可减排二氧化碳1.27亿吨，到2020年减排量为2.68亿吨。

另外，为了实现行动计划目标，在能效设备的公共采购和技术采购上欧盟鼓励购置高能效设备和节能技术。

(四)可再生能源

1997年，欧盟发表《可再生能源白皮书》(*European Commission, Energy for the Future: Renewable Sources of Energy: White Paper for a Community Strategy and Action Plan*)，将欧洲可再生能源发展的目标确定为到2010年实现可再生能源在能源消费量中占的比例翻番，即到2010年可再生能源比例将达到12%(见表2-1)。此后欧盟还相继出台了《可再生能源发电促进法则》(*Directive on the Promotion of Electricity Produced from Renewable Energy Sources*)和《交通业生物燃料或其他可再生燃料促进法则》(*Directive on the Promotion of the Use of Biofuels or Other Renewable Fuels for Transport*)。到时可再生能源发电量将占电力消费总量的21%，生物燃料占燃料消费总量的5.75%。

表2-1 欧盟可再生能源的发展目标

	能源消费量(Mtoe)		占全部能源消费的份额(%)		电力消费中可再生能源的份额(%)	
	1995年	2010年	1995年	2010年	1995年	2010年
风能	0.35	6.9	0.02	0.44	0.2	2.8
水能	26.4	30.55	1.9	1.93	13	12.4
光伏电池	0.002	0.26	—	0.02	—	0.1
生物质能	44.8	135	3.3	8.53	0.95	8.0
太阳能集热器	0.26	4	0.02	0.25	—	—
地热	2.5	5.2	0.2	0.33	0.15	0.2
总计	74.3	182	5.44	11.5	14.3	23.5

资料来源：Energy for the Future: Renewable Energy Sources of Energy: White Paper of a Community Strategy and Action Plan. European Commission, 1997.

据估计欧盟的《可再生能源白皮书》计划将会带来极大的经济效益和环境效益。另外，由于欧盟在节能减排技术上的大力研发和投入，这将会使欧盟在该领域获得世界上首屈一指的技术优势，在国际竞争中进一步得到收益。

三、欧盟碳交易体系的建立与发展历程

（一）欧盟碳交易体系的建立

在 2001 年美国总统单方面宣布拒绝批准《京都议定书》之后，欧盟的政治核心问题围绕在气候变化和相关法案落实上，全体一致通过排放权交易法案，在全世界起到了表率作用，减少了消极影响，并敦促各国尽快批准《京都议定书》。为了推动整个《京都议定书》的落实，2000 年欧盟发布了第一个气候变化方案《温室气体绿皮书》；2001 年，欧盟出台了温室气体排放权交易体系（European Union Greenhouse Gas Emission Trading Scheme，EU-ETS）的计划书，旨在利用上限与交易（Cap-and-Trade）体制要求工业企业减排二氧化碳；同年，提交建立温室气体排放权交易体系的草案；2002 年，正式批准了《京都议定书》；2003 年，正式颁布了《欧盟温室气体排放配额交易体系指令》（Directive 2003/87/EC，简称 EU-ETS）；2005 年 1 月 1 日，正式实施欧盟温室气体排放交易机制；2007 年，对 EU-ETS 进行了修改，扩充了交易气体类型，大大改善了欧盟交易体系的功能。这些举措为碳金融奠定了法律基础，促进了欧盟低碳经济的飞速发展。

（二）欧盟碳交易体系的发展

自 2005 年欧盟排放权交易体系开始运行后，为完成《京都议定书》中承诺的减排指标，欧盟根据“总量控制，均分负担”的原则，确定各成员国碳减排指标，此称作欧洲排放权配额或欧洲排放单位（European Union Allowance，EUA）。各成员国将所分配的减排指标分配给本国企业。企业获得碳减排指标后，如果超标排放，必须向有碳排放结余指标的企业购买相应指标，否则要重罚。欧盟碳排放交易体系是世界上第一个排放权交易市场，由 2005 年发展至今已经超过了 10 年的时间，已经成为全球最大的、跨国的碳金融市场，它的交易机制与《京都议定书》中的温室气体排放交易机制是一致的，在国际交易市场上起到了示范的作用。

按照《京都议定书》中第一阶段碳排放量减排目标规定，欧盟前15国以1990年为基准，2012年需要削减温室气体排放8%。EU-ETS分为以下几个阶段来实现碳排放减排目标：

1. 初始阶段（2003—2005年）

这一阶段主要颁布了《欧盟温室气体排放配额交易体系指令》（Directive 2003/87/EC指令），根据该指令建立了欧盟15国内的排放配额交易体系，确定了以欧盟国家分配委员会（NAP）的形式对欧盟企业分配排放配额（EUA）。利用定量和交易的方式限制工业企业碳排放量，为欧盟碳排放交易体系成立奠定了基础。

2. 第一交易期阶段（2005—2007年）

这是欧盟的第一轮国家排放额分配方案，主要是为第二交易期做准备，市场规模限定为欧盟国家，交易对象主要包含了碳排放量较大、能耗较高的能源部门（发电厂、热电厂等），以及与能源关系密切的工业部门（炼油厂、水泥厂、陶瓷厂、玻璃厂、造纸厂、采矿厂以及钢铁行业等）。在这一阶段欧盟碳排放量的目标为22.98亿吨CO_2，各国排放配额95%以免费形式进行分配，剩下的5%以竞拍的形式获得（见表2-2）。第一交易期内，配额每年分配一次，各成员国再根据其国内各企业上一年核证排放量和注册的实际减排量进行分配，超出配额的企业每超1吨CO_2e，将以40欧元的罚款，超出配额企业可向低于配额企业购买多余的排放量，以减少自身的减排成本。每年剩余的配额可以滚入下一年进行交易，但是不能带入第二阶段的交易期，即不得跨期储存和借贷。在体系交易初期，各方面体系规则还未得到完善，使得排放配额分配过量，很多企业实际排放明显低于排放限额，在2006年导致ETS价格暴跌到不足1欧元。总体来看，2006年碳价暴跌之前，电力等能源行业通过出让免费分配的过量配额交易获得了暴利，然而由于大部分成员国都毫无压力地完成了减排目标，没有实施有成效的减排。但这一阶段还是成功地创建了一个碳交易体系、碳定价等成果，促进了欧盟国家利用可再生能源替代不可再生能源，环保意识大大增强，总体排放量也有所下降，同时也为全球碳金融交易体系的建立提供了很好的借鉴。

表 2-2 EU-ETS 第一交易期欧盟主要国家的配额计划

国家	法国	德国	意大利	荷兰	波兰	西班牙	英国	总计
京都目标（与标准年本比变化%）	0	−21	−6.5	−6	−6	+15	−12	−36.5
配额（10^6吨 CO_2e/ 年）	156.5	499	223.1	95.3	239.1	174.4	245.3	1632.7
占 ETS 百分比（%）	6.8	21.7	9.7	4.1	10.4	7.6	10.7	71

资料来源：世界银行。

3. 第二个交易阶段（2008—2012 年）

这一阶段与欧洲《京都议定书》所规定的第一个减排承诺期同步，其交易范围从欧盟 27 个成员国扩充到其他国家如爱尔兰、列支敦士登和挪威，并且交易对象也在原有的基础上扩充到了航空业及硝酸制造业 N_2O 的排放。飞机是排放温室气体最多的交通工具之一，欧盟委员会于 2006 年 11 月 20 日起草了航空减排的立法建议——《建议修改欧盟 2003/87/EC 号指令——制定包括航空活动在内的温室气体排放许可交易体系》（*Proposal for a Directive ofthe European Parliament and of the Council amending Directive/2003/87/EC so as to include aviation activities in the scheme for greenhouse gas emission allowance trading within the Community*）。该立法建议明确将航空业纳入欧盟的排放交易体系，欧洲议会和欧盟各国政府通过了这一立法建议。第二个交易阶段的排放量目标为 20.86 亿吨 CO_2e，相比 2005 年第一交易期降低了 6.5%。实行 90% 的配额通过免费分配的方式，而通过竞拍形式获得配额的比例提高到了 10%，同时对超出配额的企业每超 1 吨处以 100 欧元的罚款。并且这一阶段的碳配额可带入下一交易期，即可跨期储存，但仍不可跨期借贷。除此之外，欧盟企业也可在欧盟外进行碳减排，可选择 CDM 和 JI 项目，与发展中国家合作，提供减排技术获得碳排放权，从而囤积欧盟内碳排放配额，从中获利，让许多欧盟企业更加积极投身于碳金融的发展。

整体来看，第二个交易与第一个交易期相比已经明显成熟起来，这一交易期的配额分配也更加合理（见表 2-3），但由于主要配额仍然是通过免费分配获得，而且每一期的多余配额可以在下一个交易期开始时，移交后抵扣当期排放，再加上受 2008 年经济危机影响，欧盟经济集体下滑，实际碳排放量仍然低于配额碳排放量，因此总体而言对欧盟企业来说减排的压力并不大。由于欧洲电力企业依然享受各种补贴和免费发放的大部分配额，通过配额交易和其他碳信用额交易，电力行业在减排中不但没有负担反而实现了盈利。由于《京都议定书》期内欧洲企业通过使用 CER 和 ERU，在欧盟外实现减排，因此导致欧盟自身碳排放超过第一个交易期水平。根据 2010 年 4 月 1 日欧盟公布的 2009 年最新的碳排放数据，2009 年欧盟排放量总额为 18.87 亿吨 CO_2e，比 2008 年下降 11%。尽管市场需求弹性较大，但碳价格波动相对稳定，反映了欧盟的交易商看好未来稀缺的碳资源。在 2008 年 1 月 23 日，欧盟提出了《气候行动和可再生能源一揽子计划》，已经开始搭建 EU-ETS 第三交易期的框架，第三交易期体系结构将扩大，意味着欧盟的减排目标在第三交易期中也将有所提高，从而逐步为碳排放额实行不免费机制奠定了基础。

表 2-3　EU-ETS 第二交易期欧盟主要国家的配额计划

国家	法国	德国	意大利	荷兰	波兰	西班牙	英国	总计
京都目标（与标准年本比变化 %）	0	−21	−6.5	−6	−6	+15	−12	−36.5
配额（10^6 吨 CO_2e/ 年）	132.0	451.5	201.6	86.3	205.7	152.2	245.6	1474.9
占 ETS 百分比（%）	6.3	21.6	9.7	4.1	9.9	7.3	11.8	70.7

资料来源：世界银行。

4. 第三交易期阶段（2013—2020 年）

欧盟交易体系第三交易期的目标是 2020 年之前在 1990 年的碳排放量基础上至少减少 20%，相当于 2020 年之前要在 2005 年碳排放量的基础上减少 14%。如果分开考虑欧盟交易体系的覆盖部门和非覆盖部门，则相当于减排体系的覆盖部门在 2020 年之前相比 2005 年排放水平减少 21%，非覆盖部门相比 2005 年减排 10%。

与此前两个交易期相比，第三交易期体系有所更改。首先，这一交易期取消了欧盟 27 国原来的国家分配方案，实行了欧盟范围内统一的排放总量限制。在该排放总量的前提下，各国依据充分协调的原则再对排放许可进行分配。而前两阶段的欧盟排放总量实际上是各国设定排放量限制的简单加总。排放上限的设置则参照第二阶段发放的许可数量的平均值，然后每年线性递减 1.74%。这表明第三个阶段可发放的配额数量将从 2013 年的 19.74 亿吨二氧化碳当量逐年递减至 2020 年的 17.2 亿吨，平均每年配额数量为 18.5 亿吨，比第二阶段的平均每年 20.8 亿吨减少了 11%。

另外，第三个交易期的交易范围将进一步扩大到欧盟 50% 的排放行业，除第一交易期所涉及的发电、玻璃、炼油、炼焦、钢铁、水泥、石灰、制砖、陶瓷、纸浆和造纸 10 个行业外，还将包括第二交易期确定的航空与航运、石油化工、制氨业（N_2O）和制铝业（PFCs）。虽然公路运输、建筑、农业和废弃物处理等行业还未被列入减排限定额度行业，但是也要求这些行业实施温室气体减排，并且实现截至 2020 年平均碳减排 10% 的任务。据欧盟会员会估计，欧盟排放体系第三阶段涵盖的排放量将比第二阶段净增加约 6%，相当于 1.2 亿—1.3 亿吨 CO_2e。

此外，随着欧盟非成员国加入 EU-ETS 机制，配额也将在欧盟非成员国外进行分配。而排放配额的比例也有所调整，主要表现为提高采用拍卖分配许可配额的比例，逐步实现“100% 拍卖”的原则。2013 年以前 90% 以上的配额都是以免费发放的形式分配给企业，而从 2013 年起，免费分配配额的比例为 40%，另 60% 的配额通过拍卖的形式进行分配；预计到了 2020 年，免费分配配额比例将下降到 25%，75% 的配额都是通过拍卖获得，逐步形成配额拍卖比例达 100% 的模式。对于电力部门的免费配额从 2013 年起开始取消，但是对于一些参与全球竞争的行业（如铝业），仍然可得到免费配额分配，但无偿分配的规则必须由欧盟各成员国一致认同。而这一阶段，也建立了更加严格的监测体系、报告机制和核证程序，以保证 EU-ETS 的完整性，确保各成员国实施富有成效的减排行动。

EU-ETS 对于 CDM 和 JI 项目产生的碳信用的使用限制非常严格，欧盟委员会认为过多地使用低成本的 CER 和 ERU 不利于实现减排目标，从

2013 年之后，第二交易期期间所认可的减排项目产生的碳信用可继续使用，但新签订项目只允许最不发达国家签订，其他发展中国家需要与欧盟签订相关协议才可向欧盟出口基于能效或可再生能源项目的减排信用。欧盟欲建立成为一个全球性的碳排放权交易体系，积极与其他排放交易体系对接，扩大自身的影响力，减轻成员国的减排压力的同时也完成了《京都议定书》中的减排日标。未来还将完善机制，长期规划，扩大规模，逐步发展成为具有世界“话语权”的碳排放交易体系。

第二节　欧盟碳交易的主体与客体

一、碳交易的主体与客体

（一）交易主体

碳交易市场的主体是市场交易行为的当事者，按照《京都议定书》的原则，只有附件一的缔约方或其授权的法人实体才有资格成为排放权交易机制的参与主体。具体而言，一个国家参与 ET 必须首先满足下列条件：

1. 为议定书的缔约方；

2. 对议定书规定的遵约程序和机制表示服从；

3. 已按照议定书确定的分配数量并授以分配数量核算方式表明对此数量负责（即计算了分配数量）；

4. 在承诺期开始前一年确立温室气体各种源的人为排放和各种汇的清除和国家体系；

5. 建立了国家注册体系（National Registry）、减排单位、核证减排量、分配数量单位，而且每年将报告等资料转交给秘书处；

6. 已经提交了最新的年度清单（Most Recent Required Emissis Inventory），按指南的要求提高年度清单，包括年度清单报告和通用报告格式；

7. 关于 AAUs 的补充资料要事先提交，参与 ET 的附件一缔约方是否符合资格进行交易还需要议定书遵约委员会执行事务组的审查和认定；

8. 补充信息完成提交，包括《关于消耗臭氧层物质的蒙特利尔议定书》规定的各种汇的清除的国家年度清单、未进行管制的温室气体的各种源的人为排放等等。

（二）交易客体

碳交易市场的客体即在市场中被交易的对象，或者说是可用于交易的排放权信用额度。《京都议定书》规定了四个单位作为碳市场交易的信用额度划分：

1. 附件一缔约方根据议定书获得的数量单位——分配数量单位（AAUs）；

2. 由于土地利用变化和林业活动（LVLUFC）签发的清除单位（RMU）；

3. 基于联合执行机制（JI）签发的减排单位（ERU）；

4. 基于清洁发展机制（CDM）签发的核证减排额（CER）。

以上四个单位又被称为京都交易单位，即碳交易市场上用于交易的对象，亦为碳市场交易客体。

二、欧盟碳交易市场方面

在欧盟市场中，各国政府作为碳交易的主体始终都扮演着极其重要的角色。欧盟交易体系作为强制性减排系统，政府强制力在其中起到最基本的作用。尤其在碳权定价方面，虽然欧盟政府也考虑到了市场波动的影响，但是价格上限、下限是以政府主要参与为主制定的，这就极大地限制了价格波动对整体减排目标的影响，虽然这样的做法有可能损害企业的利益，但是整个减排目标的最终完成由此而得到保障。

另一方面，政府作为减排数量的核准人，对减排情况具有最终决定权，极大地影响到市场总体供给情况，从而间接控制市场价格。另外，政府为不同企业规定的减排目标，尤其是相对数量指标，对企业减排规模起到了最基本的数量限制，从而从市场客体的角度影响到企业的碳权需求。可见，政府在碳交易市场中所扮演的主体地位是双方面的：一方面，通过定价权控制市场价格，总体把握整个交易额，控制交易额增长速度；另一方面，通过企业减排规模限制，控制整个市场规模，已达到总体的减排目标。

通过以上分析，可见欧盟减排虽然依靠政府强制力保障实施，但是总体仍然是依靠市场手段控制交易市场，以价格和比较成本控制市场走向。虽然市场化的经营方式，会给企业带来激励，从而提高技术，降低排放，但是由于近年来能源价格波动较大，碳交易市场极容易受到能源市场的影响，产生较大的波动，政府强力介入则容易使本来已经负担较重的企业雪上加霜。从目前数据来看，通常情况下，除战争因素影响外，从短期分析的角度，能源价格上涨，意味着市场对能源需求较高，产品供给充足，市场较为繁荣，以政府为主体的交易市场，对减排影响较为明显；能源价格下降，说明市场对能源需求量降低，市场产品总体需求不足，经济较为萧条。因此，从短期分析的角度，以政府为主体的交易体系，在经济发展较快、市场繁荣的情况下可以明显地起到市场优化、节能减排的作用；在市场萧条的情况下，政府介入进一步增加企业成本，使企业雪上加霜，政府对减排要求会进一步降低企业收益。如果政府不变动减排政策，则对本国经济危害较大。从长期角度分析，以化石燃料为主的传统能源数量不断减少，一方面推动以石油为主的能源价格上升；另一方面则促进了新能源的研发与利用，而新能源初始成本较高，能源部门为了保证能源转型时期经济利益不受到损害，在固定成本影响下，同样会提高能源价格，但是随着新科技普遍应用，能源价格呈现一种先上升、后下降，进而可能进一步上升的“N”形波动。所以，从长期角度分析，能源价格在未来的上升趋势，仍会给企业减排进行正面激励，使企业降低能源消耗，提高企业收益。

规定的碳权消费者，作为现行体制的市场客体，依靠市场主体即政府对整体市场控制起到影响市场交易数量、交易额的影响。现行政府减排目标主要分为相对目标和绝对目标两种，相对目标是指政府在依据企业上一年排放量的基础之上，以百分比的形式，规定企业下一年的减排数量；政府为企业规定的必须完成的减排数量为绝对目标。相对目标与绝对目标虽然都是根据欧盟总体减排目标及企业自身排放水平，相比较而言，相对目标对于企业来说更为公平、具有灵活性，同时也可以降低政府在运算绝对减排数量时的总体工作量，此外，相对标准可以通过比例增加极大地提高减排量，相比绝对目标更为严格。截至目前，欧盟的减排体系中应用较多的是相对目标。交易客体是市场政策实际的执行者，作为市场最主要的需求方，交易客体通过比较减排的实际利益，决定自身实际经营方式。结合企业总体减排计划和相应的减排方法，因为企业是以营利为主要目的，所以可以按照企业减排具体手段将企业分为正常标准型、消极型和积极型三种类型。

（一）正常标准型

正常标准型指企业直接准确地达到减排目标，不需进一步进行减排。企业以达到政府规定标准为目标，规避政府处罚。具体减排方式有以下两种：一种是企业通过提高自身技术，提高自身减排技术和能源使用效率，以能源效率提高降低成本所带来的利益冲销新技术利用的费用。另一种方式是企业本身不进行技术改革，而是通过购买碳权的方式，达到减排目标。这种类型的企业通常资金实力较小，筹资能力较差，通常处于市场增长期，短期内通过超额力量积累资金、技术，是潜在的市场力量，在短期内具有一定稳定性，虽然对市场贡献较小，但是对整体减排具有很大贡献。

（二）消极型

消极型企业通常除了政府强制要求外，不愿意接受较大市场变化，对市场反应不敏感，显示出较为消极的态度。这类企业在减排方面，通常采取减少产品生产量方式应对变化，甚至部分企业甘愿接受政府处罚，不愿意参与市场交易。这类行业通常都有激烈的企业间竞争，企业经营风险很大，因此对减排的意愿较低。这种类型企业通常处于市场成熟或者市场衰退期，市场相对饱和，竞争激烈，边际收益较低。政府强力介入会进一步提高企业经营成本，动摇企业经营信心。这部分企业是目前市场最主要的企业，虽然对整体减排贡献不大，但是对市场影响同样明显。

（三）积极型

所谓积极型企业，是指战略上通过提高技术手段，在达到政府规定减排目标的前提上，进行超额减排，并通过出售其碳权获得收益从而弥补企业技术投入的企业经营方式。这类企业是市场主要的供给者，受市场价格波动影响最大，是最主要的市场主体。这类企业通过财务手段，计提科技及新设备折旧，降低一部分企业纳税，同时扩大现金流量，降低自身企业风险。另外，提高企业能源效率，可以降低能源消耗，降低生产成本，同时出售自身剩余碳权，进一步冲销技术改革费用。因此，政府减排主体力量恰恰就是这类企业。通常这种模式适合新兴产业，与市场成熟企业相比，这类企业通过提高技术，降低成本，从而实现自身利益最大化，同时提高企业长期竞争力。

第三节 交易工具

一、欧盟碳交易体系的交易平台

（一）欧洲气候交易所（European Climate Exchange，ECX）

欧洲气候交易所成立于2004年，它以前是美国芝加哥气候交易所在欧洲设立的一个子公司，与伦敦国际原油交易所（IPE）合作，控股51%。在交易类型上，欧洲气候交易所交易的碳金融产品主要包括两种：一是以欧盟碳排放配额为基础的现货合约、期货合约和期权合约，二是以核证减排额为基础的现货合约、期货合约和期权合约。并且其交易的碳金融合约都是标准化交易产品，一般不包括非标准货损远期合约产品。欧洲气候交易所碳金融合约的市场份额较大，超过了欧洲整个场内碳金融产品交易额的80%，其交易包括现货和期货，并且以欧盟碳排放配额现货交易为主，其结算方式采取逐日交割的方式，即每天交易完成后产生一个清算价，第二天按照清算价进行实物交割。此外，欧洲气候交易所还规定了可以在该交易所交割的核证排放量对应的清洁发展机制项目，并且每天更新。欧洲交易所规定卖方的清算会员有义务确保交割给个人账户的核证减排量满足核证减排量类型要求，并且要求卖方在发现减排量类型不符合时通知清算所。

在参与机制上，欧洲气候交易所与自愿交易市场同样采取会员制，客户需先注册成为会员，成为交易商，才可以进行碳金融交易。截至 2010 年 4 月，共有包括瑞士银行集团（UBS）、摩根士丹利（Morgan Stanley）在内的 104 个商业组织加入到欧洲气候交易所中，在其组织内进行交易。这些金融集团为欧洲气候交易所提供了大量的资本注入，促进其迅速发展。欧洲气候交易所也成为欧洲最具代表性的、全球领先水平的碳交易市场，在欧洲碳现货交易中扮演着重要角色，约 82% 的碳信用交易在这里完成。

（二）欧洲能源交易所（European Energy Exchange，EEX）

欧洲能源交易所成立于 2002 年，由德国莱比锡能源交易所和法兰克福欧洲能源交易所合并而成，总部设于德国的莱比锡，是德国最大的交易中心。其最大的股东为欧洲期货与期权交易所股份公司，占股达 56.14%，其次为 4 家德国能源供应公司。欧洲能源交易所采用的是会员制架构，交易者必须是交易所的会员，会员通过交易所的交易平台进行交易，并通过交易所拥有的清算机构——欧洲商品清算公司进行清算，然后通过德国和欧盟的注册登记簿进行交付。欧洲能源交易所的业务类型包括为碳市场参与者提供配额和国际碳信用的现货和期货交易产品，为会员的交易提供清算服务，以及为会员提供担保和风险承担的服务，其中最后一类服务为欧洲能源交易所独有的，盈利情况很好。其交易产品主要包括一级市场配额拍卖（包括航空配额）、二级市场配额品（最晚到期日为 2020 年）。交易的方式一种是拍卖交易，另一种是连续交易，并引入做市商制度。该所的碳交易量占整个交易所业务量的 5% 左右，欧洲能源交易所是欧洲大陆中参与交易商最多和交易量最大的能源交易中心。

（三）法国未来电力交易所（Powernext）

法国未来电力交易所（又称法国“电力第一”交易所）于2001年7月26日成立于法国巴黎，法国“电力第二”交易所由“欧洲第一”证券交易所等多方共同组建，注册资本为1000万欧元，其中“欧洲第二”证券交易所（诞生于2000年9月，由法国巴黎、荷兰阿姆斯特丹和比利时布鲁塞尔三家证交所合并而成）持股34%，欧洲电网管理的各级控股公司持股17%，其余49%的股份分别由法国国民巴黎银行、比利时电力公司、法国电力公司、法国兴业银行和道达尔—菲纳—埃尔夫石油公司持有。这家电力交易所是为适应欧洲电力市场开放而建立的，1996年，欧盟制定了关于电力市场开放的指令，这一指令于2000年2月被法国议会批准转为法国法律。交易所的运作将为法国电力市场的操作提供一个新的途径。法国未来电力交易所通过其最先进的电子商务平台，为客户提供多方交易服务，掌控数个能源交易市场，并且主要针对现货实时交易（Real Time Carbon Credit Trade），交易不依赖传统交易模式和机构，交易双方需在法国进行登记并设立银行账户，但是交易双方并不是直接交易，而是采用委托中介人模式，交易所充当中间人，在协调交易的同时实现了对交易的控制和管理。交易过程相对简单，交易双方只需委托法国未来电力交易所，将排放量或资金提前一个交易日投入平台即可，大大节省了交易成本，同时降低自身承担的风险。

欧盟碳排放交易体系的市场规模自成立以来呈现逐步扩大的态势。一方面，市场发展潜力巨大。欧盟碳排放体系不断扩大碳配额交易的制度容量，并逐步扩大行业范围。另一方面，未来还将逐步同美国州级排放体系、加拿大排放交易体系、瑞士排放交易体系等接轨，相互认可各自体系产生的碳配额。欧盟碳排放交易体系未来发展前景巨大。

（四）北欧路德普尔电力交易所（Nord Pool，NP）

北欧路德普尔电力交易所成立于1993年，开始时只作为挪威电力市场的交易场所。1996年正式启动，当时其交易范围扩展到挪威和瑞典；1998年10月芬兰开始加入；1999年7月丹麦西部加入；到2000年，芬兰和丹麦东西部陆续加入，成为世界上第一个多国电力合同交易场所、世界最具规模的电力金融衍生产品交易所。北欧路德普尔电力交易所集中针对碳金融市场，主要运作电力金融衍生品，同时承担欧盟碳交易配额及《京都议定书》框架下碳配额交易。北欧路德普尔电力交易所主要向北欧国家（如丹麦、挪威、芬兰、瑞典）提供交易平台，包含了CO_2现货合约和期货衍生品合约交易。作为世界最大的电力衍生品市场，目前北欧电力交易所主要业务是提供以碳期权为主的碳金融衍生品，同时也提供碳现货交易。其交易量占整个北欧市场能源交易量的70%，它确定的价格极具代表性，是国际碳交易市场最重要的参考价格。

（五）法国布鲁奈斯特环境交易所（Blue Next）

法国布鲁奈斯特环境交易所于2008年1月22日，由纽约泛欧交易所集团（由纽约证券交易所NYSE与泛欧交易所Eurnext联合成立）与法国国有信贷投资银行合作成立，是纽约证券交易所与泛欧交易所联合创立的第一家全球意义上的交易平台，因此又称纽约—泛欧交易所。交易所有效整合了泛欧集团先进的市场运作经验和法国国有信贷投资银行的专业能力和资金，已经成为世界上最重要的气候金融产品交易工具之一。法国布鲁奈斯特环境交易所的交易产品包括CER和EUA的现货与期货，是世界上最大的碳排放信用额现货交易市场，占了全球碳排放信用市场的93%。依靠先进的市场运作经验，以及碳金融方面的强大专业技术，确立了全球碳金融工具交易的地位。该所还与我国北京环境交易所合作，联合发布关于核证减排额的一系列信息，这一举措扩大了它的市场份额。

二、现货交易工具

早期欧盟碳交易市场主要以现货交易为主，虽然随着碳交易的不断发展，碳金融产品种类不断丰富，现货交易地位不断下降，但是现货交易仍然在欧盟排放体系中扮演着重要地位。现货交易主要包括欧洲配额交易、国际配额交易（《京都议定书》框架）及其差价交易。从成交价格来看，欧洲碳现货价格受欧洲经济发展及国际能源影响较大。碳金融衍生品和碳排放额定价都备受关注。Alberola，Chevallier 和 Cheze（2009）针对欧盟碳交易市场中的碳配额定价进行了持续性的研究，通过回归分析，认为能源价格是影响碳交易价格的主要因素，实际数据也证明了这一观点，但是也有学者认为经济发展状况是影响现货成交价格更为主要的因素。从数据上看，2008 年现货价格一路上升，于 2008 年 7 月 1 日达到最高点 28.73 欧元，但是此后经济环境恶化，现货价格出现大幅下降，直到 2009 年 2 月反弹，目前现货价格震荡幅度较大，基本维持在 13 欧元左右。影响现货价格的因素因为缺乏长期数据的支持还不能得到明确的结论。

三、碳金融工具

碳金融工具是碳交易中出现的衍生品，包括远期、期权、期货、互换、结构化票据等金融产品，其价值取决于原生碳金融产品的价格。与常规金融产品类似，碳金融产品也具有促进资金流通、获得资金时间价值的作用，除此之外，碳金融也起到了降低碳产品风险暴露的作用。欧盟市场目前广泛地采用各种碳金融衍生品，借以调动资金，同时降低碳产品风险暴露。由于欧盟市场主要以配额交易为主，因此在金融衍生品工具方面，欧盟市场以碳期货、碳期权为主。碳期货、期权交易与传统期货、期权交易相比，除了基础资产不同以外没有明显的不同。碳排放权由于受到限制，体现出的资源稀缺性为碳交易提供可能，因此，从稀缺性的角度来看，碳配额与其他传统期货产品一样，都是通过移交一定时期内资金使用权或者金融产品以获得货币时间价值；碳期货出售者则通过出售碳金融产品，调剂资金，同时规避市场风险暴露。碳期权、期货与传统期权、期货一直随着市场价格波动而波动，不同点在于，交易过程会额外收取交易费用，此外提供产品的企业需承担交易清算和注册等相关交易费用。

第四节　欧盟碳交易市场的发展成效及趋势

一、所取得的成效

欧盟碳排放交易体系从 2005 年发展至今，目前进入到第三个交易期，依据它的运行结果来看，还是成功的。它比《京都议定书》早三年开始运作，足以看出欧盟对碳排放权交易机制建设极为用心，显现出了准备在气候经济领域占主导地位的决心。

自 2005 年《京都议定书》生效之后，全球排放权交易市场逐渐热化。欧盟碳排放体系作为最大的排放权交易市场，目前为全球碳交易提供近 70% 的交易量，大力推动了世界碳交易发展。EU-ETS 从 2005 年发展至今，已进入到第三个交易期，其发展所取得的成效还是比较显著的。从全世界范围来看，2005 年为 7.04 亿吨，2006 年则迅速上升至 17.45 亿吨，2007 年 27 亿吨，2008 年 48.11 亿吨，2009 年 77 亿吨。虽然 2010 年下降至 69 亿吨，但是年平均交易量仍然保持 58% 的涨势。

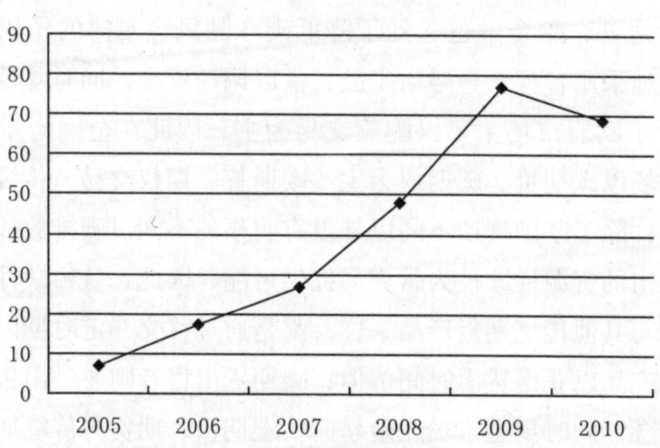

图 2-1　2005—2010 年世界碳交易量趋势图（单位：亿吨）

数据来源：中国经济网。

碳交易市场的交易量与交易额同时都在上升。据统计，全球碳交易额在2006年为300亿美元，2007年为630亿美元，2008年为1263.5亿美元，2009年为1140亿美元，2010年达到1200亿美元。随着交易额的迅速攀升，传统世界石油市场交易额最大的地位有可能被碳交易市场所取代。碳排放额度价值在每吨15—20欧元之间，约合21.56—28.74美元。由此可见，欧盟作为国际市场最大的交易单位，对国际低碳经济发展起到了巨大的发展和促进作用，是目前国际低碳经济发展的主体力量。

欧盟作为低碳经济最主要的倡导者，将依旧不遗余力地加大减排力度，而且随着全球碳交易市场的不断发展，欧盟也将从中获利。为了完成《京都议定书》所规定的减排任务，并进一步实现碳排放的降低，欧盟各成员国已经达成共识，决定从完善碳交易机制、加大对低碳经济战略投资力度两个方面入手，尽快实现经济转型并提高碳交易和能源利用效率。

二、欧盟碳交易机制存在的问题

尽管欧盟碳排放权交易体系现在已走在世界前列，在实施的第一阶段取得了不错的成效，但其在实施的过程中仍存在一定的问题，以下将从三个方面来阐述欧盟碳交易体系存在的问题。

（一）碳排放权上限的额度不合理

在欧盟碳交易市场发展的第一阶段，碳排放权是免费发放给企业的，然而在分配排放权的过程中有些行业分配的额度超过实际排放量。这就会使得排放额过多的行业把多余的碳排放额拿到市场上高价出售以牟取暴利，带来的结果就是超过排放额上限的企业失去了降低二氧化碳排放量的积极性，而在国际碳交易市场上买进碳排放额，这将阻碍全球减少碳排放量这一最终目标的实现。

（二）欧盟内部统一的交易规则尚未形成

欧盟是由27个国家组成的经济联盟体，不同国家或地区经济发展程度不相同，所以在相关制度安排上存在一定的差异，比如各个国家碳排放配额的配发、受管制的排放源和企业以及核查的方式和标准就有所不同，导致欧盟内部存在不一致的标准，在欧盟碳排放实施体系中的核查步骤中，各成员国根据各自的标准来进行核查，这就会因为不同的核查标准而导致对碳排放量的测量结果不同。

（三）减排认证政策不同，导致市场交易价格不一致

碳交易市场分强制性市场和自愿市场，在强制性市场下，每个配额交易系统都会产生一个代表了该国家愿意购买的其他国家的碳排放量的最高出价的价格，这一价格与本国的减排成本直接相关，而各国出售的配额价格通常也是不同的。一般情况下，欧洲配额交易单位（EUA）的价格高于CER二级市场价格，二级市场的价格始终又高于欧洲一级市场价格。所以说，由于减排认证政策不一，相关政策风险会导致市场价格不一致，从而阻碍市场交易进行，不利于碳交易市场的发展。

三、欧盟碳交易市场的发展趋势

总体来看，欧盟主要由发达的工业国家构成，而且主要国家在新能源采用方面均取得了一定成效。例如英国、德国、法国、意大利等，新能源采用率不断提高而且发展迅速，生产性企业虽然仍有一定的减排空间，但是由于新技术的不断推广，减排幅度不大。所以，未来欧盟仍是国际碳交易市场最大的需求方，尤其在与发展中国家合作的CDM中，仍有极大的上升趋势。未来，欧盟碳交易市场必将向更加专业、更加人性、更加适合全球发展需要的碳交易市场发展。总体来看，其发展趋势将主要表现在以下几个方面：

（一）完善交易机制

欧盟自身的减排目标是到2020年温室气体的排放量减少20%，到2050年这一比例上升至60%—80%，而总能源消耗中的20%将是可再生清洁能源，煤、石油、天然气等化石能源消费量减少20%。这是一个异

常艰巨的任务，但是欧盟已经在充分考虑各成员国减排能力和潜力的基础上达成了进一步的共识。2007 年，欧盟委员会通过欧盟战略能源技术计划，以期增强成员国之间技术信息共享程度，促进新低碳技术研究与开发。2008 年 12 月，碳交易机制达成的修正案通过：计划在 2012 年后，改现行碳排放权配额制为自由拍卖制，借以完全发挥市场作用，提高交易效率；同时考虑对碳交易进行征税，以弥补政府在碳技术投资上的资金缺口和政府赤字，并加大对未完成减排任务的经济实体的处罚力度。此外，欧盟还就各成员国减排配套技术、减排合作项目、新能源利用、电网改造等相关技术达成共识。这一系列的改革被寄予厚望，帮助欧盟最终实现减排承诺。但是，考虑到欧盟的减排潜力，CDM 合作将取代 AAUs，成为欧盟最大的碳交易方式，未来欧盟将通过 CDM 完成其减排目标，兑现其承诺。

（二）政府投资力度增加

加大政府对减排技术的投资是欧盟实现减排的另一重要手段。随着低碳经济战略的全球普及，率先完成低碳技术革命将为欧盟带来丰厚的经济回报，因此，虽然近期欧洲普遍面对较为严重的财政危机，欧盟对企业减排技术研发的投资力度并未因此而受到丝毫的影响。欧盟计划改进制造技术、研发环保汽车及普及智能化交通系统和低能耗建筑与建筑材料，为此特别投入了高达 32 亿欧元的研发资金，并与企业展开合作；为支持欧盟区的绿色产业的发展，欧盟在环保项目和就业方面投资 1050 亿欧元，保持其在低碳技术领域的世界领先地位。欧盟低碳经济发展总体来看是政府行为推动的。无论是碳税、碳交易、清洁能源占有率，均是通过国家政策，通过鼓励、惩罚等措施，提高企业新能源采用率和能源利用效率。虽然，目前欧洲部分企业考虑到其社会责任，部分企业自愿减排，但是经济利益仍是推进低碳经济发展的主要动力。因此，长期延续的低碳经济政策，将为低碳经济发展提供源源不断的动力。而考虑到欧盟总体的减排潜力，未来 CDM 合作将是欧盟主要国家的战略选择，通过与生产效率较低、资金相对缺乏的发展中国家合作，达到国际之间协作的优化状态，降低欧盟企业的减排成本。目前，欧洲各个国家已经达成合作，建立了合作程度较高的碳交易平台。通过合作，达成规模效应，利用市场手段控制碳交易二级金融市场、控制 CDM 交易定价权，以最低的价格从发展中国家手中获取减排量，再通过欧盟碳交易体系、各国交易体系，以竞标或拍卖的方式，出售这些排放量；或是通过 AAUs 或二级金融市场将减排量出售给其他国家，从而获得收益。另外，欧盟通过技术优势，通过减排技术专利的方式，可以保持技术优势地位，在 CDM 项目或者 AAUs 合作过程中，通过出售技术方式，获得资金，并利用资金重新购买二级碳金融产品，控制金融市场碳减排量价格，从而控制整个市场，以买空、卖空的方式，获取碳交易、碳金融市场的升值空间。可见，欧盟在低碳经济发展方面依然采取积极扩张的战略，旨在通过向世界推广自身成功的低碳经济模式。欧盟未来的战略必然是加大对低碳经济技术研发的投资力度，进一步完善碳交易机制，始终保持世界碳交易市场的优势地位。

（三）进一步的全球化

随着低碳经济的运行和全球经济的可持续发展理念的倡导，参与到碳减排的国家会越来越多，碳排放权交易的范围也将越来越广泛。实行减排就必须以现行的欧盟碳排放交易体系为基础，成员国都本着以最小的成本去获取碳排放量，在利益的驱动下碳交易市场必将扩展到全球，并逐渐形成全球化的碳交易体系。

第三章　英国碳排放机制研究

英国是控制气候变化的先行者，也是世界上应对气候变化最积极的倡导者和实践者。《京都议定书》规定欧盟的集体减排目标到2012年要比1990年排放水平降低8%，但是，英国主动表示率先愿意承担更多的责任，这种积极主动的态度在发达国家中非常罕见。

第一节　英国碳交易体系的建立与发展

在欧盟排放交易体系（European Union Emissions Trading Scheme，EU-ETS）建立之前，欧洲有四个非常重要的排放交易体系，它们为EU-ETS的建立提供了经验，开了欧洲碳交易的先河，其中英国碳排放交易体系最为典型。显然，对英国排放交易体系的研究能够为相关的政策讨论和理论推演提供有意义的思考。

一、英国先行的理论研究

我们今天广泛使用的“低碳经济”一词，始见于2003年英国政府发表的能源白皮书——《我们能源的未来：创建低碳经济》。英国成为全球低碳经济的先行者和积极倡导者当之无愧。继第一次工业革命之后，英国再一次成为新的经济革命的先驱，主要是因为它正从自给自足的能源供应走向主要依靠进口，能源安全和气候变化的威胁正在迫近。因此英国在白皮书中提出了自己的能源战略目标，包括：①英国二氧化碳的排放量到2050年削减60%，并且相关工作应于2020年取得实质性进展；②作为一个基本前提，能源供应的稳定性和可靠性必须确保；③协助提高劳动生产率和可持续的经济增长率，促进国内外竞争性市场的形成；④确保能源服务的充分有效，并在合理的价格上实现。英国政府在能源白皮书之后又编写了《气候变化的经济学：斯特恩报告》（简称“斯特恩报告”），该报告对全球变暖给经济带来的影响做了定量评估。这部报告的作者尼古拉斯·斯特恩爵士，曾担任世界银行首席经济学家和英国政府的经济顾问。在这篇报告中，斯特恩爵士估算了气候变化的经济代价，他认为这种损失甚至可以与一场世界大战相提并论。考虑到现在世界经济的发展状况，进行减排技术上可行、经济上可负担，而且行动越早，花费越少。现时如果能够将全球GDP的1%投入到减排，在未来可以减少5%—20%的年GDP损失。在这篇报告中，斯特恩爵士发出了全球经济向低碳经济转型的倡议。按照他的估计，2050年世界经济要在今天3/4的规模上实现3—4倍于今日的经济规模，低碳可以说任重而道远，但并非遥不可及。只要在应对气候变化的政策中把握住两个关键性的因素，一是确立碳的定价机制，二是辅之以足够的技术政策和创新，则未来的低碳经济可以预期。实现低碳经济无非就是对现有的经济模式进行“去碳”，提高能源效率、建立强有力的价格机制，如对碳排放征税和进行碳排放交易，在全球范围内对降低碳排放的高新技术进行研发和部署等。

二、英国确立碳交易体系的法律依据

理论上的研究和准备完成之后，英国开始着手制定相关的法律法规。典型的政策有2000年颁布的《英国气候变化计划》，主要是分析了英国的温室气体排放状况。《英国气候变化计划》强调采取如下主要的政策措施：制定国内排放贸易方案，推出气候变化税，签订气候变化协议，建立碳信托基金、能效标识、能效标准，提高可再生能源电力的比例，提高热电联产的比例，提高建筑物的能效要求等。《英国气候变化计划》明确指出，对于高质量的热电联产和可再生能源电力，免征气候变化税。又如《英国气候变化计划》要求，电力供应商有义务到2009年，将可再生能源电力的比例提高到10%。如果上述措施能够得到有效的实施，英国的温室气体削减目标是不难实现的。

2003年2月英国贸工部发布了一份主题为《未来能源——创建低碳经济》的能源白皮书（以下简称《能源白皮书》）。该白皮书不但确定了英国未来五十年的能源发展和气候变化政策的基本动向，还肯定了英国在应对气候变化问题中所形成的一系列政策框架。

2007年3月13日，英国出台了世界上第一部专门应对气候变化问题的法律——《气候变化草案》，对碳财政预算的目标管理和建立气候变化委员会两项内容进行了较为详尽的规定。《气候变化草案》将英国设定的减排目标明晰化。该法律要求到2050年实现减排80%的目标，因此，英国政府必须致力于发展低碳经济。2008年12月1日，英国气候变化委员会正式成为法定委员会，这个根据英国《气候变化法》创建的机构负责向政府提供独立的咨询和建议，内容涵盖实现碳预算的政策措施和英国的碳预算水平等方面。《创建低碳经济——英国温室气体减排路线图》是该委员会的首份报告。在报告中，详细阐述了英国2050年的温室气体减排目标以及实现目标的原则、方式和路径，提出了一个涵盖2008—2022年三个五年期碳预算的减排路线图，并分析了其可能给英国带来的广泛的经济和社会影响。该报告认为，要实现既定目标，2050年全球温室气体排放须在目前的水平上至少减少50%，而英国只有在1990年的碳排放水平基础上减排80%，才能将气候变化所带来的风险控制在可接受的水平上。减排路线图采取了两套方案，并与哥本哈根会议的结果紧密相关：一是如果哥本哈根会议能够达成全球减排协议，英国则采取“倾向性碳预算”，即到2020年实现在1990年的基础上减排42%；二是如达不成全球减排协议，则采取“过滤性碳预算”，即到2020年实现在1990年的基础上减排34%。

2008年，英国出台了《碳抵消供给者行动指南草案》（*Draft Code of Best Practice for Carbon Offset Providers*），以期能够加深消费者对低碳经济的理解，增强消费者对低碳产品的认可程度并承认企业减排为环保做出的巨大贡献。《碳抵消供给者行动指南草案》旨在对减排企业提供可选择的减排认证，从而向社会公布企业所承担的社会责任，属于碳标签的一种，具体作用在于增加消费者对碳交易在其后变化中起到的作用的理解。目前，《碳抵消供给者行动指南草案》只向《京都议定书》规定的减排量进行认可，英国政府已经考虑将这一方法推广到资源减排体系，进一步扩大政策影响。

《碳减排承诺法案》（*Carbon Reduction Commitment*，CRC）与常规针对生产性企业减排的法案不同，《碳减排承诺法案》专门针对能源消耗较高（指设施陈旧或者年能源消费超过 50 万英镑）的第三产业部门，在消费领域进行减排。《碳减排承诺法案》要求包括商场、医院、政府部门、门市部等每年进行能源消耗、二氧化碳报告，并由机构评估其报告。根据《碳减排承诺法案》要求，相关单位必须按照其排放数量减少相应的碳排放量，没有自行减排的部分必须购进碳排放额度，这就进一步加大了英国自愿交易体系的市场主体，为减排体系进一步发展做出贡献。

第二节　具体政策措施行动

一、成立碳基金

英国政府 2001 年成立的碳基金，主要目的在于弥补市场的不足并加强对碳交易的管理。碳基金虽然是一个独立机构，但是由政府出资，按企业模式运作。其资金主要来源于气候变化税，这项税负的主要承担者是英国的工业、商业及公共部门，税收总额约为 1.08 亿美元，税金收取之后直接拨付机构使用。碳基金从税收得来的资金多数用以帮助和促进低碳技术的发展，协助相关部门，特别是那些高能耗的企业减少二氧化碳的排放量，进而推动英国走向低碳经济社会。碳基金向企业提供的发展战略可以分为短期、中期、长期三个战略阶段：短期内通过改善企业经营方式，解决减排的管理障碍，为减排铺平道路；中期推广低碳技术，加速低碳经济商业化，提高企业能源使用率；长期则直接以推广清洁能源为目标，彻底实现低碳经济。

从2004年末开始，垃圾填埋税和英国贸易与工业部的资金支持成为碳基金新增的两个资金来源。碳基金的活动领域也开始逐渐集中，大概包括以下三个方面：对科研单位低碳技术开发进行支持，并联系企业实现技术推广；对能立刻实现减排效果的项目进行支持；帮助提高企业和公共部门对气候变化的应对能力，将气候变化成本降为最低，并向社会公众、企业、投资人和政府提供与促进低碳经济发展相关的信息，加大信息透明度。碳基金虽然来源于政府的资金，但仍然是一个独立的企业存在形式，实行独特的管理运营模式，并游走于企业和政府之间。一方面，碳基金负责对公共资金进行管理和使用，代替政府行使职能并从政府获得资金；另一方面，运用市场化模式，碳基金作为独立法人，不受政府管理，可以按照商业企业运作和筹集资金，保证基金能够融入市场，降低成本，达到资源优化配置的作用，切实促进英国低碳经济进一步发展。目前，碳基金处于中短期战略阶段，以改善企业管理方式为主，扫清减排障碍，帮助企业提高资源利用率，尽量减小低碳经济对企业尤其是高能耗产业的冲击，实现经济转型的平稳过渡。因此，商业投资是目前碳基金资金的主要使用方式，其作用在于充当投资孵化器，加速低碳技术的商业化。除此而外，碳基金也有很多针对相关科研项目的投资。通常情况下，项目研究投资在40万美元以下，对商业投资额度约为240万美元。

在国内减排企业选择和帮助方面，考虑到小企业对减排义务的规避，碳基金主要为能源成本在480万美元以上的高能耗企业提供服务。碳基金运行的初期向企业提供的管理服务都是免费的，因而能够降低企业能源管理的成本，取得的效果也十分好。随着市场需求急剧上升，碳基金不再提供免费服务，要求申请减排、符合标准的企业提供50%的配套资金，且提供的资金不超过3.2万美元。

作为独立运行的企业机构，碳基金管理的诸多方面，包括碳基金的经费开支、投资、人员的工资奖金等均由基金内部的决策层决定，政府不干预。为保证在减排过程中各方利益不被忽视，碳基金决策层由包括政府部门、企业界、学术界、工会等部门共17人构成，各个代表投票权相等，按照少数服从多数的原则，主席采用轮值方式，这些管理措施符合现代管理学理念，充分保证碳基金能够充分考虑各方利益，协调各方关系，在不违背碳基金建设初衷的同时，最大限度地起到推动企业节能减排的作用。

二、碳预算

英国不但是最早提出向低碳经济转型的国家，还是第一个把国家财政与碳减排直接挂钩的国家，而且碳预算涉及所有《京都议定书》中规定的 6 种温室气体。毫无疑问，这种碳预算构成了国民经济发展的一个硬约束，但是碳预算的模式依然非常灵活，包括“意向碳预算”和“过渡碳预算”两种可供选择的模式。过渡碳预算是在不能达成全球减排协议时使用的，2009 年 4 月公布的碳预算就是过渡碳预算。意向碳预算为世界范围内碳减排做准备。其反映哥本哈根及未来的国际谈判的成果。英国承诺一旦达成全球性协议，将采取意向碳预算，并进一步加大减排力度，到 2020 年，将温室气体排放量减少到 1990 年基础标准的 42%。若没有达成全球协议，也将坚持执行在 1990 年基准上减少 34% 的目标。

英国碳预算确立了以最小成本减排、优先实行低成本减排的技术路径。英国气候变化委员会指出，碳预算可行的实施路径很多，在建筑业、工业、道路交通和车辆的燃油等方面提高能源效率，开发可再生能源和核能源等新能源。碳预算的应用范围如此之广，家庭和企业甚至能够从制定碳预算、减少碳排放的行动中节省资金，得到额外的收益。还有一部分碳减排将以低于欧盟碳排放交易市场上的碳价格来实现。

英国碳预算的设计，能够与国际减排协议相衔接。碳预算并非极其严格不能调整的预算方式，而是一种预留适当弹性的预算。英国政府在将财政和国民经济同国际义务相挂钩的过程中非常谨慎，在国际碳排放贸易和国内的碳减排之间设立了隔离墙。政府严格规定，不会通过购买类似于清洁发展机制（CDM）下核证产生的国际碳排放信用（CERs），以满足过渡性的碳预算。但是，由于英国政府承诺了欧盟温室气体减排任务，因此在欧盟碳排放贸易框架内，向欧洲其他国家购买碳排放信用（EUAs）来满足碳预算是不受限制的。如果达成全球减排协议，就如上面谈到的，可以允许通过国际碳排放贸易购买碳信用采取意向碳预算的办法。据英国气候变化委员会估计，若采取过渡碳预算案，会有不到 10% 的减排量通过购买碳排放信用来填充，其余 90% 的减排预算可以通过在国内减排或从其他欧盟国家购买减排量实现；但如果采取意向碳预算的办法，将会有超过 20% 的减排量需要通过购买国外碳排放信用来补充，这部分缺口需要通过碳市场购买欧美国家以外国家的碳信用。

英国的碳预算实行总量控制。政府要求，到 2020 年要把实施减排的成本控制在当年 GDP 的 1%，假如政策设计得当，减排将大大提高能源使用密集行业的效率，促进竞争力提升。1% 的 GDP 的成本包括了传统含碳能源价格上涨的成本影响。此外，政府还将为因实施碳预算而导致能源贫困的人或单位提供补贴。在英国，由于碳预算中经济增长率是按 GDP 的 2% 来计算的，可以看出减排成本占 GDP 的 1% 实际相当于 GDP 增长的一半在碳预算中消耗。到 2020 年，GDP 总量比现在大约高出 30% 左右，那时减排的总成本会更高。但与不采取行动可能带来的灾难性后果相比，即使成本增加也是值得的。得与失的比较，英国财政大臣阿里斯泰尔·达林给出答案：碳预算将为发展和运用低碳技术创造新的商机。现在提供资金，未来将直接创造数千个高新技术企业和成千上万的高技能就业机会。

三、能源效率承诺

从 2002 年 4 月开始，能源效率承诺将要求英国的私人天然气和电力供应商，通过为他们的国内用户提供相应措施，提高能源效率。为了履行他们承诺的能源效率义务，供应商可能采用一切适当的措施。其中包括空心墙绝缘、顶楼绝缘、节能供热锅炉、供热控制和某些类型的家庭节能方法如节能照明。但是，这样做的目的并不仅仅是简单地提供燃料和电力，而是鼓励能源效率的提高，特别是通过能源服务以最有效的方式供热、照明和供电。到 2005 年，能源效率承诺使碳排放量每年降低 40 万吨，在鼓励节能工业发展的同时，为能源供应商带来挑战。

四、热电联产

热电联产是一项可以极大地节约燃料的技术，此项技术使用了发电时一般会浪费掉的热能。热电联产可以将燃料利用的总效率增加到高达70%—90%，相对于传统发电方法的30%—50%，还可节省40%的燃料费。英国政府设定了一个目标，到2010年，至少完成10000兆瓦装机容量的质量热电联产。2001年4月实施的、鼓励投资的最新高质量热电联产措施，包括对燃料输入和电力出口免征气候变化税。

五、市场改革计划

民用、商用和工业用能源大多数是由冰箱、电视、电动机、空调和照明产品消耗的。市场改革计划要与工业部门和其他相关机构合作，共同采取提高这些产品效率的措施。然后使直接制定产品标准的工业界了解规定或商谈协议。计划还可能加快节能企业和碳企业等组织管理的实施。市场改革计划所包括的产品，占英国用电量的75%。采取的行动包括使用高效民用电器的节能潜力分析；支持欧洲委员会与欧洲制造商制定非官方协议，提高民用电器的节能性能；支持欧共体强制要求民用电器加贴能耗标签的政策（英国已经实施的现有指令要求冷冻电器、洗衣机、滚筒烘衣机、洗碗机和灯泡加贴能耗标签）；支持欧共体制定强制性的最低节能标准（英国已经实施的现有指令要求停止销售低效锅炉、制冷电器和荧光灯镇流器）；参与国际能源署的需方管理实施协议，特别是支持国际市场改革行动。

第三节　英国交易的主体与客体

UKETS于2002年4月1日至2006年底实施，参与主体涉及英国国内所有经济部门，以自愿参与并配合经济奖励、罚款等激励手段为主要特征。为了与欧盟排放体系对接，该体系于2006年底停止运作。英国由于是世界上第一个建立碳排放交易体系的国家，其交易体系的设计，为世界各种碳交易体系提供了宝贵的经验，具有极大的借鉴意义。研究世界其他国家的交易体系，应首先要研究UKETS，体现历史与逻辑的统一，其主要的交易模式是各个碳交易体系设计时参考的重要资料。

在体系分类上，英国碳交易体系具有独特之处，主要体现在强制交易与自愿交易结合，配额交易与项目交易结合上。因此，英国的碳交易市场可以根据不同的交易意愿分为：强制交易市场（Regulatory Markets）与自愿交易市场（Voluntary Carbon Markets）；根据交易机制的不同，交易体系可以分为配额交易市场（Allowance-based Markets）与项目交易市场（Project-based Markets）。

一、企业直接参与减排贸易

直接参与者是指于2002年3月通过竞拍获得英国政府2.15亿英镑补贴的34家企业。直接参与方式主要针对生产性企业及部分居民，参加企业自愿承诺一个绝对的排放上限，以五年为期限，政府在五年内对成功减排的企业进行奖励，所使用的奖励资金高达3.44亿美元；奖励与减排量挂钩，以竞标的方式寻求自愿减排的企业，减排额度越大奖金越多。这种竞标方式，与拍卖类似，极大地刺激了企业参与减排的积极性，减低了交易成本，有效配置了资源，从而间接降低企业成本，鼓励企业减排。

二、通过气候变化协议（CCAs）参与减排贸易

英国政府推出了气候变化协议制度（CCAs），主要是因为很多企业，特别是能源密集型企业在征收气候变化税后不得不承担额外的成本。CCAs就是为了让这些企业的气候变化税（Climate Change Levy，CCL）负担能够有所减轻。工业等部门能源消费大户主要负担气候变化税，但是企业可以与政府签订气候变化协议（Climate Change Agreement，CCA），完成政府给企业规定的减排目标，并达到规定的能源效率目标，则企业可

以只缴纳全部税费的20%。如果企业不能达到减排目标和能源利用率提升目标，企业必须交齐气候变化税。不过即便如此，企业还可以通过参与减排机制并购买排放配额的方式，达到减排目标。换言之，气候变化税的征收方式给企业留出了足够的避税空间。这种方式实际上就为碳交易市场创造了供给和需求，而气候变化税就成了碳交易市场中的均衡价格，从而给政府调整引导碳交易提供了非常有效的政策工具。协议参与者（Agreement Participants）大约有6000家企业，大多是为了获得80%的CCL减免而自愿加入UKETS。

三、通过项目参与减排贸易

除了生产性企业减排之外，英国贸易工业部（DTI）还针对能源部门、电力部门提出减排项目，以期能够促使上面（1）、（2）两种情况之外的企业进行减排，并提高电力部门可再生能源的使用效率。承担项目的电力部门在其供应的总电量中必须有一定比例的电量由可再生能源产生，其比例与政府确定的该年度可再生能源的电力总供给所占比例相同，政府对非化石燃料部分进行奖励和补贴，以此促进电力部门降低温室气体排放量，具体补贴数额由政府规定的电力部门可再生能源使用率义务同步浮动。按照英国交易体系设计，交易主体包括化学制品、工程与车辆、水泥、陶瓷、电厂、玻璃、钢铁、石灰、食品与饮料、天然气、造纸、炼油、非金属、石油、服务部门（医院、教育、机场、政府）、纺织等各个主要的减排单位。总结起来，主要包括能源部门、冶金部门、工矿业、造纸业。

第四节　英国碳交易规模、效益及发展趋势

关于规模、效益及发展趋势的分析，主要依据世界银行提供的资料，

将 2002 年至 2006 年的情况分述如下[①]：

2002 年登记在案的内部公司交易有 434 个，制造年份主要在 2002 年和 2003 年，2002 年登记的交易量为 248 万吨二氧化碳，交易活动活跃，现货价格由 2002 年 4 月的 4 欧元爬升到 2002 年 9 月的 12 欧元。2003 年的交易活动比 2002 年少了许多，前三个季度登记在案的内部公司交易仅有 140 个，交易量也大幅下滑，与 2002 年的 248 万吨二氧化碳相比，2003 年估计只有 50 万吨，不过总体来看价格较为稳定，依然维持在每吨 2—4 欧元。

2004 年有限的项目出现在 UKETS 中，在此之前若干年的发展基础上，交易量达到了 53.4 万吨二氧化碳。大多数成员同意加入 UKETS 和 EUEYS 是为了获得 80% 的气候变化税，尽管它们的排放设施存在部分重叠。2005 年第一季度以后，UKETS 的市场活动开始降温，年初达到 4.5 英镑的现货价格到 5 月份下降到 2 英镑。2005 年的《体系报告和市场分析》显示 UKETS 在当年活动有限，体系中 33 个“直接参与者”完全遵约，在体系运行的 4 年中总共减排 700 万吨二氧化碳，总体上，从 2002 年到 2006 年体系项目的直接参与者的 ER 为 1190 万吨二氧化碳。2006 年交易约为 32 万吨二氧化碳，那些退出 UKETS 并且符合 EUERS 标准的“直接参与者”从 2007 年 1 月起陆续加入 EU-ETS。

作为低碳经济的先行者，英国的措施极具针对性，手段丰富。其发展模式主要以碳交易发展为主，主要原因在于英国与其他国家能源储量相比相对丰富，种类齐全，北海石油、苏格兰地区各个煤矿储藏着丰富的优质能源。与欧洲其他国家相较而言，英国更注重碳交易市场及其二级金融市场的发展。从碳交易市场发展来看，英国这一选择极具预见性，通过保持对碳交易市场以及二级金融市场的影响力，率先引入温室气体贸易机制，是世界上第一个形成完整碳交易机制的国家，不仅为英国国内碳交易做出贡献，同时也提供了可供世界碳交易模式发展学习和借鉴的榜样。准确地说，英国执行的碳排放额度交易制度，是主流碳交易的蓝图，各个国家随后建立的碳交易体系，都是建立在这个模型的基础之上的。虽然这种体制

---

① 数据来源：世界银行．世界碳市场发展状况与趋势分析［M］．北京：石油工业出版社，2010.

在减排额度认定、交易安全性上，受到部分学者的质疑，但是从其运行情况来看，对促进英国减排、碳金融二级市场发展均起到了重要的推动作用。英国碳交易体系于2006年结束，并入欧盟排放权交易体系。英国碳交易体系虽然时间短，但是其体系设计及碳交易经验为世界碳交易体系建设和发展提供了十分宝贵的经验，研究世界碳交易的发展变化，不能忽略英国碳交易体系。

总结起来，英国碳交易体系将配额交易与自愿交易有机地结合，场内交易与场外交易共同发展，并率先将碳交易由生产性企业推广到各个行业，发展速度之快、体系建设之完善，值得各个国家借鉴。英国完善的国内政策，给英国带来了极大的先入效应，为英国在国际碳交易市场赢得了价格影响力，随着碳交易不断发展，英国将利用其价格影响力获得巨大的升值空间，引领低碳经济的进一步发展。

第四章　欧盟碳排放交易的法律保障

第一节　欧盟碳排放交易规则的立法进程

以尼采曾经说过的话来评价，可以说欧盟碳排放交易体系的建立是从失败中成长起来的。早在 1992 年地球峰会召开之前，欧共体采取的是应对气候变化的行政指令，如针对二氧化碳排放和能源征收税的指令提案，尽管该案并未通过。之后，欧共体还提出过关于限制温室气体减排的国家计划和促进可再生能源利用的五年项目，它们分别为 93/76/EEC 和理事会决议 93/500/EEC。《联合国气候变化框架公约》生效后，欧盟将减排指标细化到欧洲 12 个参与减排项目的成员国，并提出了 2010 年前完成 15% 的减排任务。《京都议定书》通过后，欧盟最终确定的是 8% 的减排指标。

《京都议定书》签订后，欧盟清楚地认识到必须要采取更强有力的减排措施来实现其京都目标，欧盟的 12 个成员国除承担《京都议定书》的减排任务外，成员国还有其各自的减排任务，这些任务不局限于欧盟签订《京都议定书》8% 的限制，也就是说欧盟的减排任务甚至更严于京都目标。欧盟碳排放交易第一阶段（2000—2001 年）工作集中在工业、能源、交通领域。之后欧洲委员会又提出了应对气候变化的一揽子计划，主要包括《欧洲气候变化项目行动方案》、批准《京都议定书》的议案以及温室气体排放交易指令的立法提案。在进行到第二阶段时（2002—2003 年），欧盟的气候变化工作进一步细化，包括落实第一阶段的政策措施，探究其他领域温室气体减排的可能性等。除此之外，欧盟还做了大量的立法工作，主要包括：《第六个欧盟环境行动规划》，规划规定了在2005年以前建立欧盟境内的排放交易机制；《交通领域推广生物燃料或其他可再生燃料的指令》以及批准《京都议定书》通过的提案。虽然欧盟在温室气体减排方面做了大量的工作，可是除了建立排放机制的要求被采纳外，其他项目几乎被放弃。很多立法提案都严重延期，再加上2002年美国布什政府宣布退出《京都议定书》，欧盟的气候变化政策前景令人担忧。

直到2005年2月《京都议定书》正式生效，欧盟紧随其后在当年10月启动了欧洲气候变化第二期。第二期工作内容完全按照《京都议定书》要求开展工作，内容主要分为三个方面：一是审查第一期工作成效，包括交通、能源需求和供应、非二氧化碳温室气体等领域。二是研究汽车、航空、碳捕获和储存领域减排措施。2006年12月欧盟通过了将航空业纳入欧盟温室气体排放交易机制的立法提案。三是通过工作小组的方式探讨防止气候变化的对策以及如何协助区域、国家和地方适应气候变化带来的影响。

从前述可得知，欧盟一直希望保持自身在气候变化政策下领导者的角色，其气候变化政策涉及环境、能源、交通、农业等重要政策领域。尽管这些领域下的项目没有明确的时间和量化指标，但这些项目却是欧盟碳排放交易体系得以形成的前提，当然这也是国际社会气候变化问题本身和国际多边谈判存在的不确定性决定的，但欧盟通过多部门合作有序地推进碳减排工作，为后来的碳排放交易指令的实施和落实打下了坚实的基础，后来的碳排放交易指令也是紧跟国际社会气候变化谈判进程不断地修改和完善。

第二节　欧盟碳排放交易规则的法律框架

欧盟碳排放交易体系（European Union Emission Trading Scheme, EU-ETS）始于21世纪初，为完成自己在《京都议定书》确定的到2012年温室气体排放量在1990年基础上减少8%的承诺，欧盟于2000年通过

“欧洲气候变化项目”确定了排放交易机制，并于2005年1月正式运行。EU-ETS体系的基本原理是：通过设置并分配排放配额（European Union Allowance，EUA），每一EUA代表一吨二氧化碳排放量。欧盟将8%的减排任务分解到各成员国身上，配额分配方案按照“共同但有区别”原则，根据其经济规模、能源结构、产业结构等客观因素，不同成员国之间分配的量化减排指标不同。

成员国获得减排指标后，各国政府将配额指标分解到国内各部门、各行业的企业中去，国家通过制定“国家分配计划”（National Allocation Plan，NAP）来实现对国内的指标的分解。NAP需要向社会公开，并提交欧洲委员会审议，如果没有被通过，成员国就必须重新制定，而通过的计划不能随意更改。最初，EU-ETS体系覆盖的领域主要有钢铁、煤炭、电力、水泥等能源消耗和温室气体排放量较大的企业。欧盟将第一期京都减排计划分成两个阶段，第一阶段（2005—2007年）为实验阶段，这一阶段国家分配给企业的排放额度占95%，并预留一部分排放限额给没有被选中的企业以及新开工的企业；第二阶段（2008—2012年），免费的排放配额比例将下降到90%，以后逐年下降。此后，EU-ETS体系还将更多其他产业和领域纳入其中，如2008年，欧盟将航空业纳入碳排放交易体系。企业获得的配额有盈余可以进行碳交易，反之如果一个企业没能采取改进技术，降低碳排放量等措施，达到控制碳排放量在国家分配的配额限度内，那么，该企业必须从EU-ETS市场内向配额有盈余的企业去购买，从而避免高额的罚金。相反，那些通过改进技术、节约资源的企业能偶在国家分配的配额上还有结余，该企业可将多余的指标放入EU-ETS市场上出售，从而获得利益。这样一种市场经济交易机制，将会鼓励各企业通过改进技术，降低碳排放量，使整个行业、国家的碳排放量呈现逐渐降低的趋势，最终实现低碳经济可持续发展。

最初加入EU-ETS体系的企业共11428家，每年的碳排放量约占欧盟碳排放总量的45%。之后，EU-ETS交易体系规模逐渐扩大，其他机构也陆续加入该体系，一些大型碳排放交易中心逐渐建立，各种交易产品与衍生产品被开发出来。现在，欧盟已经掌握了全球碳排放交易定价权，如果交易机制发展良好，EU-ETS能够在未来市场上获得巨大的收益。

欧盟于2003年10月13日通过《建立欧盟温室气体排放配额交易机制的指令》(2003/87/EC指令)。该指令标志着欧盟碳排放交易法律制度基本形成，是欧盟排放市场的基本法律保障。在实施过程中，欧盟通过从实践中吸取经验和教训，不断完善和发展指令，对指令进行了包括增加、插入、覆盖等多方面的修订。目前我们看到的交易指令的版本是EU-ETS的现行版本。如果单独分析这一版本的指令，我们对交易指令的解读就停留在一个静态的层面，因此，在本节对交易指令的解读过程中，笔者将会以指令颁布和修改的时间顺序来解读交易指令及其四次修改（如表4-1所示)，这样能对交易指令有一个全面动态的解读。

表4-1 欧盟排放交易指令修改一览表

修改历史	修改指令	官方公报		
		编号	页码	日期
M1	与欧洲经济区相关的欧洲议会和欧盟理事会指令2004/101/EC，2004年10月27日	L338	18	2004-11-13
M2	与欧洲经济区相关的欧洲议会和欧盟理事会指令2008/101/EC，2008年11月19日	L8	3	2009-01-13
M3	欧洲议会和欧盟理事会条例（EC）No.219/2009，2009年3月11日	L87	109	2009-03-31
M4	与欧洲经济区相关的欧洲议会和欧盟理事会指令2009/29/EC，2009年4月23日	L140	63	2009-06-05

第五章 欧盟与英国碳排放贸易机制的全球影响与国际合作研究

第一节 欧盟碳排放贸易机制的全球影响

一、欧盟外部的国家被间接纳入碳排放交易体系

航空领域在 2012 年被强制纳入交易体系中，所有进出欧盟领域范围的商业航班都需要使用配额并在体系中交易，海事航运领域在未来也很可能被纳入体系中，这就意味着欧盟外的国家也间接被欧盟碳排放交易体系涵盖。当然，如果欧盟只是单方面地强制将他国相关行业纳入碳排放交易体系，那么必然会受到许多国家反对，特别是经济利益受损的国家。

二、欧盟碳排放贸易机制对接产生多重溢出效应

欧盟委员会在碳排放交易体系第三期中，将《京都议定书》所规定的 CDM 和 JI 项目减排信用与碳排放交易相对接，等量代替减排配额。这一机制的实施和拓展，在欧盟范围内实现了《京都议定书》三大机制的对接，可以使更多国家特别是发展中国家接受欧盟碳排放交易体系，从而为其下一步采取更多涉及欧盟外国家的措施提供基础；另外，欧盟委员会通过这一措施还可以谋取国际碳排放交易市场的主动权，特别是市场的定价权。项目减排信用只能依附于某个碳排放交易系统来获得资金收益的基

础，作为世界最大碳排放交易市场的欧盟，允许其碳排放交易体系与项目减排信用相对接，其他国家将不得不参照欧盟的价格来购买减排信用，CDM的定价权实际上就多被配额价格最高的欧盟碳排放交易系统决定。这无疑将有助于欧盟在未来的国际气候谈判中获得优势，使欧盟在应对气候变化行动中处于领导地位。

三、欧盟碳排放贸易机制为世界其他国家做出表率并向其施加压力

在欧盟公布的《哥本哈根气候变化综合协议》中，欧盟做出承诺，到2020年，其污染排放与1990年的水平相比降低20%，而不管是否达成国际协议。同时，欧盟给世界其他国家施加了压力，提出“如果其他发达国家进行同等规模的减排并且经济较发达的发展中国家在其责任和能力范围内做出适当的贡献，那么欧盟愿意继续努力并在一个雄心勃勃且全面的国际协议的框架内签订减排30%的目标”。欧盟之所以提出如此目标，很大程度在于排放交易体系初步实施的成功增强了其信心。正如欧盟认为：“全球碳市场可以并且应当由相联系的、可比较的国内排放交易系统建立。这将促进具有成本效率的污染减排。欧盟应当与其他国家一起，确保在2015年建立OECD（经济合作发展组织）范围的市场，在2020年建立更广阔的市场。”

第二节　英国碳排放贸易机制的全球影响

一、英国企图通过示范效应影响应对气候变化的全球性制度框架

英国实施碳排放贸易机制，不仅仅是为了约束本国的碳排放，还有意通过示范效应影响应对气候变化的全球性制度框架，特别是2009年底哥本哈根气候会议的议程。英国人希望碳排放的约束行动从国内开始，但不

止于国内，而是使之最终能够成为全世界的参照系。英国政府明确指出，《气候变化法》有两个主要目的：一是表明英国为全球减排承担相应的责任——无论是现在还是最终在哥本哈根达成共识；二是提高碳管理水平，促进英国经济向低碳经济的转型。英国政府通过自己的单方面承诺向世界表明，应对气候变化，需要足够有效的政策调整，必须采取果断的行动并搭建新的国际制度框架。

二、英国率先向航空公司分配碳排放配额，并努力推动国际民航组织等机构达成全球性协议

英国能源与气候变化部于 2012 年 3 月率先向三家航空公司分配了欧盟碳交易系统中的免费配额。英国也因此成为全球第一个将航空公司纳入碳排放交易体系的国家。英国能源与气候变化部表示，已经向三个航空公司分配了约 496 万个单位，相当于 496 万吨二氧化碳的排放配额。该部门一位发言人还表示，只要其他航空公司按规定完成了相关注册，就可以得到相应的免费配额。2012 年英国分配的配额总量将达到近 5700 万个单位。

为了应对气候变化，以经济手段推动各行业加入到减少温室气体排放的行列中，欧盟于 2005 年启动了碳排放交易体系，总的原则就是在对温室气体进行总量管制的前提下，让纳入这个体系内的企业通过在市场交易碳排放权达到以较低成本实现温室气体减排的目的。简单来说，就是一个企业如果碳排放量超出了其免费配额，就必须为超出的部分支付成本，如果配额用不完，则可以向其他企业出售未用完的额度。依照欧盟的规定，航空业必须在 2012 年纳入这个体系。因此，英国此次向三家航空公司发放碳排放配额就是依照欧盟的相关规定进行的。

对于欧盟将航空公司纳入碳排放交易体系中的做法有不少国家反对，其中包括中国、美国、俄罗斯等国家，这些国家认为欧盟是在向其他国家的航空公司征税，而欧盟没有权力这么做。中国民用航空局就曾向国内各航空公司发出指令，未经政府有关部门批准，禁止中国境内各航空公司参与欧盟碳排放交易体系，禁止航空公司以此为由提高运价或增加收费项

目。而美国的多家航空公司在 2009 年也曾就此向欧盟最高法院提起诉讼，但欧盟最高法院裁定美国对欧盟碳税诉讼失败。裁决出来后，有美国航空公司打算以取消欧洲航线的方式进行反击。对此，有评论说全球可能会因此出现一场因碳交易引发的贸易战争。

目前，欧盟仍在就这一问题同其他反对的国家进行磋商。英国能源与气候变化部一位发言人对此表示，英国“坚决支持”欧盟将航空业纳入碳排放交易体系的做法，因为这是促进航空业温室气体减排的有效方法。至于当前国际上关于此事的分歧，英国将继续在欧盟框架内处理相关问题，并努力推动国际民航组织等机构达成全球性协议。

第三节　欧盟与英国碳排放贸易机制的国际合作研究

1997 年，在联合国气候变化框架公约下制定了第一个温室气体减排的全球性制度框架——《京都议定书》，欧盟、美国、英国、日本、印度等许多国家和地区的低碳经济战略与制度发生了重大的调整和变化，并进行了一系列的国际合作。

一、中国与欧盟碳排放交易合作

欧盟驻华代表团新闻信息处公布中国与欧盟于 2014 年 5 月 20 日正式启动全新的碳排放交易合作项目。这标志着中欧在共同削减全球温室气体排放上又迈出了坚实的一步。据悉，新的合作项目为期 3 年，其中欧盟出资 500 万欧元。5 月 20 日，中欧年度气候变化双边对话会议同期举行。欧洲委员会气候行动总司司长乔斯・德尔贝克与中国国家发展改革委气候司司长苏伟出席会议，并正式宣布合作项目启动。在新的合作项目下，欧方专家与中国 7 个碳交易试点城市的专家和政策制定者分享欧盟在碳交易领域的经验，并为中国建立国家层面的碳交易体系提供支持，包括支持一些关键系统“模块”的设计，如设立碳排放上限、建立关键的市场架构以及设立监督、报告、核查与认证体系等。

二、欧盟框架内碳排放贸易机制合作

在欧盟成员国当中，挪威、冰岛和列支敦士登已经将国内的碳交易与欧盟碳排放权交易实行了衔接，欧盟碳排放交易机制作为规模最大的国际碳交易机制，覆盖了欧盟成员国和冰岛、列支敦士登、挪威等 30 多个国家，交易者涉及大约 1.1 万家工厂。《欧盟排放交易指令》第 25 条为欧盟碳排放权交易与《京都议定书》缔约国和非缔约国的国内碳交易之间的直接衔接提供了可能。《京都议定书》生效前，欧盟就已决定将在其范围内推行有关温室气体排放的“限额—贸易”体系。他们计划使该体系既可与《京都议定书》兼容，又仍是欧洲大陆范围内环境政策的独立部分。欧盟认为拥有自己的交易体系可以降低减排的总成本，推动其私营机构在任何全球交易体系中进行交易，并进一步推进欧盟一体化进程。总量控制方面，欧盟遵守“限量与贸易”原则。

欧盟碳排放交易机制的主要目标是创造一个开放的机制，能够与其他国家或地区的碳市场相兼容。因此，ETS 一直认可企业依据《京都议定书》规定的联合履行机制及清洁发展机制所获得的碳额度和碳信用。同时，ETS 也允许并欢迎已加入《京都议定书》的其他国家参与其机制。通过这种方式，ETS 已经成为全球碳市场发展的主要驱动力之一。

三、欧盟与美国碳排放交易合作

欧盟与美国碳排放交易合作首先表现在欧盟与美国碳排放交易的衔接上。首先，需要明确的是欧盟虽然认可了美国的配额，但欧盟碳排放权交易与美国碳交易的衔接对欧盟京都承诺并没有太大的帮助，因为《京都议定书》只规定能用的京都排放单位履行义务。其次，自 2008 年起，欧盟排放配额的转让实际上是分配排放量的转让。因为，欧盟排放配额获得了分配排放量单位的支持。但是，美国的配额却得不到分配排放量的支持，如果美国的配额转移到欧盟，那么在没有获得相应分配排放量的情形下，欧盟的排放量会增加，进而违反了《京都议定书》。再次，如果欧盟的配额转移到美国，那么美国所获取的排放配额却不能转移到非京都缔约国。最后，在欧盟碳排放权交易与美国碳交易双边衔接的情况下，欧盟排放配额应当从其分配排放量的属性中剥离出来，分配排放量单位应被纳入一个特定的账户，用于支付引入的美国配额。一个至关重要的前提是需要有充足的可用分配排放量单位，只有这样美国配额进入欧盟才有可能完成。

四、欧盟与印度碳排放贸易机制合作

印度是最早建立真正场内碳交易市场的发展中国家，从 2008 年 4 月份开始进行碳交易。印度借鉴欧洲的经验，积极发展碳交易二级市场，为节能减排和发展清洁能源提供更多资金来源，形成一种自下而上的民间管理模式。目前，已经有两个交易所推出了碳金融衍生品交易，一是多种商品交易所（MCX）已推出的欧盟减排许可（EUA）期货和 5 种核证减排额（CER）期货；二是印度国家商品及衍生品交易所（NCDEX）2008 年 4 月推出的 CER 期货。2008 年 8 月，欧洲公司购买的碳排放总量中，已有 1/3 来自印度，约为 700 万吨。

由此，以欧盟为代表的各个国家开始在碳交易领域竞相追逐并展开合作，以碳排放交易作为本国发展新的经济增长点，各国的积极参与将为环境保护做出巨大的贡献。

第六章　欧盟与英国碳排放贸易机制对中国及广东的影响

欧盟排放贸易体系的发展始终走在世界的前端，实现了碳排放权交易机制间的有机结合。中国作为全世界核证减排量一级市场的最大供应国，因缺乏完善的碳排放权贸易市场，没有定价权，只能向发达国家提供廉价的经核证的减排量份额，让国内企业处于国际碳市场价值链的低端位置，损害了国内企业的利益。多年的高污染、高能耗、高排放的经济模式已经严重制约了我国经济的可持续发展。为了我国能在京都协议第二阶段顺利实现低成本、高效率的碳排放权交易，减轻这一阶段的减排压力，我国迫切需要借鉴欧盟与英国碳排放贸易机制建立一个完善的碳排放权交易市场。

第一节　我国碳排放交易发展历程

我国政府于1992年正式签署《联合国气候变化框架公约》，并在2002年8月批准《京都议定书》，标志着我国全面启动同发达国家之间的清洁发展机制项目（CDM）的工作。①

① 刘刚．中国碳交易市场的国际借鉴与发展策略分析［D］．吉林大学，2014.

一、我国碳排放交易机制机构的初步建立

为了加强 CDM 项目的有效管理，保证项目的合理运行，我国政府在 2004 年 7 月 1 日颁布了《清洁发展机制项目运行管理暂行办法》，规定了 CDM 项目实施的许可条件、优先领域、实施程序、管理机构以及其他有关安排，于 2005 年 10 月 12 日正式实施，并更名为《清洁发展机制项目运行管理办法》。

根据《清洁发展机制项目运行管理办法》，我国设立了三个层次的工作机构：第一层次是由国家发改委作为我国政府开展 CDM 项目活动的主管机构；第二层次是国家气候变化对策协调小组，由包括发改委在内的 15 个政府部门的代表组成，负责审议与 CDM 项目相关的国家政策；第三层次是国家清洁发展机制项目审核理事会，它由发改委和科技部作为理事会的联合主持，其主要职责是审核 CDM 项目建议书。

我国的 CDM 项目需要经过以下流程：首先要经过国家清洁发展机制项目审核理事会批准，经过批准后再送交国际 CDM 执行理事会（EB）申请注册，注册成功后项目允许实施。实施完成后，由指定的经营实体对项目实施过程中产生的减排量进行核查，核查的报告交由执行理事会审核。最终获得批准以后，减排量就可以签发，即核证减排量（CER）。

二、我国碳排放交易的后续发展

2008 年 7 月 16 日，国家发改委决定成立碳交易所。起步较早的是北京环境交易所、上海环境能源交易所和天津排放权交易所。在中国等发展中国家尚不承担有法律约束力的温室气体限控义务的情况下，三大交易所目前以推动自愿减排交易为主。2009 年 8 月 5 日，天平汽车保险公司购买了 2008 年奥运期间北京“绿色出行”活动产生的 8026 吨碳减排指标，用于抵消该公司自 2004 年成立以来至 2008 年底公司运营过程中产生的碳排放，成为中国碳减排市场第一单。[①]

① 杨志，郭兆晖. 低碳经济的由来、现状与运行机制［J］. 学习与探索，2010（2）.

我国第一个自愿减排标准由北京环境交易所设立推出，名为“熊猫标准”，为我国开展自愿碳交易活动提供了依据，也为中国参与国际碳交易奠定了基础。由于我国还未实行配额碳排放管理，这3家交易所至今还没有开始一笔真正意义上的针对国内企业间的“配额碳交易”业务。

其他各地碳交易所建设步伐明显加快，相关政策法规也在不断完善之中。目前，遍及全国各区域、各省市碳交易所筹建热潮已掀起，如果将规划建设中的碳交易平台也计算在内，全国已有超过100家交易所在建。截至2011年，山西、辽宁、河北等多个省级交易所已建成，苏州、吉林等地市级平台也纷纷挂牌成立，广州、深圳在工业领域进行了碳交易先行先试。2011年9月，武汉市碳减排协会组织起草的《温室气体（GHG）排放的核查、报告和改进的实施指南》（DB42/T727-2011）发布，通过该标准的核查，完成了华中地区首个自愿性碳交易项目。2012年6月，国家发展和改革委员会发布了《中国温室气体自愿减排交易管理暂行办法》，全国性的自愿减排交易活动即将变为可能。

三、我国碳交易所实际交易进展

客观来说，我国还无法建立全国性的强制碳减排制度，在碳自愿减排（VER）市场交易方面也没有相关规定。因此，对于碳交易，企业缺乏动力，市场缺乏需求。自愿碳减排是一种企业自愿减排的行为，其份额占全球碳交易市场的比例很小，尽管其与强制碳减排市场交易量相比还存在很大差距，但它对全球企业自愿履行社会责任和参与碳市场建设发挥了重要作用。我国碳自愿减排目前基本为零星的企业出于形象宣传。2010年10月，一个包括章程、碳减排技术标准、碳交易标准、登记注册核销流程、调解与仲裁规则等内容的《中国自愿碳减排标准》正式发布。至2011年7月，作为当时国内自愿减排交易最大的北京环境交易所，其成立3年来的挂牌量仅为837.7万吨二氧化碳当量，VER项目仅为51个。[①] 可见虽然我国在全球CDM项目产生的核证减排量成交量占全球主要份额，但在国

① 傅玥雯．发布首个自愿减排排行榜　高耗能企业基本没参与［EB/OL］．2011-07-16．http://energy.people.com.cn/GB/ 15088430.html．

内交易所 CDM 交易量却很小。而且这些核证减排量大多被发达国家交易机构以低价购买后，包装、开发成高价的金融及衍生产品等进行交易。

第二节　我国碳排放交易发展现状

一、基于 CDM 的碳交易

经过近十年的发展，我国已成为 CDM 项目的最大东道国，无论是注册项目还是核证减排量方面。据中国国家发改委和联合国执行理事会网站的统计数据显示，截至 2012 年 10 月 18 日，我国国家发改委批准的全部 CDM 项目为 4782 个，涉及华能、大唐、华电、国电、中电投等能源央企。截至 2012 年 12 月 3 日，中国共有 2711 个 CDM 项目成功注册，占发展中国家注册项目总数的 52%；预计产生的二氧化碳年减排量共计 4.62 吨，占发展中国家注册项目预计年减排总量的 65.22%。[①]

中国 CDM 项目受到国际买家青睐有两个重要原因：一是中国的项目较大，能产生规模效益；二是中国的投资环境较好，政局稳定。目前，在中国 CDM 市场的买家分四种类型：第一类是发达国家的政府，由政府直接出资购买；第二类是国际性金融组织，例如世界银行，而这实际上也是世界银行受到一些国家的政府或基金会委托，出资进行采购；第三类是有直接减排任务的企业，例如一些发达国家的电力公司、大型钢铁公司等；第四类是投资机构，主要是商业基金、投资公司、风险资本等。

合理的 CDM 项目是发达国家和发展中国家之间共同合作的基础，可达到减排、发展的“双赢”。对我国而言，CDM 的有效利用已为促进国家的可持续发展提供更多的机遇，客观上也减少了区域性污染物产生，对减少气候变化带来的不利影响做出了贡献，同时，拓宽了企业融资渠道，获取了先进的实用技术。操作层面上，CDM 是企业与企业之间的合作，但 CDM 项目实属发达国家和发展中国家之间的合作。每个 CDM 项目都必

① 方问禹，席敏. 中国碳权面临国际违约风险［EB/OL］. 2012-12-31. http://jjckb.xinhuanet.com/2012-12/31/content_ 421383.htm.

须通过国家和联合国的双重审批，必须符合各个国家的相关规定。在我国，温室气体减排量作为一种资产出售时，产权实际上属于国有范畴。

预计2030年我国二氧化碳减排潜力可达60亿吨，将占全球减排量的1/5。[①] 我国巨大的减排潜力和减排资源是建立碳交易市场的基础。

二、基于交易平台的碳交易

碳交易市场可为企业提供碳交易平台，有利于提高企业的低碳竞争力。我国先后成立的十余家碳排放权交易所，在自愿减排现货交易方面进行了积极的探索。国家发展改革委2011年10月出台的《关于开展碳排放权交易试点工作的通知》，批准北京、天津、上海、重庆、湖北、广东和深圳7省市开展碳排放权交易试点工作，同时明确了我国2013年启动碳交易试点，2015年基本形成碳交易市场雏形，“十三五”期间在全国全面开展交易。

但7个省市的试点工作并不同步进行，深圳2013年6月18日第一个正式启动碳交易，在首日共完成8笔交易，成交21112吨配额，最低成交价为每吨28元，最高成交价为每吨32元。目前，深圳已将635家工业企业纳入碳交易市场中。按计划目标，在2013—2015年，这635家单位获得配额总量合计约1亿吨，到2015年这些企业平均碳强度比2010年下降32%。[②] 另外6个试点省市都已发布了碳排放交易试点工作实施方案，有的已经公布了参与碳排放交易试点企业名单，并且都到了配额发放的阶段。其中北京、天津、上海试点工作进度较快，由于经济发展水平存在差异，重庆和湖北的试点工作较缓慢一些。无论快慢，试点工作都为解决我国碳交易“有场无市”迈出了至关重要的一步。

---

① 杨富强. 2030年中国可减排二氧化碳60亿吨［EB/OL］. 2009-07-30. http://green.sohu.com/20090730/n265607022.shtml.

② 深圳碳排放权交易运行首日成交逾2万吨配额［EB/OL］. 2013-06-18. http://news.xinhuanet.com/fortune/2013-06/18/c_ 116194641.htm.

第三节　欧盟与英国碳排放贸易机制对中国及广东的影响

庄德栋（2014）研究了欧盟碳市场相依结构和风险溢出效应对碳排放权价格波动的影响，对中国建立碳排放权交易体系提出以下 6 点建议：

一、建立碳市场价格稳定机制

根据欧盟碳排放权交易市场的经验，为了避免碳市场价格的激烈波动，中国需要在建立国内碳市场过程中探索如何设计相应的机制来保证市场运行稳定。目前国内 7 个地区已经开始碳交易试点，但对市场稳定机制的考虑，并没有形成系统的设计方案。由于碳交易在国内刚刚实施，为了减少前期市场运行阻力，保证市场顺利启动和开展，初始阶段往往都是采用免费发放碳排放配额的方式，以起到让相关企业能接受和有充分学习的机会。虽然目前在广东、深圳等也开始实施部分配额进行拍卖的机制，试图以市场的手段引导投资者对碳排放权进行定价。但是这还仅仅是在一级市场，而二级市场的价格稳定还没有引起足够的重视。2013 年底，深圳市排放交易所的碳产品价格也曾经出现过暴涨和暴跌的现象，因此，如何设计市场的稳定机制已经非常必要，而且目前还只是区域性市场，到全国统一市场后，更显市场稳定机制的必要性。

为了应对碳价过度波动，欧盟碳排放权交易市场对市场机制进行了改善。如实时监测市场的表现，包括市场的拍卖、流动性和交易量等等，并形成年度报告提交欧洲议会和欧盟理事会；在有确凿证据表明市场表现不好时，欧盟委员会可以提出旨在提高市场透明度和改善市场表现的建议；如果市场价格连续出现 6 个月超过以前两年市场的平均价格的 3 倍的情况，并且认为价格的变动与市场的基本面不相符，欧盟委员会可以采取措施，包括：批准成员国拍卖未来的配额；批准成员国拍卖新进入者储备中剩余的配额，但不能超过 25%；等等。

考虑到中国碳市场还处于初始阶段，市场制度还不够完善，碳市场的影响范围有限，因此，建议除了采取免费配额分配方式外，叠加采用配额拍卖的方式发放配额。由于市场设计还在初始阶段，目前部分国内市场也实行了相关企业排放量超过配额的惩罚机制，而惩罚的力度可以作为目前碳市场的最高价，这样会促使相关企业加大减排投入，进行技术创新和低碳技术的运行，而且也起到了稳定市场的作用。

对市场来说，碳市场价格的大起大落，是一种严重的挫伤甚至是打击，不利于碳市场的长远发展。因此，相对稳定、避免大起大落的碳价格，是对碳市场长远、健康发展的有力保证，需要在建立国内碳市场的过程中避免碳价大幅度波动，并在市场发展过程中予以积极调控。欧盟排放交易体系初始的市场制度设计中，并没有允许第一阶段的配额和第二阶段的配额进行存储和借贷，但是这一限制却导致了在第一阶段，即在2007年初，配额的价格狂跌到接近于零，这致使碳排放权市场出现了分割现象，因此，管理机构必须保证碳市场的连续性。这是因为，限制不同阶段的配额进行存储和借贷，相关企业将会缺乏短期减排动力，因此要在配额分配、信息披露等各方面，切实加强工作，提升管理水平。由于国内市场还处于试点阶段，后续的市场建设和国内市场的统一，也都会涉及碳交易产品存续性的问题，建议采用不同阶段之间可以跨期存储和借贷的制度，以避免在不同阶段间出现价格暴跌的现象。在国内建立了全国统一的碳市场后，建议尽快建立国内碳期货碳期权市场，以平抑现货市场的价格波动。同时也不排除政府的公开市场操作等手段。

碳市场的稳定机制实质上是在碳价波动和减排效果的不确定性之间寻找平衡。因为如果碳价的过低会打击相关企业减排的积极性从而减弱减排的效果，导致碳市场应对气候变化的机制大打折扣；另外，如果碳价过高，同样会抑制相关企业对低碳技术的投资，从而也不能达到减排的效果。在设计市场稳定机制的时候，需要系统考虑各种机制的混合使用，并对产生的各种可能的结果有足够清晰的预见。

二、加强监管，完善市场制度

由于我国建立碳市场最终是走向总量限制与排放交易模式，因此在以部分地区进行试点为起点建设国内碳市场体系的同时，需要建设好各项基础制度，首先要通过加强排放源监测、报告和核证工作的管理，累积受管制企业排放量的一手数据，为后续制定温室气体减排和管理政策积累宝贵的基础数据和经验。要建立全国统一的碳市场，并在碳排放配额的分配、实施过程管理、排放达标和处罚等各方面在国家层面实施统一化管理，尽可能减少差异化给碳市场带来消极影响。

实施多个阶段建立全国统一的碳市场，因为统一的碳市场牵扯面广，影响巨大，在刚开始制定政策的时候，很难面面俱到，也有很多不完善之处，可以采取干中学的方式，让制度自身有一个得到学习和进化的过程，这为后面各个阶段的实施创造良好的条件。

欧盟排放交易体系中，《京都议定书》机制下的CERs可以在一定程度和数量范围内，在EU-ETS里进行链接和交易，这本身就是一个创举。尽管还不够完善，但它对下一阶段其他区域碳排放市场，以及全球碳市场的建立，起到了示范作用。因此，把全国碳市场设计成一个相对开放的系统，为外部类似系统的链接设定了接口，以便与国际碳市场接轨。

除了需要借鉴欧盟排放交易体系的成功经验，还要做好三个方面的准备工作：一是为了防范监管漏洞和监管套利，需要针对二级市场的参与机构，制定相应的管制措施。二是监管部门要维护市场稳定，就必须建立健全交易平台和统计监测体系。这样可以使监管部门及时准确了解碳现货及其衍生产品的交易信息和盈亏状态，从而实现及时准确的风险提示。三是如果国内开展碳衍生产品交易，就会面临着碳衍生产品发展历史短暂而出现的回溯数据长度不足的问题，因此在对碳衍生产品进行定价和风险控制时，要充分考虑到这类产品的风险和不确定性，努力提高碳衍生产品的定价和对这类产品的风险控制能力，以防范极端风险的发生。

在完善各种市场相关制度的同时，要注重碳市场之间的关联性。在市场间设置风险防范机制，防止碳价波动带来的风险在市场传播。金融监管部门不仅要注重单个碳市场的风险监管，还要着眼于整个碳市场系的潜在风险，以实现整个碳市场体系的稳定与安全。而且由于碳市场与国民经济有着密切的联系，需要认真研究排放贸易系统有效运行的边界条件、前提条件，及其对市场经济发展阶段的要求等因素，并结合我国国情和经济发展的特点深入开展研究。

三、加强立法及政策保障

为了保证国内碳市场的顺利建立和市场的正常运转，需要加强相关立法及政策保障，其旨在利用法律的权威性与强制性，维护市场交易双方的合法权益。制定政策的目标应着眼于长期的市场发展，给予市场参与各方稳定的预期和可预见性，以维续市场的稳定和长远发展。相关立法的内容应包括明确规定碳排放权受法律的保护，并对授权主管部门制定政策的实施细节和管理细则进行相应的规定。主管部门在政策制定的过程中，需要特别注意的是，过于强调政策的干预性将会减少企业在碳排放权交易市场中的选择余地，影响投资者的决策，从而会降低碳市场对其的吸引力，对市场达到资源的最佳配置将产生负面的影响，同时也会增加整个碳交易体系的交易成本和监督成本。因此，相关政策的制定应当以保证碳交易市场的市场秩序和市场规则的稳定为主，尽可能少地去限制市场参与者的交易行为，从而为国内碳市场构建一个稳定的可持续政策环境。

四、培养碳金融领域的人才，增强国内科研实力

由于国内碳市场刚刚试点运行，国内碳金融领域的人才相当缺乏。无论是碳交易市场的实际运作还是碳排放权的理论研究，都需要融合经济、环境、法律、金融和涉外等相关专业知识的复合型人才。国内需要采取相关机制尽快培养相关领域的人才，如在高校增设相关专业，加大培训力度，加强对外学术和实践交流等等，出台相关人才政策，引导海外相关人才回国，加强与国外领先机构的合作，对国内有关碳排放权及其法律制度的理论和操作困境，碳排放权总量控制、初始分配权方式的确定、市场定

价机制、政府监管部门如何监管碳市场，监管机制的构建等方面的研究将会产生很大的促进作用。

五、鼓励金融机构深入介入碳交易市场

通过分析欧盟碳排放权交易市场，其中市场参与主体是各大金融机构，国际碳市场中，金融机构已经深入介入，并对碳市场的发展起到了巨大的促进作用。金融机构不仅是市场的积极参与者，而且还会开发各类碳金融产品，如碳期货和碳期权等等，促进了市场的流动性和交易量，为市场的健康稳定发展起到了非常重要的作用。目前国内金融机构较少涉足碳交易市场，仅有银行信贷等方面对 CDM 项目支持，而市场交易还没介入。根据印度碳金融发展的经验表明，银行不仅能为碳减排提供现实的资金支持，也可以开发出相关的碳金融产品、碳期货交易等等。因此，国内在建立碳交易市场的过程中，需要鼓励金融机构深入介入，不仅为碳交易各方提供资金支持，而且也进行金融创新，开发相应的碳排放权衍生产品，并为市场监管提供政策咨询的依据，为促进国内碳市场全面发展建立一个好的基础。

六、以核证减排信用（CERs）期货为起点和支柱，逐步建立中国碳金融衍生品市场

我们知道，在国际碳市场中，CERs 的价格一直由欧盟把持。出现了一级市场的 CERs 相对二级市场贴水，二级市场的 CERs 又相对 EUAs 贴水的现象。这意味着欧盟分配的碳排放权配额价格最高，而通过在中国这样的发展中国家开展 CDM 项目产生的碳排放信用价格最低。

欧盟通过决定企业可以使用多少 CERs 来冲抵 EUAs 等政策，从而使得 CERs 不能够与 EUAs 等价，并导致 CERs 贴水。CERs 的一级市场由于充满了不确定性并受 CDM 项目周期等因素影响，导致价格进一步贴水。

虽然目前我国还不负责强制减排义务，但是须解决作为碳排放权最大

的供应方却必须遵循最大买方的价格机制问题。争夺CERs的定价权将是我国争夺碳排放权市场的国际定价权的首要任务。因此，要研究和建设我国主导的核证减排量（CERs）的一级市场和二级市场的交易机制。

因此，中国的碳期货产品不仅仅是节能减排的需要，而且是争夺国际碳市场定价权的需要。中国的碳期货产品开发，需要依据《京都议定书》下的清洁发展机制，并结合欧盟碳市场对碳抵消信用的使用情况，为了呼应我国作为CERs最大供应国的地位，要以构建CERs的一级市场和二级市场为主，从而形成一个有国际影响力的碳期货市场。

建立我国碳期货市场的远期目标，是从欧盟碳市场目前处于定价主导权的状况下，争取形成我国碳期货CERs二级市场的自主定价权，并对国际碳市场的定价产生影响，从而夺取在二级市场的定价主导权并牢固掌握CERs一级市场的定价主导权，促使欧盟碳市场只能在EUAs范围内拥有定价主导权。当以下三种情况都同时实现时，中国将会取得国际碳市场定价的主导权：一是以中国CERs期货市场的价格对中国CDM项目中CERs购买协议进行基差定价，并依据项目类型及地域等因素升水或贴水；二是在其他发展中国家的CDM项目中核证减排量购买协议同样是居于中国CERs的期货市场价格进行基差定价；三是世界碳市场将受到中国CERs期货产品的类型和交易制度转变的影响。至此，以CERs期货为起点和支柱发展中国碳市场，并通过不断丰富其他各种碳金融衍生品，从而逐步建立起中国的碳市场体系。

第七章　广东碳排放贸易的现状分析

中国是世界上最大的发展中国家，二氧化碳的排放量居世界首位，与气候变化问题紧紧相关，中国主动响应国际社会关于温室气体减排的号召，关注气候变化方面的国际谈判进展，积极参与制订国际温室气体减排计划。CDM项目在中国实施以来，作为有效的减排机制被市场接受，国家已经明确提出在“十二五”规划期间健全节能市场化机制，逐步建立碳排放交易市场。2011年10月29日，国家发改委批准北京市、天津市、上海市、重庆市、广东省等开展碳排放交易试点工作，要求推动市场机制以较低成本实现2020年中国控制温室气体排放行动目标，加快经济发展方式转变和产业结构升级。从国内的环境权益交易平台来看，基于中国巨大的市场潜力，2008年以来各地环境交易所陆续建立，其中北京环境交易所、上海环境交易所和天津排放权交易所已经初具规模，并在全国处于领先地位。

作为全国经济总量最高的地区面临着大幅降低能耗的要求，“十二五”时期对于广东来说，无疑是一个充满挑战与机遇的阶段。事实上，在全球“低碳潮”来临之际，不仅广东，国内其他地方均面临着“在经济发展的同时进行节能降耗”的难题。国家“十二五”规划已经将单位GDP二氧化碳排放下降率作为约束性指标分解到地方，作为国家首批低碳试点省市，广东省在“十二五”期间要实现单位GDP能耗下降18%、二氧化碳排放强度降低19.5%的目标，均高于全国各省市的指标。广东省作为能源消耗大省，据统计，目前广东终端能源消费总量超过2.7亿吨标煤，占全国能源消费总量8%以上，位居全国第三，能源结构以化石能源为主。

碳排放与化石能源消费具有高度相关性，导致广东省的碳排放量也位居全国各省市的前列。据测算，在没有能源消费和碳排放约束的情况下，到2015年，广东省重点行业的能源消费将达到3.76亿吨标煤，排放8.72亿吨二氧化碳。一边要保持经济平稳增长，一边要进行节能减排，这成为广东当前所面临的困境。因此，如何利用碳排放交易机制的建立取得突破，成为广东面临的新机遇。

第一节　广东省碳排放贸易的政策举措

2010年8月10日，国家发展和改革委员会公布《关于开展低碳省区和低碳城市试点工作的通知》，将广东等5省8市列为低碳工作试点。

2010年11月，广东省政府召开了“国家低碳省试点启动大会”，会议上原省委书记汪洋同志亲自宣布试点工作启动。会议提出广东要以加快转变经济发展方式作为主线，对温室气体排放进行控制，完善相应机制，促进低碳发展新格局形成，发挥广东低碳试点示范作用，并为全国低碳发展探索经验。

2011年2月21日，广东省发改委授权发布了《2010年广东低碳发展报告》，其中提出了广东省的低碳发展目标：①到2015年，力争单位GDP二氧化碳排放比2005年下降35%左右。初步建立控制温室气体排放的市场机制有利于低碳发展的体制机制，经济发展方式向低碳发展转型取得初步成效，低碳生活方式和消费模式理念成为全社会的广泛共识，生态环境有所改善。②到2020年，努力实现全省单位GDP二氧化碳排放比2005年下降45%以上。控制温室气体排放的市场机制和有利于低碳发展的体制得到不断完善，基本形成低碳发展占主导地位的经济发展方式，低碳生活方式和消费模式成为人们的自觉行为，生态环境得到显著改善。

2011年11月29日，第一届中国低碳论坛暨节能减排技术应用与推广交流大会在广州成功召开。同时，为了推动国家低碳省试点工作顺利开展，广东省还专门设立了低碳发展专项资金。

2012年1月，《广东省低碳试点工作实施方案》获国家发展和改革委员会批复同意，广东成为国家低碳省试点工作启动以来，全国13个低碳试点省市中首个工作实施方案获正式批复的低碳试点。

2012年3月1日，广东省政府正式印发《广东省低碳试点工作实施方案》。

2012年8月20日，广东省政府正式印发《“十二五”控制温室气体排放工作实施方案》。方案提出，到2015年全省单位生产总值二氧化碳排放比2010年下降19.5%。这一指标，为全国各省（区、市）中最高。

2012年9月7日，广东省政府正式印发《广东省碳排放权交易试点工作实施方案》。方案提出，围绕加快转型升级、建设幸福广东的核心任务，加强政府引导和市场运作，进一步提高企业和社会控制温室气体排放的意识。

2012年9月11日，随着广东省碳排放权交易试点正式启动，中国首例碳排放配额交易在广州碳排放交易所完成，这标志着广东引入市场机制倒逼节能减碳实现新突破。

2012年11月，《深圳经济特区碳排放管理若干规定》正式实施。据悉，这是我国首部规范碳排放权交易的地方法规。

2013年4月4日，第14届57次广州市政府常务会议审议通过了《广州市绿色建筑和建筑节能管理规定》，率先将绿色建筑建设管理要求纳入立法。明确四大类建筑必须强制执行绿色建筑标准，此外，将绿色建筑相关指标和要求融入建设项目全过程，建立了绿色建筑建设管理制度。

2013年11月26日，广东省发展改革委印发《广东省碳排放权配额首次分配及工作方案（试行）》，筹备已久的广东省碳排放权交易将进入正式启动前的配额发放阶段。

2013年12月18日，为加强对广东碳排放配额交易行为的规范管理，维护碳市场秩序，保护交易参与人合法权益，广州碳排放权交易所发布《广州碳排放权交易所（中心）碳排放权交易规则》。

2014年1月15日，广东省人民政府公布了《广东省碳排放管理试行办法》，并于2014年3月1日起试行。该办法对碳排放信息报告与核查、配额发放管理、配额交易管理、监督管理以及法律责任等做了明确说明。

2014年2月7日，广东省人民政府印发了《广东省大气污染防治行动方案（2014—2017）》该行动方案指出，到2017年，力争珠三角区域细颗粒物（PM2.5）年均浓度在全国重点控制区域率先达标，全省空气质量明显好转，重污染天气较大幅度减少，优良天数逐年提高，全省可吸入颗粒物（PM10）年度浓度比2012年下降10%，珠三角地区各城市二氧化硫（SO_2）、二氧化氮（NO_2）和可吸入颗粒物年均浓度达标；珠三角区域细颗粒物年均浓度比2012年下降15%左右，臭氧（O_3）污染形势有所改善；与2012年细颗粒物年均浓度相比，广州、佛山（含顺德区）、东莞市下降20%，深圳、中山、江门、肇庆市下降15%；珠海、惠州市细颗粒物年均浓度不超过35微克/米^3；珠三角地区以外的城市环境空气质量达到国家标准要求，可吸入颗粒物年均浓度不超过60微克/米^3，细颗粒物年均浓度不超过35微克/米^3。同时，该行动方案还提出了“深化工业源治理，推进脱硫脱硝工作”等九大重点工作任务及“完善协调和预警应急机制”等四大保障措施。

2014年3月18日，广东省发展改革委印发《广东省企业碳排放信息报告与核查实施细则（试行）》，为规范企业碳排放信息报告与核查活动，保证企业碳排放信息的真实性、准确性和可靠性提供了必要的准则。

2014年3月20日，为做好碳排放配额管理工作，广东省发展改革委印发《广东省碳排放配额管理实施细则（试行）》。

2014年8月18日，广东省发展改革委印发《广东省2014年度碳排放配额分配实施方案》，确定了2014年度纳入碳排放管理和交易的企业（即控排企业和新建项目企业）范围，配额总量和配额分配方法。

2014年10月11日，广东省人民政府办公厅印发了《广东省2014—2015年节能减排低碳发展行动方案》，指出工作目标为：2014—2015年，单位GDP能耗两年分别下降3.4%、2.32%，单位GDP二氧化碳排放量逐年下降3.5%以上。到2015年，化学需氧量、氨氮、二氧化硫、氮氧化物排放量分别控制在170.1万吨、20.39万吨、71.5万吨、109.9万吨以内。

2014年11月11日，广东省人民政府办公厅印发了广东省大气污染防治目标责任考核办法》。该办法要求，终期考核对空气质量改善目标完成情况实施“一票否决”，即完成2017年空气质量改善目标的，视为考核合格，反之即为考核不合格。

2014 年 12 月 24 日，国内首单碳排放配额抵押融资业务落地广州——广州大学城华电新能源公司以广东省碳排放配额获得 500 万元的碳配额抵押绿色融资。该笔业务由广碳所作为业务支持机构，配合广东省发改委出具广东碳配额所有权证明，广东省碳排放配额注册登记系统进行线上抵押登记、冻结，并发布抵押登记公告。放款成功后广碳所每周为浦发银行提供盯市管理服务，严格管理业务风险，已形成了一整套完善的碳资产抵押业务标准化管理体系，为进一步拓宽可抵押品种和碳金融创新奠定了坚实的基础。广碳所将继续深化和推广碳排放配额在线抵押融资业务，并积极推广应用其他创新产品和服务，有效服务控排企业的节能减排和碳资产管理。

2015 年 2 月 16 日，广东省发展改革委印发《广东省发展改革委关于碳排放配额管理的实施细则》和《广东省发展改革委关于企业碳排放信息报告与核查的实施细则》。这两份文件是为做好广东省碳排放权交易试点工作，根据《广东省碳排放管理试行办法》制定的，在 2014 年的《广东省碳排放配额管理实施细则（试行）》的基础上有所修改。

2015 年 5 月 21 日，广东省发展改革委印发《2015 年广东国家低碳省试点工作要点》，提出探索建立基于碳普惠制的省内自愿减排核证机制，推进自愿减排交易与配额交易市场的相互融合、相互促进，其中包括探索建立碳排放总量控制和分解机制、适时扩大碳排放管理和交易范围、启动碳排放管理和交易省级立法工作等。

2015 年 5 月，广州碳排放权交易所正式启动碳排放配额抵押融资业务，该业务是广碳所在广东省碳交易主管部门指导下，联合上海浦东发展银行广州分行开发的创新型碳金融产品。该业务获得了广东省碳交易主管部门、银监会等部门的联合审批备案，解决了金融机构将碳视为一种可抵押资产的关键性障碍。该所同时推出了碳交易法人账户透支产品，获得银行授信的控排企业，在银行约定的账户、额度和期限内以透支的形式取得短期融资，以进行碳排放权交易，目前法人透支业务仅适用于人民币。此产品相当于控排企业的“碳信用卡”，用于缴纳一级市场拍卖资金及进行二级市场交易的资金安排，透支额度有效期一年，额度可循环使用。

2015 年 7 月 13 日，广东省发展改革委印发《广东省 2015 年度碳排放配额分配实施方案》，提出深入优化配额总量设定和分配机制，做到“优化存量、控制增量”，进一步完善配额有偿发放机制，配额有偿发放仍分为四期竞价发放的同时，发放配额数量大幅减少，并首次根据前期价格设立了政策保留价。

2015 年 7 月 17 日，广东省发改委印发《广东省碳普惠制试点工作实施方案》（以下简称《方案》），决定在全省组织开展碳普惠试点建设，这也是全国首个促进小微企业、家庭和个人碳减排的创新性制度举措。《方案》中明确了省级部门的 4 项重点建设任务，即建立全省统一的碳普惠制推广平台、省级碳普惠制减碳行为量化核证体系、基于碳普惠制的核证减排量交易机制和基于碳普惠制的商业激励机制。《方案》在“建立基于碳普惠制的商业激励机制”中明确指出“鼓励金融机构、商业联盟开发碳信用卡、碳积分、碳币等创新性碳普惠金融产品，便于公众享受低碳权益、兑换优惠”。除了《方案》外，省发改委还同时印发了《广东省碳普惠制试点建设指南》，以社区（小区）、公共交通、旅游景区、节能低碳产品为例，介绍了碳普惠制试点的建设指引。

2015 年 8 月 24 日，广州碳排放权交易所对现行《广州碳排放权交易所（中心）碳排放权交易规则》进行了修订，并重点就挂牌竞价、挂牌点选和协议转让等交易方式进行完善。

2015 年 9 月 16 日，为进一步打造广州碳排放权交易所模式的一站式碳金融综合解决方案，丰富市场层次，创新碳交易服务方式，活跃碳交易市场，广碳所正式推出广东省碳排放配额回购交易业务。配额持有人（正回购方）将配额卖给购买方（逆回购方）的同时，交易双方约定在未来的日期，正回购方再以约定价格从逆回购方购回总量相等的配额。其中，交易参与人签订回购交易协议，并将回购交易协议交广碳所核对，启动回购交易，直至最后一个回购日，按照回购交易协议约定完成配额和资金结算后，回购交易完成。该项业务旨在盘活正回购方的碳资产，同时满足逆回购方获取配额参与碳交易的需求，通过创新碳交易模式，增加交易双方获利机会，吸引更多资源参与碳交易，有助于提升广东碳市场的流动性。

第二节　广东省碳排放权交易机制介绍

一、广东省碳排放权交易试点工作安排

根据《广东省碳排放权交易试点工作方案》，广东省碳排放权交易试点工作分三期安排，第一期（2012—2015年）为试点实验期，第二期（2016—2020年）为实验完善期，第三期（2020年后）为成熟运行期。到2015年，基本建立碳排放权在市场主体之间和地区之间合理配置的管理工作体系，初步形成适应省情、制度健全、管理规范、运作良好的碳排放权交易机制和在全国有重要地位的区域碳排放权交易市场。到2020年，省内碳排放权交易机制不断成熟完善，省际碳排放权交易机制基本建立。

第一期着重在部分重点行业开展建立碳排放权交易机制的试点试验，分为三个阶段展开：

1. 筹备阶段（2012年—2013年上半年）。启动基于项目的温室气体自愿减排交易。制定相关规范性文件和业务规则，建立碳排放信息报告核证、碳排放权配额注册登记、碳排放权交易监督管理等工作体系，正式挂牌成立碳排放权交易所。

2. 实施阶段（2013年下半年—2014年）。启动基于配额的碳排放权交易，不断完善碳排放权管理和交易体系。开展建立省际碳排放权交易机制的前期研究，加强建立省际碳排放权交易机制的工作协调。

3. 深化阶段（2015年）。推动温室气体自愿减排交易、省内碳排放权交易顺利开展，力争率先启动省际碳排放权交易试点工作。开展碳排放权交易试点工作总结评估，研究“十三五”碳排放权交易工作思路和实施方案。

二、参与主体

广东省碳排放权交易主体是政府纳入控制碳排放总量的企业（以下简

称“控排企业”)，积极探索引入投资机构和其他市场主体参与交易。

(一) 控排企业

年排放二氧化碳1万吨及以上的工业行业企业，年排放二氧化碳5000吨以上的宾馆、饭店、金融、商贸、公共机构等单位为控制排放企业和单位(以下简称“控排企业和单位”)；年排放二氧化碳5000吨以上1万吨以下的工业行业企业为要求报告的企业(以下简称“报告企业”)。交通运输领域纳入控排企业和单位的标准与范围由省发展改革部门会同交通运输等部门提出。根据碳排放管理工作进展情况，分批纳入信息报告与核查范围。首批控排企业为电力、钢铁、石化和水泥四个行业2011、2012年任一年排放2万吨二氧化碳(或能源消费量1万吨标准煤)及以上的企业。

(二) 新建项目企业

单位、新建(含扩建、改建)年排放二氧化碳1万吨以上项目的企业(以下简称“新建项目企业”)纳入配额管理。在试点实验期，本省区域内电力、钢铁、石化和水泥四个行业预计未来两年投产的年排放2万吨二氧化碳(或能源消费量1万吨标准煤)及以上的新建(扩建、改建)固定资产投资项目企业纳入配额管理。首批控排企业为电力、钢铁、石化和水泥四个行业预计2013—2015年和“十三五”投产的年排放2万吨二氧化碳(或能源消费量1万吨标准煤)及以上的新建(扩建、改建)固定资产投资项目企业。

(三) 适时扩大纳入行业

根据试点工作进展情况，适时将陶瓷、纺织、有色、化工、造纸等工业行业和建筑、交通运输等领域有关企业纳入碳排放管理和交易范围。

（四）其他组织和个人

为了提升交易活跃度，积极探索碳排放权交易的金融服务功能，通过交易风险评估的个人及满足配额交易条件资格的其他组织也可参与配额交易。

三、总量控制与配额分配

广东省配额发放总量由省人民政府按照国家控制温室气体排放总体目标，结合本省重点行业发展规划和合理控制能源消费总量目标予以确定，并定期向社会公布。配额发放总量由控排企业和单位的配额加上储备配额构成，储备配额包括新建项目企业配额和市场调节配额。2013—2015年，广东省碳配额结构详情见下表：

表7-1 广东省2013—2015年配额分配情况（单位：亿吨）

年份	配额总量	控排企业配额	储备配额	有偿配额
2013	3.88	3.5	0.38	0.11
2014	4.08	3.7	0.38	0.08
2015	4.08	3.7	0.38	0.02

广东省是七大试点中率先在配额分配环节采取有偿拍卖和无偿分配的试点，以免费发放为主、有偿发放为辅，每季度组织一次有偿配额竞价发放。在配额分配方法方面，广东省综合确定四个行业各异的配额分配方法，电力、水泥、钢铁行业采用鼓励先进、向标杆看齐的基准线法，石化行业采用基于历史排放逐年下降、鼓励自身减排的历史法。

（1）基准线法：电力、水泥和钢铁行业大部分生产流程（或机组、产品）使用。计算公式为：

配额 = 历史平均产量 × 基准值 × 下降系数

（2）历史法：石化行业和电力、水泥、钢铁行业部分生产流程（或机组、产品）使用。计算公式为：

配额 = 历史平均碳排放量 × 下降系数

新建项目企业的配额为项目投产后各生产流程（或机组、产品）的配额之和。根据行业的生产流程（或机组、产品）特点和数据基础，使用基准线法或能耗法计算各部分配额。

（1）基准线法：电力、水泥和钢铁行业大部分生产流程（或机组、产品）使用。计算公式为：

配额 = 设计产能 × 基准值

（2）能耗法：石化行业和电力、水泥、钢铁行业部分生产流程（或机组、产品）使用。计算公式为：

配额 = 年能源消费量 × 折算系数

四、履约流程

控排企业和单位须编制年度碳排放信息报告，并于每年 3 月 15 日前通过信息系统提交，报告企业同时向地级以上市发展改革部门正式书面提交。核查机构应按照省企业碳排放核查规范要求，通过文件审核和现场核查等方式进行核查，并于每年 4 月 30 日前通过信息系统提交核查报告，同时向控排企业和单位出具书面核查报告。控排企业和单位于每年 5 月 5 日前将经核查的年度碳排放信息报告和核查报告一并以正式书面形式提交地级以上市发展改革部门。地级以上市发展改革部门汇总后于每年 5 月 10 日前统一提交省发展改革委。省发展改革委组织对控排企业和单位年度碳排放信息报告及核查报告进行评议。经评议无疑议的，于每年 5 月 20 日前向控排企业和单位反馈其年度碳排放量。每年 6 月 20 日前，控排企业按照碳排放核查机构核查并经省发展改革委认定的上一自然年度实际碳排放量，通过注册登记系统上缴足额的配额进行履约。控排企业因配额抵押融资等原因被冻结的配额，不能用于清缴履约。控排企业配额不足以清缴履约的，应提前在竞价平台或交易平台购买补足。控排企业当年度清缴履约后的剩余配额可以在后续年度用于清缴履约或交易。省发改委于 6 月 30 日前核销控排企业上缴的配额，并在 7 月 1 日发放年度免费配额。

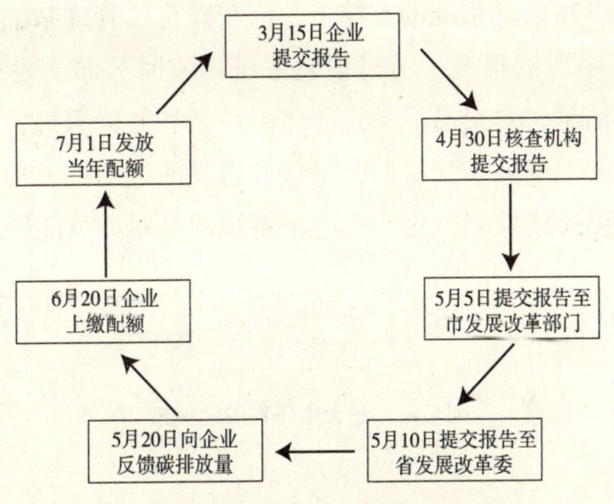

图 7-1　广东省配额发放和履约时间节点

五、补充机制

控排企业和单位可以使用中国核证自愿减排量作为清缴配额，抵消本企业实际碳排放量。但用于清缴的中国核证自愿减排量不得超过本企业上年度实际碳排放量的 10%，且其中 70% 以上应当是本省温室气体自愿减排项目产生。控排企业和单位在其排放边界范围内产生的国家核证自愿减排量，不得用于抵消本省控排企业和单位的碳排放。1 吨二氧化碳当量的中国核证自愿减排量可抵消 1 吨碳排放量。

控排企业使用国家核证自愿减排量抵消实际碳排放时，应在每年 6 月 10 日前向省发展改革委提交符合规定的抵消申请及相关证明材料，经确认符合条件的允许抵消。

六、支撑系统

广东省碳交易信息系统设置三大电子系统，包括企业碳排放信息报告核查系统、碳排放权配额登记注册系统、碳排放权交易系统。其中，企业碳排放信息报告核查系统为政府、企业、核查机构提供在线报告业务平台，碳排放权配额登记注册系统跟踪、记录、管理企业配额的发放、流转、履约情况，碳排放权交易系统为交易参与者提供电子化挂牌、竞价等交易操作系统。在信息系统的支撑下，广东碳排放管理基础能力和交易管理能力方面有了质的提升。通过信息系统，实时公布交易行情、交易价格、交易量等信息，对交易活动进行风险控制和监督管理，进一步增强碳排放相关数据的准确性、交易的公平性和管理的透明性，推动广东碳交易市场的健康和可持续发展。这三大电子系统的关系如下图所示：

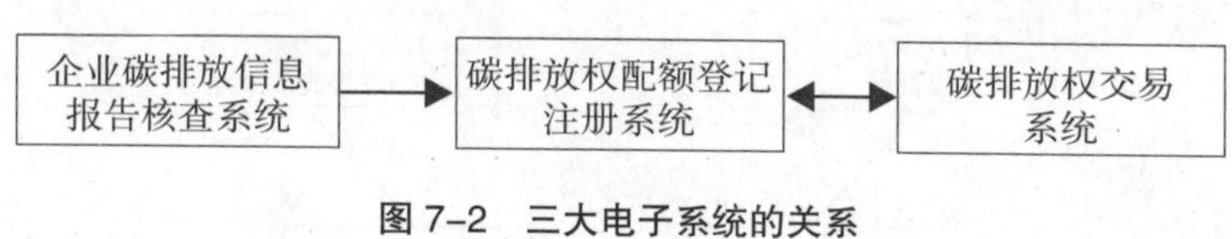

图 7-2　三大电子系统的关系

第三节　广东碳排放贸易的规模、历史演进

一、广东碳排放贸易的规模变化

（一）广东省高排放行业碳排放规模变化

作为全国第一批试点省份之一，广东省启动碳排放权交易试点之后，广东 4 家水泥企业在广州碳排放权交易所平台上，率先签署了碳排放权配额认购书，以 60 元 / 吨的价格，共 7800 万元认购了 130 万吨碳排放权配额。2013 年 12 月 19 日，广东省碳排放交易市场启动，选取电力、水泥、钢铁、石化 4 个行业约 200 家企业纳入首批碳排放管理和交易范围。在全国 7 个碳交易试点省市中，广东是唯一采用配额免费发放和有偿发放相结合的试点地区，企业配额的 97% 通过免费发放形式获得。而在此之前，广东省碳排放配额首次有偿发放在广州碳排放权交易所成功举行，成交 300 万吨，金额达 1.8 亿元。2014 年 7 月，广东省顺利完成首年度履约工作，配额履约率达 99.97%。近年来，广东通过多项举措活跃市场交易，截至 2015 年 7 月 27 日，广东省碳市场累计成交额在全国首次突破了 2000 万吨，达到 2058.68 万吨，总成交金额 9.18 亿元，分别约占全国 7 个试点地区成交量的 36.12% 和成交额的 45.28%。广东在推进碳交易的探索中不断完善相关机制。广东省下发了《广东省 2015 年度碳排放配额

分配实施方案》，进一步优化配额总量设定和分配机制，做到“优化存量、控制增量”，进一步完善配额有偿发放机制。目前广州碳排放权交易是全国规模最大也是唯一的有偿配额发放竞价平台。

广东省碳排放贸易的规模扩张不仅仅体现在配额发放以及成交额上，还体现在向其他行业的扩张和其他交易产品的投资组合策略方面。广东开始逐渐加快建设碳金融市场体系，计划打造以广州碳排放权交易所为平台，金融机构和银行为核心团队的碳市场金融力量，不仅在碳交易方面进行适度的金融创新，研究开发碳期权、远期合约等衍生产品，开展碳期货可行性研究等，并将碳资产作为企业的新型融资工具，设计相配套的风险控制和价值评估体系，支持和鼓励银行、保险公司、基金公司等发展碳金融业务，探索开展碳配额和CCER抵押质押贷款、碳债券、碳信托计划等金融产品创新，为企业低碳转型提供更多的绿色融资。同时，广东提出探索建立基于碳普惠制的省内自愿减排核证机制，推进自愿减排交易与配额交易市场的相互融合、相互促进，其中包括探索建立碳排放总量控制和分解机制、适时扩大碳排放管理和交易范围。此外，广东将组织陶瓷、有色、塑料（化工）、航空等行业领域企业进行信息报告和历史盘查，适时扩大碳排放管理和交易范围。

（二）广东省碳排放贸易交易情况分析

2013年12月9日，广东省碳排放权交易市场正式启动。首日共完成7笔广东省碳排放配额（GDEA）交易，交易总量12万吨，最高成交价61元，最低60元，交易额722万元，首日交易量在7个试点省市中位居第三位（低于湖北和重庆），交易额位居第二位（仅次于湖北）。总结广东省碳排放权交易市场自开市一年多以来的交易情况，其阶段性特征明显，具体情况如下：

第一阶段：开市至2014年3月，成交量共计12万吨。尽管开盘首日交易量和交易额很高，但第二天交易量却仅有100吨，随后到2014年3月一直没有新的交易。分析认为：首先，企业对地方碳排放权交易市场如何过渡到全国性的碳排放权交易市场缺乏明确的政策预期，一些企业始终处于观望态度。其次，必须通过有偿竞拍配额才能激活所有配额的政策客观上限制了参与市场交易的企业数量。

第二阶段：2014 年 3 月至 2014 年 5 月，成交量仅为 5924 吨。此阶段虽然有效交易日明显增多，但除了 3 月 10 日交易量为 5400 多吨外，多数交易日的交易量在 20 吨左右。相比于其他试点，广东省试点在第一、二阶段交易不够活跃。

第三阶段：2014 年 6 月至 2014 年 7 月。进入 6 月后，企业面临履约压力，市场交易逐渐活跃，并开始出现大额协议转让交易，日均交易量多次突破 10 万吨配额，第三阶段交易量高达 80 万吨以上。

第四阶段：2014 年 8 月至 2015 年 3 月，在履约期结束之后，碳交易市场交易价格呈现出大幅度的下滑，这与企业减少购买碳交易量有关，企业在履约期内已经购买了足够的碳配额，因此碳市场出现回落现象，除 8、9 月份和 10 月份出现交易量过万吨以外，其他月份成交量基本活跃程度不高。

第五阶段：2015 年 4 月至 2015 年 8 月，广东碳市场渐入佳境，2015 年 7 月初，广东以 100% 的企业履约率顺利结束 2014 年度碳排放履约期。然而出乎意料的是，履约期结束后，广东碳市场并未像前一年同期出现成交清淡的情况，自履约结束（6 月 23 日）以来，截至 2015 年 8 月底，广东配额成交量 384.16 万吨（含协议转让 225 万吨），较前一年同期增长 437.15%。

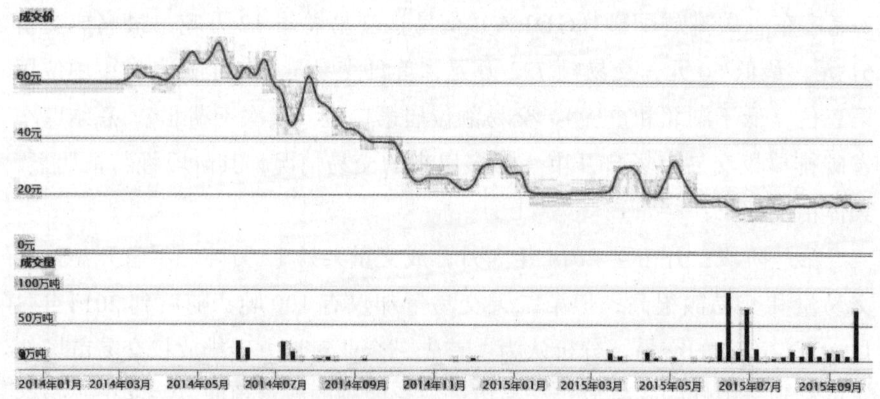

图 7–3 广东碳交易市场行情——碳 K 线

数据来源：中国碳排放交易网。

广碳所的交易数据显示，截至 2015 年 8 月底，广东碳市场累计成交配额 2151.30 万吨，总成交金额 9.33 亿元，占据中国碳市场的半壁江山。其中，二级市场成交量 695.11 万吨，高居全国第二。该市场 CCER 的成交量也近百万吨。

这一市场形势被认为是“井喷式增长”，前两年二级市场交易的规模、交易的频率、活跃程度，跟一级市场相比，并不太理想，但是从第二个履约期结束到第三个履约年度的初始阶段，广东碳市交易活跃程度显著提高。广碳所分析认为，这与广东严格执行履约、交易所减免交易费用、简化开户手续、推出新型碳金融产品有关。

二、广东碳排放贸易的历史演进

继上海、北京启动碳排放权交易试点后，广东也于 2012 年 9 月 11 日启动试点。因为企业数量众多，不同行业的减排成本差别很大，让广东省的碳交易具备良好的先天条件。为了更好地开展碳市场建设工作，广东省的碳排放权交易活动通过交易平台进行，其碳排放权交易平台由广州碳排放权交易所承担，其中首批 9 大行业 827 家企业纳入“控排企业”范围。与此同时，在试点启动之前，广东省政府也正式印发《广东省碳排放权交易试点工作实施方案》（以下简称《方案》），明确表示广东碳排放权交易试点将分为三期安排：第一期（2012—2015 年）为试点试验期；第二期（2016—2020 年）为试验完善期；第三期（2020 年后）为成熟运行期。其中第一期着重在部分重点行业开展建立碳排放权交易机制的试点。

按照《方案》要求，广东实行碳排放权有偿使用制度，碳排放权配额初期采用免费为主、有偿为辅的方式发放。在配额发放方面，广东省发改委将根据控排企业 2010—2012 年二氧化碳历史排放情况，结合所属行业特点，一次性向控排企业发放 2013—2015 年各年度碳排放权配额。根据宏观经济形势，参考企业报告的上一年度碳排放情况，适时对企业本年度碳排放权配额进行合理调整。省发展改革委对节能审查结果为年综合能源消费量 1 万吨标准煤及以上的新建固定资产投资项目进行碳排放评估，并根据评估结果和全省年度碳排放总量目标，免费或部分有偿发放碳排放权配额。

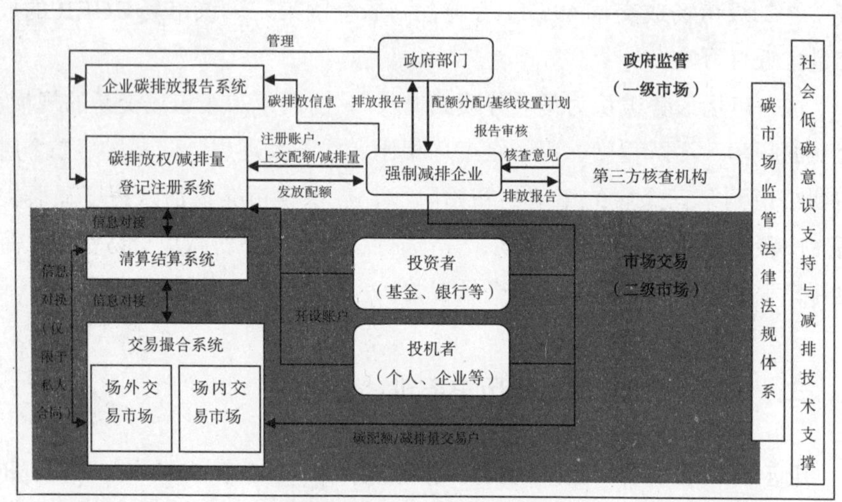

图 7–4 广州碳排放交易所

2015 年 7 月广东碳交易 2014 年度履约完美收官，所有控排企业首次实现将近 100% 履约之后，2015 年广东碳配额的首次有偿竞价发放在 9 月 21 日开始，之后每三个月将举行一次。与此同时，广东省发改委公布《广东省 2015 年度碳排放配额有偿发放方案》（以下简称《方案》）。本年度碳配额有偿发放仍分为四期竞价发放的同时，发放配额数量大幅减少，并首次根据前期市场价格设立了政策保留价。作为政府组织的一级市场配额有偿竞价发放，上述政策的改变将使得一级市场配额更为稀缺，而企业间二级市场的交易则更为活跃。

2015 年度纳入碳排放管理和交易的企业包括 186 家控排企业和 31 家新建项目企业，覆盖电力、钢铁、石化和水泥 4 个行业，这些企业的排放量约占广东全社会的 60% 以上，年排放 2 万吨二氧化碳（或年综合能源消费量 1 万吨标准煤）。与 2014 年度的配额分配方案相比，控排企业减少了 7 家，新建项目企业增加了 13 家。而配额总量与上年保持一致，《方案》显示，2015 年度配额总量约 4.08 亿吨，其中，控排企业配额 3.7

亿吨，储备配额 0.38 亿吨，储备配额包括新建项目企业配额和市场调节配额。

事实上，自 2014 年以来，广东碳市场已探索采取多项举措，激活二级市场，逐渐摆脱交易量主要靠一级市场“撑场”的局面。作为广东碳交易平台的广州碳排放权交易所（下称“广碳所”）报告，截至 2015 年 8 月底，广东一、二级碳市场累计成交配额 2151.30 万吨，总成交金额 9.33 亿元。在占据中国碳市场的半壁江山，保持国内最大碳市场的同时，二级市场成交量 695.11 万吨，已经升至全国第二。可以看到，通过不断探索低碳发展新模式，“粤式”碳市场初显成效，有效地发挥了政府、市场和社会互动的碳减排机制。

第四节　广东碳排放贸易的特点

一、有偿使用方式发放配额

国家发改委此前公布“上半年应对气候变化工作”情况时指出，将“加快建立全国碳排放权交易市场”、“完成全国碳排放权交易总量设定和配额分配方案”。当中 2014 年至 2016 年为前期准备阶段。这一阶段是全国碳市场建设的关键时期。目前国内 7 个试点碳市场各有特色，创新举措各有千秋，也纷纷争取将试点平台发展成“国家级”平台。其中配额有偿发放是国际成熟碳交易市场的普遍做法，符合实行资源有偿使用制度的精神，而广东成为率先定期有偿配额拍卖的国内试点。2014 年第一次广东省碳排放配额有偿发放规定：控排企业和新建项目企业不限制单次竞买量及总竞买量，其他机构及组织单次竞买量（单笔申报）不得低于 5000 吨。交易方式采取统一价成交方式，发放时间结束时交易系统将所有竞价申报按照价格优先原则进行排序，价格相同的申报按照时间优先原则进行排序。当申报总量不大于发放总量时，所有的申报均按最低申报价成交；当申报总量大于发放总量时，按竞价申报排序先后成交，成交价统一取竞买成功者当中的最低申报价，配额竞买流程如下图所示。

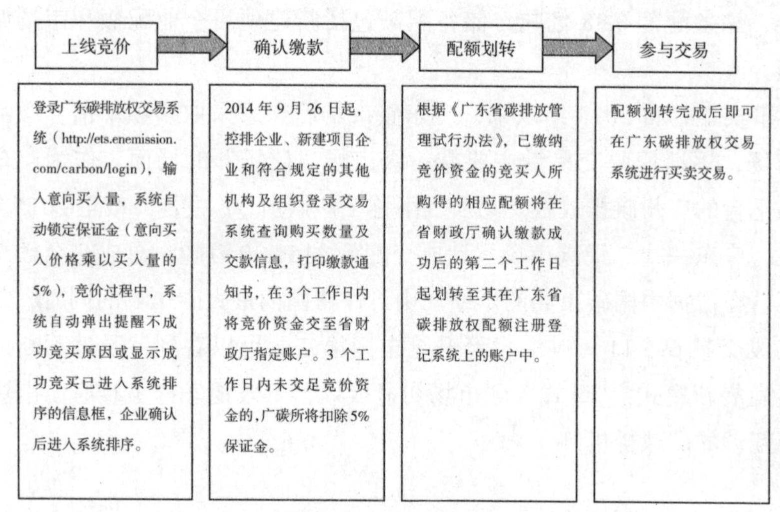

图 7-5 配额竞买流程

二、“双控”机制扩大碳交易范围

广东应对高峰值二氧化碳排放总量，为实现国家碳排放总量控制和强度下降目标任务，分区域、分行业逐步建立广东省碳排放总量和强度“双控”工作机制，促使经济向低碳转型。不仅如此，广东省还拟定完善能源消费“双控”和促进可再生能源发展机制，研究制定全省控制能源消费总量实施方案、煤炭消费总量控制实施方案，建立相应的责任落实和考核机制。碳排放权管理和交易是低碳试点省建设的重要内容和企业关注的热点，广东省将按照市场化、法治化、国际化的方向和要求，结合本省碳排放管理和交易工作实践，扩大对高排放行业的管理。目前，广东省的碳控排企业涵盖钢铁、火电、石化、水泥四大行业，未来范围将扩大，根据《2015年广东国家低碳省试点工作要点》报告，2015年广东省将组织陶瓷、纺织、有色、塑料、造纸、交通运输、建筑等行业领域的重点企业报告历史碳排放信息，研究制定配额分配方案，按照“成熟一个，纳入一个”的原则，适时扩大碳排放管理和交易范围。

三、"碳＋金"融合发展碳基金

探索如何利用金融工具促进碳交易市场繁荣，实现"碳＋金"两市进一步融合是全国碳交易市场的重要任务之一，广东碳交易市场也在这方面做了不少努力。利用碳交易配额拍卖收入设立"低碳产业发展基金"，采用PPP模式，以政府投资带动民间资本，发挥放大效应，探索创新绿色投融资模式，推动低碳转型发展。该基金将主要用于支持控排企业开展节能减碳工作，大力培育碳金融市场，吸引更多的社会资本投入低碳发展领域，并通过市场化运作实现基金的滚动发展和循环利用，如下图。

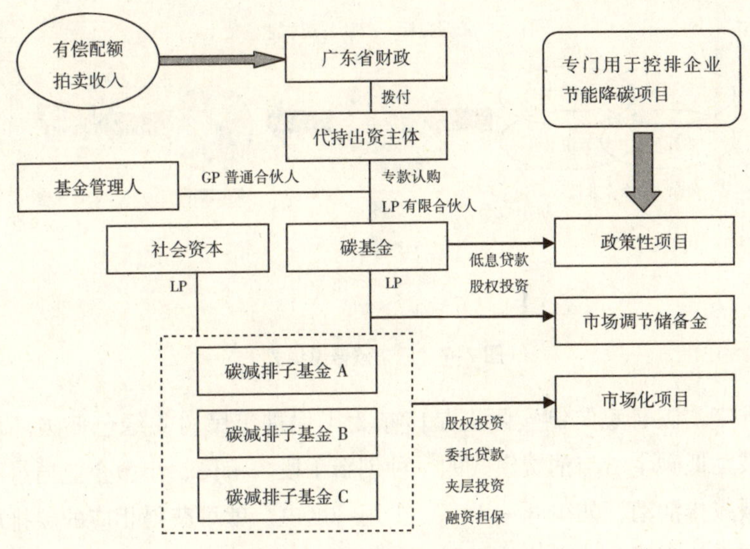

图 7-6 广东低碳发展基金结构

此外，广东也在不断地发展碳金融衍生品，广碳所目前已经推出碳交易法人账户透支、碳排放额抵押融资两项金融创新产品，并完成了首笔交易，从碳交易试点研究工作推进情况看，企业对碳基金还是持积极态度，目前已有兴业银行、广州农商行、浦发银行、华能投资等一批金融机构表达了参与碳基金和设立子基金的投资意向。

四、个人减排行动并行——碳普惠

在国际碳交易市场上，公众作为碳市场的交易主体，由于具有生存权和发展权，从而使得自己成为温室气体产生与排放的最终源头，在碳足迹理念的推动下，个人可能成为自愿碳交易市场中减排量的购买者，或者作为投资者成为碳交易市场上各种碳相关产品的购买者。除了工业制造，个人活动也逐渐成为温室气体排放的一大来源，广东在推动“碳交易”实现企业减排的同时，也在积极探索如何利用经济手段促进个人减排，“碳普惠”制也就因此应运而生，如图 7–7 所示。

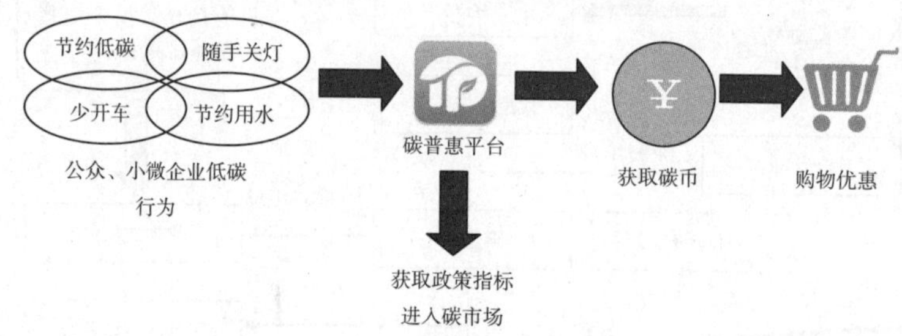

图 7–7 广东碳普惠模式

推广“碳普惠”制实际上是广东为了促进市民树立绿色低碳环保意识，鼓励低碳生活与消费模式的一种创新手段，市民、小微企业通过积极参与碳减排活动，如少开一天车、少用一度电，就可获得相应的碳排放信用。初期较为简单的方式就是参与减排获得“碳币”，可以兑换商品服务，发展成熟之后，这些“碳币”甚至可以实现在碳交易市场流通。《广东省碳普惠试点工作实施方案》已在各部门及各地市征求意见，同时，广东也已完成相关领域减排量核证方法学和碳普惠信息服务平台（PC 端和手机 APP）的设计研发工作，下一步将开展低碳普惠校园、低碳普惠景区等专项示范工作。

第五节　广东碳排放贸易的优势与不足

一、广东省碳排放贸易的优势条件

（一）现实的供给和需求量大

从供求关系来看，对广东省进行碳交易市场试点是因为广东省既是排放大省又有大幅降低能耗的要求，根据《联合国气候变化框架公约》（UNFCCC）的定义，“碳源”是“向大气中释放二氧化碳的过程、活动或机制”，比如工业生产以及运输等，广东“三高一低”的产业结构提供了大量的碳排放额。广东既具有巨大的碳排放权需求，又具有巨大的碳排放权供给，所以，存在着巨大的交易机会和交易需要。从CDM市场的情况来看，广东是中国碳市场上CCER的交易大省，庞大的碳排放量与减排量是建立碳市场的基础。作为全球制造业基地之一的广东，高碳生产格局仍会维持相当长时间，因此广东具有实行低碳转型、发展碳交易市场的良好基础。

（二）境外投资者来粤投资

自2013年广东碳交易试点以来，随着广东碳市场配额交易的不断发展，一级配额市场不断趋紧，除了企业总数增加但配额总量保持不变，一级市场有偿发放的配额数量大幅减少，并且广东省发改委做出决定，当期未能成功发放的有偿配额将被回收。在这种情况下，广碳所希望适时引入更多的境外投资机构，进一步活跃市场。广东作为中国对外贸易的重点省市，随着进出口贸易的不断发展，碳排放量也在不断增长。2011年中国和澳大利亚双边贸易额突破1000亿美元，特别在能源和资源领域，双方合作不断深化。在广州从化召开的中澳经贸友好交流会议上，双方更是将未来合作的方向瞄准了低碳产业。境外机构参与广东碳市场投资具有资本优势，其参与碳市场的经验、风险控制能力可以为碳市场的运行提供更好的建议。

（三）泛珠区域合作优势

广东和深圳是全国首批低碳试点省市，并均开展了碳交易试点。广东省还将积极稳妥推进粤深碳交易市场的互联互通，主动参与全国碳交易市场建设工作。根据《2015年广东国家低碳省试点工作要点》，广东省将制定粤深碳交易市场连接工作方案，为国家建设统一碳交易市场探索积累经验。改变省级交易平台股权结构单一现状，适时引入战略投资者，研究促进粤深碳交易平台的资源整合。伴随着《泛珠三角区域合作框架协议》的签署，以珠江水系为纽带的九省加港澳的区域经济，为广东发展与协议各方的碳市场合作提供了优势。香港作为世界现代物流和金融服务业中心之一，在发展核证减排期货市场、发展碳金融业务方面，都有丰富的经验，广东可借助区位优势，开展碳交易合作建设。

（四）机制设计的先发优势

广东是首个实行部分配额有偿发放，并允许机构参与竞买的试点，具有先发优势，同时，广东将碳配额有偿发放获得的资金用来设立低碳发展基金，并引入社会资本助推低碳发展。广东也是全国首个开展碳普惠的试点，积极推动公众实行温室气体减排行动，践行绿色消费、低碳交通，把每个个体市民的低碳行为转化成消费优惠，把节能减排从政府意志变为全民参与。

二、广东省碳排放贸易存在的问题

（一）碳交易市场稳定性不高

碳排放权交易机制的建立专业性强，涉及面广，国内尚无成功先例，碳排放市场基本是一个朝阳行业，缺乏系统的制度保障和政策指引，从广东省启动试点开始，碳市场交易的阶段性特征非常明显，大多数控排企业只有面临违约风险时才会勉强对碳配额进行购买，二级市场的活跃程度不高，目前碳市场的控制目标、统计体系、监管对象等工作机制均缺乏有力的政策支撑，在政策的稳定性之外，碳交易市场需要对企业形成真正的激励，令其加入市场交易当中，以避免流动性不足。此外，碳交易市场的不稳定性还表现在碳交易往往具有地区限制，和全国统一市场进行对接的机制并不明确，限制了企业跨区域发展甚至是向国际市场发展。

（二）金融机构参与度不足

广东虽然建立了自己的碳交易所，同时开发出了一些碳金融衍生品，但是碳金融市场的发展才刚刚起步，国内的金融机构对碳交易市场的介入非常少。在欧盟，参与碳交易已经成为一个重要的金融投资方式，除了已经发展很久的现货交易外，期货交易甚至创新的碳金融衍生品也在不断开发并进行投融资，银行、基金等金融机构也广泛参与碳金融市场。而在国内市场，一方面，气候变化和碳交易金融领域的人才还比较稀缺，不具备足够的碳市场运作经验，另一方面，广东金融机构涉足碳交易领域的还比较少，目前仅兴业银行、民生银行等为数不多的金融机构有所涉足，而且在现行管理体制下金融机构只能开展对减排项目的贷款融资等业务，碳现货、期货、期权等金融产品远未充分开发。

（三）市场监管不强，存在违约风险

首先，随着广东碳交易市场越来越广阔，市场的交易主体也在不断增加，有些参与到CDM项目中的基金、银行、投资公司等为了追求短期利润，进行碳交易项目的投机，甚至一些机构在大量收购各种碳减排资源之后进行囤积，从而造成整体碳交易市场上的碳价格的波动。而广东省尚未在此方面有深入的研究，也未建立有效的碳交易监管体系，在碳交易市场的起步阶段，没有做好这一点，可能会存在购买方的违约风险。其次，碳交易中买到的碳排放指标，应该确实为卖方减排的数量。如果卖方有诚信疑问，必然威胁到碳交易市场及其平台建设。

第八章　广东在发展绿色低碳产业的探索

第一节　低碳环保绿色产业的含义

绿色产业、低碳产业与绿色经济、低碳经济、循环经济密不可分。

根据联合国对绿色经济的通俗定义，绿色经济是一种旨在提高人类福祉、使最广大人群充分享有经济发展成果，同时又能显著减少人类活动对环境不良影响的经济模式。由此可见，绿色经济的本质是以生态、经济协调发展为核心的可持续发展经济，是以维护人类生存环境、合理保护资源、能源以及有利于人体健康为特征的经济发展模式，是一种平衡式经济。在这种经济模式下，环保技术、清洁生产工艺等众多有益于环境的技术被转化为生产力，实现经济的可持续增长。

与此相对应，绿色产业是指积极采用清洁生产技术，采用无害或低害的新工艺、新技术，大力降低原材料和能源消耗，实现少投入、高产出、低污染，尽可能把对环境污染物的排放消除在生产过程之中的产业。

低碳经济作为一个正式概念提出，起源于2003年英国的能源白皮书《我们能源的未来：创建低碳经济》。此后，在《联合国气候变化框架公约》巴厘会议的路线图中被进一步肯定。低碳经济是指在可持续发展理念指导下，通过技术创新、制度创新、产业转型、新能源开发等手段，尽可能地减少煤炭、石油等高碳能源消耗所带来的污染，减少温室气体排放，达到经济社会发展与生态环境保护“双赢”的一种经济发展模式。低碳经济以低能耗、低排放、低污染为特征，以应对化石能源对气候变暖的影响为要求，以实现经济社会的可持续发展为目的。发展低碳经济就是要在减少温室气体排放量这个核心理念和目标的指导下组织人类社会经济活动，通过产业、能源和生活消费等低碳化转型，降低经济发展中以二氧化碳为主的温室气体排放量，遏制全球气候变暖趋势。

与此相对应，低碳产业指在生产、消费的过程中，碳排放量最小化或无碳化的产业。

循环经济就是在物质的循环、再生、利用的基础上发展经济。它是一种建立在资源回收和循环再利用基础上的经济发展模式。其原则是资源使用的减量化、再利用、资源化再循环。其生产的基本特征是低消耗、低排放、高效率。

绿色经济、循环经济和低碳经济本质上都是符合可持续发展理念的经济发展模式，在指导思想上完全相同：相同的系统观，即人类和自然界相互依存、相互影响；相同的发展观，即经济发展要在资源环境的承载力范围内；相同的生产观，即节省资源的投入，提高利用效率，进行清洁生产；相同的消费观，即适度消费、物质尽可能多次利用和循环利用；相同的最终目标，即促进人与自然和谐，实现可持续发展。因此，发展绿色经济、循环经济、低碳经济在本质上是一致的。

由对绿色经济、循环经济、低碳经济内涵的解读可知，三者在针对的具体问题、作用范围和方式上存在一定区别：

绿色经济泛指人与自然和谐的（或者说资源节约、环境友好的）经济活动及其结果，是一个涵盖面很广的概念，包括生产、流通、分配、消费等经济活动的各环节，也包括环境保护和生态建设活动。循环经济、低碳经济都属于绿色经济范畴。

循环经济指的是生态经济大系统良性循环的经济形态，强调通过自然资源的节约利用、物品的再利用以及废弃物的资源化和无害化，将经济系统对于自然生态系统的压力控制在可承载的范围内，并充分利用自然生态系统的高熵物质和能量的转化能力，将经济系统和谐地融入自然生态系统的物质和能量循环之中。在实践层面，循环经济大大推进了资源节约和环境友好，更具有可操作性，也可以将其看作是绿色经济的实现途径。

低碳经济或者说低碳发展的主要目的是应对气候变化、减少温室气体排放，它是绿色经济的一个重要组成部分。低碳发展要求实现产业、生活消费和能源的低碳化，减少经济发展中的温室气体排放。从减少碳消耗、提高能源利用效率、减少碳排放的角度来看，它是发展循环经济的一个具体途径。同时，发展循环经济包括所有自然资源的节约和所有废弃物、污染物的减排，是推动低碳发展的有效途径之一。

第二节　低碳环保绿色产业的发展前景

一、低碳环保绿色产业发展的国际概况

随着世界工业经济的发展、人口的剧增、人类欲望的无限上升和生产生活方式的无节制，人类对环境的破坏日益严重，二氧化碳排放量愈来愈大，地球臭氧层正遭受前所未有的危机。气温升高、冰川融化、极端气候灾害增加、生态系统退化、自然灾害频发，深度触及了农业和粮食安全、水资源安全、能源安全、生态安全和公共卫生安全，将直接威胁到人类的生存和发展。“高能耗、高污染”经济模式和生活方式正在成为地球和人类自身的杀手，绿色的经济发展模式、低碳型经济发展模式成为人类的必然选择。走低碳产业道路，是人类与自然和谐相处的需要，是保护地球的需要，也是人类持续发展的需要，更是人类自身生存发展的需要。“绿色经济”、“低碳经济”将是世界经济的一次重要转型，是一次重要的世界经济革命，无论是从国内而言，还是从全球而言，绿色产业、低碳产业将成为各国经济长远发展的战略选择。同时它也有着巨大的经济、环境、社会效益。

2009 年哥本哈根气候变化会议的召开，以低能耗、低污染、低排放为基础的经济模式——“低碳经济”呈现在世界人民面前，发展“低碳经济”已成为世界各国的共识，倡导低碳消费也已成为世界人民新的生活方式。

世界各发达经济体都把发展低碳经济，把发展新能源、新的汽车动力、清洁能源、生物产业等，作为走出国际金融危机新的增长点。奥巴马

上任之后就在美国国内积极推动气候立法，令众议院通过了《清洁能源安全法案》(ACES)。英国在2009年7月公布的低碳转型规划中，明确提出企业要最大限度地抓住低碳经济这一发展机遇，在经济转型中确保总体经济资源和利益的公平分配。日本则制定了“最优生产、最优消费、最少废弃”的经济发展战略。

由此不难看出，低碳经济将逐步成为国际主流价值观，低碳经济以其独特的优势和巨大的市场已经成为世界经济发展的热点。一场以低碳经济为核心的产业革命已经出现，低碳经济不但是未来世界经济发展结构的大方向，更已成为全球经济新的支柱之一。

低碳发展、绿色发展，可能短期内对企业造成一定的冲击，但企业审视自身的定位和发展战略，做好应对，就能在此次转型契机中获得先机，给企业带来巨大的商机和广阔的发展前景。例如，2009年3月，欧盟宣布，在2013年前出资1050亿欧元支持“绿色经济”，促进就业和经济增长，保持欧盟在低碳产业的世界领先地位。同年10月，欧盟委员会又建议欧盟在未来十年内增加500亿欧元专门用于发展低碳技术。

二、低碳环保绿色产业在中国的发展前景

2009年9月，胡锦涛主席在联合国气候变化峰会上承诺：“中国将进一步把应对气候变化纳入经济社会发展规划，并继续采取强有力的措施。一是加强节能、提高能效工作，争取到2020年单位国内生产总值二氧化碳排放比2005年有显著下降。二是大力发展可再生能源和核能，争取到2020年非化石能源占一次能源消费比重达到15%左右。三是大力增加森林碳汇，争取到2020年森林面积比2005年增加4000万公顷，森林蓄积量比2005年增加13亿立方米。四是大力发展绿色经济，积极发展低碳经济和循环经济，研发和推广气候友好技术。”

这个承诺，充分反映出作为一个发展中大国的国际责任，作为能源消耗和生产大国，这一承诺无疑为中国未来的发展敲定了经济的发展方向——低碳经济，但同时也给中国企业的发展带来了新的挑战。

但是，需要看到的是，在我国，由于低碳技术涉及电力、交通、建

筑、冶金、化工、石化等部门以及在可再生能源及新能源、煤的清洁高效利用、油气资源和煤层气的勘探开发、二氧化碳捕获与埋存等领域，几乎涵盖了 GDP 的支柱产业。而我国正处于工业化、城市化、现代化快速发展阶段，重化工业发展迅速，大规模基础设施建设不可能停止，能源需求的快速增长也一时难以改变。

因此，能源结构的调整、产业结构的调整以及技术的革新，就成为未来一段时间我国经济发展的重点问题。国家也势必将出台一系列扶植政策，以继续加快淘汰落后产能、遏制高耗能、高排放行业过快增长，推动重点领域节能减排，同时逐步在税收、财政等方面加大对低碳经济的支持力度。在战略性新兴产业振兴规划中，资源能耗低也是关键的选择条件，已经将新能源、节能环保、电动汽车、新材料、新医药、生物育种和信息产业作为未来的战略性产业，给予重点扶持。

气候变化和经济危机为中国的跨越式发展提供了难得的契机，中国正抓住这次机会，在发展和低碳中找到最佳的平衡点。可以说，绿色产业、低碳产业在中国发展前景广阔。其中新能源从生产大国发展为消费大国；以电动汽车为代表的新能源汽车，将为中国汽车产业开辟跳跃式发展之路；工业节能在政策驱动下稳步前进；建筑节能减排潜力巨大。

目前，中国已经成为应对气候变化和实践低碳经济的先锋国家之一。中国企业已经在多个低碳产品和服务领域取得世界领先地位，其中以可再生能源相关行业最为突出。2012 年 4 月，美国《福布斯》发布绿色富豪榜，全球十大绿色富豪中国占两席，均从事太阳能产业。

（1）中国已有超过 150 台超临界、超超临界机组在网运行（火电技术），是采用此种技术最多的国家之一，其中，投产的百万千瓦超超临界机组占全世界的一半以上。

（2）中国是世界上风力发电装机增长最快、规模最大的国家之一，风电每年发电规模已经达到 6000 多万千瓦，2011 年中国陆上风力发电装机量占全球比重为 35%，2012 年中国风电装机量为 15.9 千兆瓦，已取代美国位居世界第一。

（3）中国是世界最大的光伏组件出口国，供应着世界近 50% 的光伏产品需求。

（4）中国是世界最大的太阳能热水器的生产者和消费者，占世界总产量的 50% 和总安装量的 65%，约 95% 的太阳能热水器的核心技术为中国公司持有。

（5）中国企业生产出全球首款单次充电可行驶 400 千米，并可容纳 5 位乘客的纯电动轿车。

（6）中国水泥余热发电效率世界领先，已开始向国外出口技术和设备。

（7）中国是国际碳市场最活跃的一员，并在北京、上海、天津三地建立了环境交易所。2013 年底，全国 7 个碳排放交易试点中包括天津、广东等在内共计 5 个试点将开始进行交易。

虽然目前中国在很多的新能源技术上与国际先进水平尚有较大的差距，但中国正奋起直追，差距正在不断缩小。"十一五"期间，中国共投入 1.73 万亿元支持新能源和可再生能源领域。相比而言，处于全球第二位的美国，在这五年间的投资总额相当于中国的 86%。在中国投入支持新能源和可再生能源的资金中，水电投资 6218 亿元，占比中国投入支持新能源和可再生能源的资金的 35.9%；核电投资 3668 亿元，占比 21.2%；风电投资 4699 亿元，占比 27.1%；太阳能光伏投资 1997 亿元，占比 11.5%，生物质能投资 749 亿元，占比 4.3%。在 2008 年中国政府 4 万亿的经济激励计划中，环境基础设施建设、新能源开发和能效提高为重点投资领域。

低碳经济的各细分子领域将加速发展，形成"百花齐放春满园"的境况。其中：

（1）可再生能源、核能等新能源：将从生产大国到消费大国。中国发展新能源具有更强的紧迫性，中国已经意识到必须更快、更彻底地完成从制造大国到消费大国的转变，不仅是为了构建平衡的产业结构，更是为了在寻找持久的经济增长点的同时，应对能源和气候问题的挑战，实现国内和国际的双赢。

（2）以电动汽车为代表的新能源汽车，将为中国汽车产业开辟非常规快速发展之路。2011 年，中国年产超过 50 万辆新能源车。中国成为未来电动汽车的中心可能在不久的将来成为现实。

（3）工业节能：政策驱动下稳步前进。中国计划“十二五”时期单位国内生产总值能源消耗将再降低 16%；到 2020 年，非化石能源消费占全部能源消费的比重将达到 15%。钢铁、有色金属、化工、建材等重点能耗工业领域的节能减排是实现这一目标的关键。

（4）建筑节能：减排潜力巨大。“十二五”规划中规定，建筑节能形成 1.16 亿吨标准煤节能能力，规划期末，城镇新建建筑 20% 以上达到绿色建筑标准要求。

远景令人鼓舞，但现实却依然很残酷。我们离低碳的未来还有着不小的差距，其主要原因有：（1）自主创新的动力和能力不足，目前大多数新能源和节能环保的技术和产业研发投入不足，缺乏自主科学技术。（2）技术产业的示范与应用推广不够，市场推广度还不高。（3）产业竞争无序，存在恶性竞争的情况，应该引起警惕，市场准入有待提高。（4）融资机制匮乏。麦肯锡研究报告称中国构建“绿色经济”从现在到 2030 年需 40 万亿，也就是说年均需 1.8 万亿元人民币的资金投入，才能有效实现“绿色经济”。虽然中国政府不断加大财政预算，通过银行推动绿色信贷，还积极推行合同能源管理、国际 CDM 交易等新型融资方式，并与国际金融机构广开合作之门，甚至开始建立国内首个环境交易所，拓展融资渠道。但是，这些努力带来的资金非常有限。融资机制匮乏限制了新能源产业发展的速度，甚至可能损害新能源产业的健康发展。

第三节 广东产业转型升级的背景

一、国际背景

当前，全球经济正处在大变革大调整中，广东发展的国际环境和形势面临着深刻变化。第一，世界经济增长模式正在发生重大变化。国际金融危机影响仍在持续，主权债务危机还在蔓延，世界经济增速减缓，贸易保护主义有所抬头，来自发达国家“再工业化”和新兴经济体的同质化竞争压力加大，对产业发展提出了新要求。第二，全球产业结构在科技创新推动下正在进行深度调整。近年来，全球科技创新和技术革命步伐加快，信息网络、生物、可再生能源等领域酝酿新的突破，主要国家抓紧培育发展以绿色、低碳、高端为特征的新兴产业，围绕新兴产业的国际竞争将更加激烈。第三，生产方式加快变革。信息网络技术的广泛应用促进了生产性服务业的迅速发展，柔性制造、虚拟制造成为世界先进制造业的发展方向，全球化生产和组织模式成为控制全球价值链的关键。外贸出口、外商投资对广东发展的作用重大，国际经济形势的不明朗将对广东造成不利影响。

当今世界，发展绿色经济、低碳经济已经成为一个重要趋势。国际社会普遍认识到，发展绿色经济不仅可以节能减排，而且能够更有效地利用资源、扩大市场需求、创造新的就业，是保护环境与发展经济的重要结合点。

近年来，许多国家注重把发展低碳绿色产业作为推动经济结构调整的重要举措。在应对金融危机的过程中，不少国家在应对政策上都更加突出“绿色”、“低碳”的理念和内涵，实施所谓“绿色新政”、“低碳新政”，并以此来谋划后危机时代的发展。

但是，发展绿色经济是艰巨而复杂的长期过程，特别是对发展中国家来说，囿于资金、技术、能力建设等局限，在发展绿色经济方面面临着诸多实际困难。因此，国际社会要加强合作，趋利避害，充分考虑发展中国家的发展阶段和实际情况，不应把发达国家实施的目标强加于发展中国家，不应以所谓绿色标准作为提供官方发展援助的先决条件，或借此推行新的贸易保护主义。

二、国内背景

面对资源约束趋紧、环境污染严重、生态系统退化的严峻形势，以不断消耗资源、制造污染、排放二氧化碳为代价的传统发展模式已难以为继。中国前所未有地重视可持续发展。中共十八大报告强调把生态文明建设融入经济建设、政治建设、文化建设和社会建设各方面和全过程，纳入中国特色社会主义事业“五位一体”的总布局，要求着力推进绿色发展、循环发展、低碳发展。十八届三中全会公报还强调，建设生态文明，必须建立系统完整的生态文明制度体系，用制度保护生态环境。要健全自然资源资产产权制度和用途管制制度，划定生态保护红线，实行资源有偿使用制度和生态补偿制度，改革生态环境保护管理体制。优化产业结构，构建现代产业发展新体系在其中扮演着重要角色。

结合国内情况，国家重视产业转型升级，正不断营造有利于产业转型升级的大环境，给广东的转型升级倾注动力。

中国工业化进程带来的产业结构转型红利，被誉为成就“中国增长奇迹”的关键因素。以工业为例，经过“十一五”的发展，2011 年，500 多种工业产品中我国有 220 余种产量位居世界前列，制造业增加值占全球的 19.8%，规模位居世界第一，是名副其实的全球制造业基地和世界工厂。然而，我国经济发展正处在“爬坡过坎”的关键阶段，要把力气更多地放在推动经济转型升级上来，努力打造中国经济“升级版”。从发达国家经济增长的历程看，转型升级是中等收入阶段之后经济成长的动力与增长点。未来中国经济面临的最大挑战将是如何有效地实现经济结构的调整优化，这是加快转变经济发展方式的主攻方向。

为了打造中国经济“升级版”，转变发展方式，提升增长的质量与效益，近年来，我国制定多项政策优化产业结构。比如，2011 年，国家发改委发布《产业结构调整指导目录》；同年，国家工信部印发《关于印发淘汰落后产能工作考核实施方案的通知》，着手淘汰落后产能；2010 年，出台《国务院关于促进企业兼并重组的意见》，从企业兼并重组方面，引导与支持企业转型升级。除此之外，国家也出台一系列的产业发展规划、一系列的扶持政策，促进产业转型升级。

处于转型升级中的中国经济增长仍未完全摆脱传统的粗放式发展模式，持续的快速增长带来了大量能源消耗，从而使环境污染日趋严重。因此，工业经济中产业结构的转型升级是经济结构调整的“重中之重”。对于广东来说，国家的重视，无疑助推广东的转型升级。在未来的发展中，广东必须坚持以科学发展观为指导，加快推进产业转型升级，继续探索新型工业化道路。

第四节　广东未来发展所面临的挑战

广东发展绿色经济、低碳经济面临着种种挑战。

（一）广东省处于快速工业化和城市化的过程中，能源资源消耗大

从各发达国家（地区）的工业化和城市化的历史，可以注意到，城市化基本和工业化是同步进行的。城市化关系到人口、土地、经济方方面面的内容。人口的过度集中，便需要有能满足人们生产生活相配套的城市设施，维持一个城市系统正常的运作，城市能源保障的重要性可想而知。随着广东经济实力的增强，人民生活水平的提升，人们对高质量生活的追求，人们在生活方面消耗的能源资源势必越来越多。广东正处于工业化关键期，经济增长方式粗放、能源结构不合理、能源技术装备水平低和管理水平相对落后，导致单位 GDP 能耗和主要耗能产品能耗都高于主要能源消费国家水平。未来随着广东的发展，能源消耗和 CO_2 排放量必然还要持续增长，减缓温室气体排放将使中国面临可持续发展模式的挑战。

（二）节能降耗工作任务繁重

2012 年，广东省终端能源消费量为 28377.06 万吨标准煤，消耗电量 4619.42 亿千瓦时。2012 年，广东单位 GDP 能耗比 2011 年下降 5.4%，广东单位 GDP 电耗下降 2.9%。然而，国家《“十二五”控制温室气体排放工作方案》明确分解给广东省的控制温室气体排放目标任务是，“十二五”单位生产总值二氧化碳排放量（即碳强度）要下降 19.5%，为全国各省（区、市）中最高。另按国家分解下达的任务，“十二五”时期，广东省节能目标任务是单位生产总值能耗下降 18%。目前，广东省单位生产总值能耗已经处于国内较低水平，因此，广东省要完成“十二五”单位生产总值二氧化碳排放降低的目标任务面临巨大的压力和困难。

（三）产业结构不合理

产业结构重型化，节能降耗和产业升级难度加大。2012年，广东省第一、二、三次产业增加值分别为2847.26亿元、27700.97亿元、26519.69亿元，同比增长3.8%、7.3%和9.5%。三产比重是4.99：48.54：46.47。这说明现代服务业发展、新型产业发展等“低碳产业”发展还没有形成一定的“气候”，需要“加大火候”发展低碳产业。

（四）资源禀赋特点决定以煤为主的能源结构在中短期难以改变

广东的能源结构以煤为主。煤是排放二氧化碳最多的一种能源。在广东的能源结构中，煤炭占50%的比例。与石油、天然气等燃料相比，产生单位热量燃煤引起的碳排放比燃用石油、天然气分别高出约36%和61%。由于调整能源结构在一定程度上受到资源结构的制约，以煤为主的能源供给和消费结构在未来相当长的一段时间将不会发生根本性的改变，这使得广东省在降低单位能耗和CO_2排放强度方面比其他地区面临更大的困难。

（五）技术落后

低碳经济的发展立足于低碳技术的研发，但广东省整体科技水平相对落后，在低碳领域更是缺乏自主知识产权，在国际市场中又面对众多限制，技术研发能力的有限性是广东省由高碳经济向低碳经济转型的重要限制因素。技术水平的落后除了表现在研发能力不足上，还体现为研发成果与产业经济相结合的程度差，“产学研”的结合还有待提高。

（六）对低碳经济认识不足，缺乏低碳规划

对科技研发和应用成果转化的投入不足，对低碳新兴产业的政策支持力度不够，缺乏有效激励和融资机制，全社会还没有形成低碳生产、低碳消费、低碳生活的共识等。

第五节　广东省低碳环保绿色产业的发展现状及其影响

一、现状分析

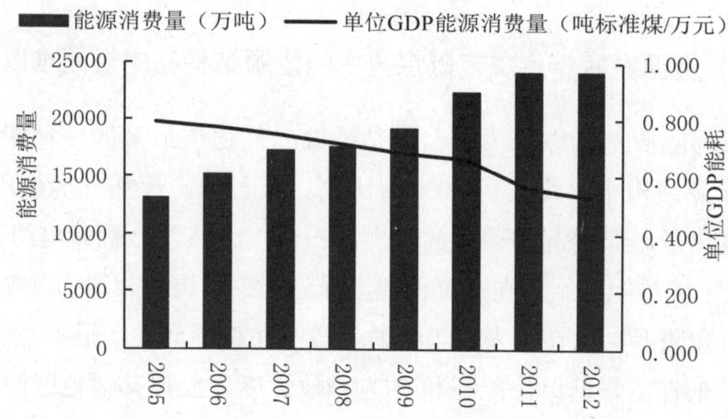

图 8-1　广东省历年的能源消耗总量和单位 GDP 能耗

图 8-1 呈现了自 2005 年以来，广东的能源消耗总量和单位 GDP 能源消费量。2005 年，广东共消耗 13086.58 万吨标准煤，到 2012 年，该消耗量上升为 24080.97 万吨标准煤，年均增长 9.10%。广东是经济大省，同时也是能耗大省。值得肯定的是，2012 年的能源消耗量比 2011 年低，降幅 0.21%，广东建设生态文明，发展低碳经济已初见成效。这一点在单位 GDP 能耗上更能呈现。2005 年，广东的每万元 GDP 消耗 0.79 吨标准煤，到 2012 年，该数据为每万元 GDP 消耗 0.53 吨标准煤，年均下降 5.49%。但是，离国家分配的“十二五”时期单位生产总值能耗下降 18% 的任务仍有一段距离。

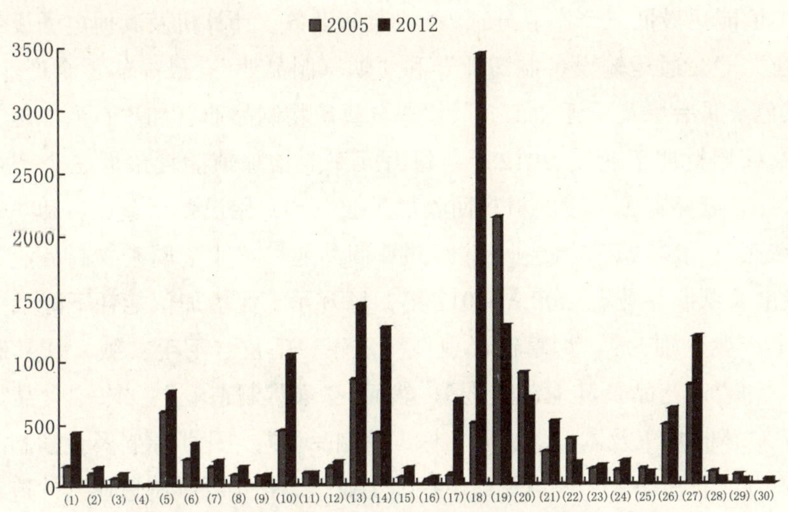

图 8-2 广东制造业的能源消费量（单位：万吨标准煤）

注：(1) 农副食品加工业；(2) 食品制造业；(3) 酒、饮料和精制茶制造业；(4) 烟草制品业；(5) 纺织业；(6) 纺织服装、服饰业；(7) 皮革、毛皮、羽毛(绒) 及其制品业；(8) 木材加工及木、竹、藤、棕、草制造业；(9) 家具制造业；(10) 造纸及纸制品业；(11) 印刷业和记录媒介的复制；(12) 文教、工美、体育和娱乐用品制造业；(13) 石油加工、炼焦及核燃料加工业；(14) 化学原料及化学制品制造业；(15) 医药制造业；(16) 化学纤维制造业；(17) 橡胶和塑料制品业；(18) 非金属矿物制品业；(19) 黑色金属冶炼及压延加工业；(20) 有色金属冶炼及压延加工业；(21) 金属制品业；(22) 通用设备制造业；(23) 专用设备制造业；(24) 汽车制造业；(25) 铁路、船舶、航空航天和其他；(26) 电气机械及器材制造业；(27) 通信设备、计算机及其他电子设备制造业；(28) 仪器仪表制造业；(29) 其他制造业；(30) 废弃资源综合利用业。

图 8-2 反映了广东省 2005 年和 2012 年 30 个制造业行业的能源消费量。从总量上看，2005 年，能耗最大的三个产业分别为：非金融矿物制造业、黑色金属冶炼及压延加工业和石油加工、炼焦及核燃料加工业；能耗最少的三个产业分别为："化学纤维制造业"、"烟草制品业" 和 "废弃资源和废旧材料回收加工业"。2012 年，能耗最大的三个产业分别为："塑料制品业"、"石油加工、炼焦及核燃料加工业" 和 "非金属矿物制品业"；能耗最少三大产业为："工艺品及其他制造业"、"废弃资源和废旧材料回收加工业" 和 "烟草制品业"。从效率上看，2005 年，每万元工业

增加值能耗最低三个产业分别为："通信设备、计算机及其他电子设备制造业"、"交通运输设备制造业"和"烟草制品业"；最高的三个产业是："黑色金属冶炼及压延加工业"、"非金属矿物制品业"和"石油加工、炼焦及核燃料加工业"。2012 年，每万元工业增加值能耗最低三个产业分别为："废弃资源和废旧材料回收加工业"、"专用设备制造业"和"烟草制品业"；最高的三个产业是："塑料制品业"、"非金属矿物制品业"和"造纸及纸制品业"。2005—2012 年，每万元工业增加值能耗下降最多的三个产业分别为："烟草制品业"、"皮革、毛皮、羽毛（绒）及其制品业"和"工艺品及其他制造业"；然而，"家具制造业"、"农副食品加工业"、"木材加工及木、竹、藤、棕、草制品业"、"化学原料及化学制品制造业"、"石油加工、炼焦及核燃料加工业"、"化学纤维制造业"、"造纸及纸制品业"、"塑料制品业"、"橡胶制品业"的能耗效率不升还降。

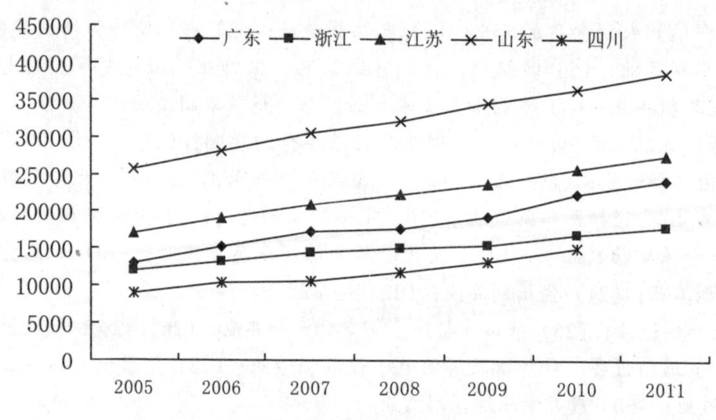

图 8-3 各省的能源消费量（单位：万吨标准煤）

挑选与广东规模和发展境况相近的浙江、江苏、山东和四川，与广东对比。图 8-3 描述了上述五省的能源消费状况。2005—2011 年，山东的能源消费量远高于其余四省，其次是江苏、广东和浙江，最后是四川。从数量上看，2005 年，广东的能耗为 13086.58 万吨标准煤，是山东（25687.5）的 50.95%，是江苏（17167.39）的 76.23%，是浙江（12031.67）的 1.09 倍，是四川（9073.07）的 1.44 倍。2011 年，广东的能耗为 24131.26 万吨标准煤，是山东（38507.29）的 62.67%，是江苏

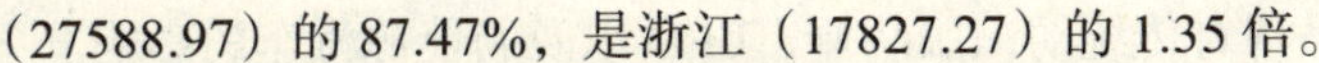
（27588.97）的87.47%，是浙江（17827.27）的1.35倍。

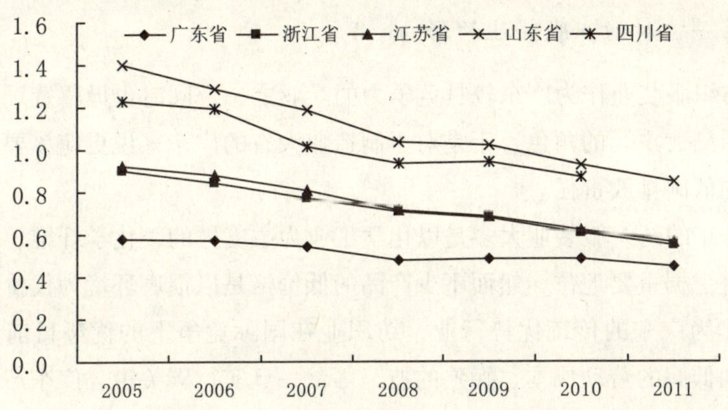

图8-4　各省的单位GDP能源消费量（单位：吨标准煤/万元GDP）

图8-4呈现了五省的能源效率（单位GDP能源消费量）。广东的能源效率是最高的，其次是江苏与浙江，再者是四川，山东最后。2005年，广东的每万元GDP消耗0.58吨标准煤，是山东（1.40）的41.48%，是浙江（0.90）的64.70%，是江苏（0.92）的62.85%，是四川（1.23）的47.22%。2012年，广东的每万元GDP消耗0.45吨标准煤，是浙江（0.55）的82.22%，是江苏（0.56）的80.73%，是山东（0.85）的53.42%。广东虽然是能耗大省，能源效率高于其他省份，但是，一方面，广东的能源效率优势逐渐被其他省份拉近，另一方面，国家给广东分配的节能减排目标，任务较重，需全省各界人士协同努力。

二、影响分析

（一）对产业发展的影响

低碳发展、绿色发展，归结到产业层面，包括两个方面：对传统高耗能产业低碳化，以及发展新兴战略型绿色产业。毫无疑问，绿色低碳措施的施行，在短期内，尤其会对传统的高耗能产业带来一定的冲击，但也正是这个倒逼机制，使这些产业迎来了转型升级的契机；同时低碳时代的来临，也为诸如新能源、生物科技等新兴产业带来了发展机遇。本小节主要阐述了低碳绿色经济对传统纺织服装业、LED以及新能源汽车的影响。

第一，对纺织服装业的影响

纺织服装业作为广东较具竞争力的产业之一，同时也毋庸置疑地扮演着“污染大户”的角色，于是对于制造业大省的广东来说更应该要承担起更多的低碳排放责任。

广东的纺织服装业大多是以化学工业为主支撑的，化学纤维、化学染料一直占据重要地位，然而不少产品的低价格是以损害环境为代价的。此外，作为广东的传统优势行业，纺织业在国际竞争上的优势目前依然存在，如低廉的劳动成本、娴熟的技工等，一旦实行碳关税，广东产品的成本势必会增加，“碳关税”给广东纺织企业提出了新的问题。据测算，碳关税在15—60美元/吨之间，广东高碳产业将增加5%左右的碳成本，并且这种成本会随着时间的推进、长期温室气体累计目标的变化而增加。与此同时，发达国家运用掌握的低碳技术，大力发展节能高效机械产品的设计与研发，促进相关新产品出口。例如美国就依靠领先的低碳技术实现了美国从消费型经济向生产型经济和从虚拟经济向实体经济的转型，美国重启实体经济，制造业重新复苏，使贸易逆差减少，同时促进出口。这必然造成广东对美国纺织品出口减少。迫于环保的要求，广东的纺织行业很可能会增加纺织机械和其他机械的进口，使得出口产品的成本加大，不少发达国家对广东的技术引进产生了戒备，在引进技术及设备方面抬高价格，从而抬高广东纺织品的出口成本。

目前广东纺织品出口中遭遇的技术壁垒主要有两种类型：一类是针对纺织品和服装从设计、生产到报废的全过程对环境造成的影响而设置的贸易壁垒；另一类是针对产品本身对消费者安全和健康所产生的影响而设置的贸易壁垒。实施低碳经济，降低纺织业的工业废水污染密集度、工业废气污染密集度、工业固体废物密集度、工业用水密集度以及工业能源消耗密集度，使用先进的低碳绿色生产技术，使出口纺织品达到相关国家的进口标准，才能从根本上解决广东纺织品出口屡遭技术性贸易壁垒的现状。

广东纺织服装业在长期快速发展中，积累了不少矛盾与问题，如自主创新能力弱、产业结构不尽合理、低水平重复建设严重等，这些都是低碳经济的制约因素。在国家提倡节能减排的大环境下，将助推纺织服装业的调整，尤其是加快环保材料的使用，纺织产业新技术、新工艺的研发和应用等。

第二，对 LED 的影响

随着“低碳经济”的全面推动，绿色照明也备受各国政府的重视。我国先后启动了绿色照明工程、半导体照明工程，在十大重点节能工程、高技术产业化示范工程、企业技术升级和结构调整专项、863 计划新材料领域中先后支持半导体照明技术的研发和产业化项目。

LED 产业是低碳背景下，广东发展较好的行业。近年来，广东省在规划布局、资金投入、技术攻关、推广应用等方面进行一系列部署，整合创新资源推动 LED 产业迅速壮大，LED 产业成为全省战略性新兴产业的主力军。2012 年，广东省 LED 产业保持持续快速增长态势，实现总产值 2170.36 亿元，同比增长 44.7%，产业规模继续位居全国首位。广东 LED 产业仅仅用了四年时间，实现了从少到多、从弱到强的华丽蜕变。2009 年广东 LED 产值达 390 亿元，2010—2011 年连续两年翻番，2012 年突破 2000 亿大关，年均增长 77.2%，显示出极强的内生成长性和良好的市场前景，并在全球 LED 产业分工格局中发挥越来越重要的作用。在 2012 年全省八大战略性新兴产业中，LED 产业产值规模排名次席（仅低于高端新型电子信息产业），占比达 20% 左右；LED 产业增速位居首位，比全省平均水平高 30 个百分点，成为全省战略性新兴产业发展的排头兵。

2012 年，广东出台了《广东省战略性新兴产业发展“十二五”规划》，拟投入 220 亿元支持战略性新兴产业发展，根据规划 LED 产业到 2015 年将率先实现突破。广东在遵循市场规律下，大力推动 LED 产业集群式发展，已形成产值超百亿企业 1 家，超十亿企业 10 家，共 4028 家企业，并形成一定规模的 LED 产业集群。一是产业的市场集中度较高。2012 年，全省产值排名前十位的 LED 企业实现产值 464.8 亿元，市场集中度达到 21%，在全省范围内推动形成较强的产业链优势互补，引领整个产业向集群式方向发展。二是产业向园区基地加快集聚。目前，广东 LED 产业基地已初步形成“1+5”发展格局，即深圳国家级 LED 产业基地和惠州、东莞、江门、佛山、广州等5个省级LED产业基地；一批LED企业和产业项目竞相落户，累计总投资超过500亿元。三是形成“一核一带”的产业集群空间布局。目前全省已构筑起LED产业集聚区。2012年，深圳LED产业规模位居全省第一位，产值达848.68亿元，占全省的39%，LED企业数量为1780家，约占全省的44%；中山市依托原有灯饰产业优势，加快推动传统照明行业的转型升级，产值位居全省第二位；惠州市LED企业集中度高，大企业带动能力强，总产值位居全省第三位。

2012年，广东在LED产业核心技术攻关项目的带动下，LED上游环节取得重大突破，中下游环节仍保持强劲势头。一是LED上游高端技术领域实现重点突破。国产MOCVD样机等一批战略性产品成功研发，LED芯片制备技术领域的专利申请量近1700件，约占相关专利总量的20%，连续3年保持30%以上的增长率，引领产业逐渐向高端环节延伸。二是中游环节优势明显。LED封装、LED配件产值分别为351.06亿元、278.98亿元；广东已成为全球最大的封装生产基地，其中深圳是封装企业最集中的城市，企业数量和生产规模分别占全省的67%和44%。三是下游环节产值贡献最大。下游LED产品约占广东LED产业产值的近八成，其中LED背光源与显示领域的产值占比最大，为28%，室内照明次之，占17%；LED背光源创造的工业总产值超出室内照明200亿元。

第三，对新能源汽车的影响

新能源汽车也是广东在低碳背景下重点发展的行业。2010年，广东省政府批准印发了《广东省电动汽车发展行动计划》和《广东省新能源汽车发展工作方案（2010—2012年）》，明确提出了全省新能源汽车发展工作的总体部署。2011年，广东省政府印发《关于贯彻落实国务院部署加快培育和发展战略性新兴产业的意见》，明确将新能源汽车作为近期广东省要率先突破的三大战略性新兴产业之一。2012年，国家出台《节能与新能源汽车产业发展规划（2012—2020年）》，进一步为发展新能源汽车提供了良好的宏观环境。2013年，广东出台《广东省新能源汽车产业发展规划（2013—2020年）》，计划到2015年，形成20万辆以上新能源汽车生产能力，并给予新能源汽车在办证“绿色通道”、税费减免等方面一揽子优惠措施。

在各种政策的推动下，广东省新能源汽车产业从无到有，而且发展迅速，初步具备了规模化生产和应用的条件，总体技术水平目前居全国前列。目前广东省新能源汽车产业已涵盖了各类新能源汽车整车生产、“三大电（电池、电机、电控）三小电（电动空调、电动助力转向、电动助力制动）”以及电池关键材料等领域，基本形成了完备的新能源汽车产业体系。初步统计，2011 年全省新能源汽车产业总产值同比增长 19.6%；各类新能源汽车产量达 6971 辆，同比增长 140%。2015 年上半年完成工业产值同比增长 81.1%，实现工业增加值同比增长 76.6%。目前全省电动汽车整车综合生产能力已突破 2 万辆，动力电池产量居全国首位，锂离子动力电池产能超过 7 亿安时 / 年，动力电池正负极材料、电解液、电池隔膜等关键材料开始实现国产化，各类电动汽车驱动电机年产能超过 2.5 万台套，可基本满足当前阶段电动汽车生产需要。

广东省是国内最早开展电动汽车技术研发、参与国家电动汽车重大科技项目的省份之一，目前在电动汽车整车、动力系统总成以及动力电池及其管理系统、驱动电机等关键零部件方面的技术居全国领先地位。整车产品研发进展顺利，截至 2012 年 8 月，广东省有 42 款节能与新能源汽车进入国家《节能与新能源汽车示范推广应用工程推荐车型目录》，部分车型已开始批量生产并投放国内外多个地区示范运营。电池、电机等核心关键零部件技术发展迅速。广东省动力电池技术方面的专利申请量位居全国首位，目前实验室小批量试制电池能量密度可达 150kW/kg，循环次数 3000 次以上。永磁同步电机技术发展迅速，目前已具备量产功率 7.5—130kW 永磁同步电机驱动系统的能力。

（二）对外贸发展的影响

自 2007 年起，广东就开始逐步推行产业升级和优化能源消费结构，推行节能降耗、双转移、绿色 GDP 等各项政策。广东省 2008—2012 年连续 5 年保持了单位 GDP 能耗全国最低、单位工业增加值能耗全国第二低的水平。2010 年 8 月，广东进入首批国家低碳试点范围。这也意味着作为改革开放先行者的广东，将再次担当起先行探路、引导中国低碳经济发展的重任。作为经济增长的重要推动力，广东外贸领域的低碳发展显得尤为关键。绿色贸易思想将是“十二五”期间我国对外贸易的主基调。因此，如何实现外贸增长方式由高碳型向低碳型转变，构建绿色贸易体系，已经成为广东省迫切要解决的问题。

2012 年全年广东省进出口贸易总额为 9838.2 亿美元，占全国进出口总值的 25.44%，可见广东省是我国的出口大户。然而，在低碳经济的大环境下，广东的能源技术相对较为落后，与发达国家相比还有很大差距，实施技术改造和产业转型升级的难度非常大。从目前的态势来看，绿色经济、低碳经济的潮流给广东的外贸发展带来了如下影响：

第一，冲击原本具备高碳特征的国际贸易产业结构

广东具有典型的外向型经济特征，2012 年广东省的外贸依存度超过了 100%，出口依存度超过了 63%。然而，广东对外开放 35 年来的经济发展，遵循的是与“低碳经济”发展模式背道而驰的“三高三低”（高能耗、高排放、高污染，低效能、低效率、低效益）的“高碳经济”发展模式。珠三角在成为低端工业品“世界工厂”的同时，也成为远远超过本地环境容量的“碳排放”的“世界工厂”，GDP 的高速增长与“碳足迹”的大量累积使之付出了巨大的环境代价。广东省主要产业还集中在第二产业，对外贸易以制造业、加工业为主，可以说是一个高碳贸易体系。广东的国际贸易产业结构以化工、机械、纺织、建材、电子等为主，都属劳动密集型、资本密集型、高消耗、高污染的产业，这些产业链条短，附加价值低。这使得珠三角目前能源与经济发展的矛盾越来越尖锐。未来的绿色经济、低碳经济势必对广东的高碳特征的国际贸易产业结构带来冲击。

第二，加工贸易比重偏高，内生性动力不足，对环境影响大的模式将受到挑战

改革开放以来外经贸成为广东经济的生命线，然而，在出口结构中，加工贸易所占比重一直偏高。2012 年全年加工贸易出口 3837.29 亿美元，

占全省外贸出口总额的66.8%；加工贸易进口2710.24亿美元，占全省进口总额的66.12%。这种通过加工组装方式参与出口的制造环节，付出的只是土地、厂房、设备、水电等物化要素成本和简单的劳动成本，投入大，但增值率低，在不同省份间、不同国家间具有极强的可替代性，企业的利润率低。更为重要的是，广东加工贸易企业大多集中于制造业，其中不乏污染密集型行业，如化工、造纸、纺织印染、非金属矿物制品业等。即使近年广东加工出口的商品结构已大为改观——高新技术产品大幅增加，但其主要从事污染比较集中的生产环节的活动，故仍导致了“产品出口国外，污染留在国内”的现象。在国家与地区推动生态文明建设的大背景下，这样的外贸模式将逐渐予以改善。

第三，低碳壁垒的冲击

广东长期以来处在对外开放的最前列，在面对国际贸易形势恶化的同时，发达国家间潜在可能形成的“低碳共同体”及其可能制定的新的碳排放国际规则和贸易措施，使广东省在国际贸易中首先可能遭遇“低碳壁垒”。目前有代表性的低碳壁垒主要有：

1. 碳标签制度。碳标签，就是将产品生命周期（即从原料、制造、储运、废弃到回收的全过程）的温室气体排放量在产品标签上用量化的指数标示出来，以标签的形式告知消费者产品的碳信息。利用在商品上加注碳足迹标签的方式引导消费者选择更低碳排放的商品。从2007年起，英国政府专门成立碳基金，鼓励英国企业推广使用碳标签。日本、法国、美国、瑞典、加拿大、韩国等紧随其后。目前，世界1000多家顶级买家已接受低碳理念，要求绿色供应链。为实现自身温室气体减排目标，沃尔玛、宜家已开始要求旗下供应商提供“碳足迹”和“碳标签”，而这些均涉及珠三角具备传统优势的出口产业，非低碳产品将意味着无法进入这些跨国公司的采购系统。

2. 碳关税。“碳关税”是指如果某一国生产的产品不能达到进口国在节能减排方面设定的标准，就将被征收特别关税。2009年，法国提出2010年将向国外进口商品征收“碳关税”，关税税率将为每吨二氧化碳排放收取17欧元，此后还将逐步递增。2009年6月，美国《清洁能源安全法案》规定，从2020年起对来自未采取措施减排温室气体国家的钢铁、水泥、玻璃和纸张等进口产品采取“边境调节”措施，即征收“碳关税”。“碳关税”本质是发达国家设置的“绿色壁垒”，目的是阻止发展中国家的产品进入发达国家市场，达到贸易保护的作用。而美国、欧盟、日本是广东传统的贸易伙伴。如果美、欧、日均对广东省出口产品开征“碳关税”，这将会对广东省出口企业造成巨大的影响。

3. 碳中和。碳中和也叫碳补偿、碳抵消，是现代人为减缓全球变暖所做的努力之一，是指企业、团体或个人计算其在一定时间内直接或间接产生温室气体排放总量，然后通过购买碳额度的形式资助符合国际规定的节能减排项目，以抵消自身产生的二氧化碳排放量，实现碳中和，从而达到环保目的。碳盘查和碳中和在欧美企业中较为流行，一些大的跨国巨头甚至加入碳盘查的供应链管理，如宝洁、DELL、IBM、惠普等，这些企业都要求其上游供应商提交相应的碳盘查报告。2010年3月，广州花都区的万信达（广州）科技制品有限公司以1万美元价格购买了湖南某水电项目5000吨碳减排额，以抵消其2009年的碳排放，获得了广东省首个“碳抵消”证明。这同时也是中国外贸出口型民营企业第一家通过购买自愿碳减排量实现“碳抵消”的企业。这家以生产IT及媒介包装产品为主的万信达，其80%的产品销售都要仰仗沃尔玛。可以预见，随着国际社会对碳减排工作的日益关注，会有越来越多的广东省企业被要求开展碳盘查和碳中和。

总体来说，低碳技术贸易壁垒具有合法性、综合性特点，可以将高能耗、高碳排放的商品排挤出国际贸易流通体系，因此，这对广东省高碳型的外贸体系是一个严峻的挑战。

第四，服务贸易将迎来更大的发展契机

服务贸易发展滞后，不利于绿色贸易体系的建立，在这个低碳时代，单纯依靠扩大货物贸易规模的外延式增长方式日益受到资源、环境和贸易壁垒的制约，而服务贸易多为清洁产品，发展服务贸易不仅有利于提高货物贸易的经济效益，促进货物贸易的发展，而且能够开辟外贸增长的新形式，以较小的资源消耗换取更大的贸易利益。特别是金融、电信、保险、

咨询等技术密集型和知识密集型服务行业和贸易的发展，将进一步优化广东进出口商品结构，促进对外贸易的可持续发展。

近年来，广东服务业和服务贸易都获得了迅速的发展，服务出口不断扩大，但发展速度远远滞后于货物贸易。广东服务业在生产总值中所占比重偏低，地区间发展不平衡，这就使得低碳贸易赖以发展的基础薄弱。2012 年广东服务业所占比重为 46.5%，远低于按世界中等水平收入组计算的标准，服务业所占比重偏低，直接影响到服务贸易发展的基础。

广东服务业增加值近九成由占全省土地面积不及 1/4 的珠三角提供，而且以消费性服务为主，生产性服务不够发达，服务的科技含量低。服务贸易的发展仍主要由传统服务业来推动，新兴服务业发展滞后。在未来的发展中，服务贸易将是重点推进的领域。

第六节　低碳绿色产业发展的国内外经验

一、美欧的经验分析

第一，美国政府实施减排贷款担保计划，推进绿色产业发展

美国能源部向减少燃煤电厂等温室气体排放的尖端项目提供高达 80 亿美元的贷款担保计划。其中，60 亿美元贷款担保将用于现有或新建电厂引入碳搜集封存技术或者工业气化活动。20 亿美元贷款担保用于高端煤炭气化项目，煤炭气化能够使得煤炭清洁地转化为电力、氢及其他有价值的能源产品。美国的贷款担保计划孵化了一些成功企业，如特斯拉汽车公司（Tesla Motors）在 2009 年获得了 4.65 亿美元贷款担保，当前股价涨势惊人，贷款有望提前还清。美国能源部的一份效能评估报告指出，特斯拉的净效益可达 300 亿美元，而美国能源部总共只投资了近 70 亿美元，确实取得了较大成功。

第二，欧盟积极发展碳金融，推动低碳经济的发展

一是建立碳交易市场。英国是世界低碳经济的先行者和积极倡导者，2002年英国以金融方式进行温室气体交易的体系，使企业从碳交易中获利，实现因果的减排指标，也促使伦敦成为碳金融交易中心。该体系于2006年实现了与欧盟排放交易体系的对接。二是建立碳银行。为评估和管理项目融资中的环境与社会风险，国际金融公司与荷兰银行于2002年10月提出了赤道原则，将项目融资的环境和社会标准明确地具体化为9个原则，并指出赤道银行只为符合条件的项目融资。因此，赤道银行也称为低碳金融创新中的先行者。而国际金融公司也提供碳融资产品和服务，如碳交付保险、碳信用额度现金流的信贷安排、碳项目债权和资产安排、碳信用培育和发展。三是建立碳基金。碳基金作为碳交易市场的主体，对促进碳金融市场发展具有关键作用。世界银行成立了专门的碳金融部门发起和管理着多家碳基金，碳金融部门不开展项目贷款或赠款，而是利用碳基金以商业交易合同方式出资购买CER（Certification Emission Reduction，即核定减排量）。四是推出碳保险。碳金融市场存在一定风险性，由此，2006年瑞士再保险公司的分支机构——欧洲国际保险公司推出全新的碳保险产品。该产品用于协助一家美国私募股权基金（RNK Capital）管理其投资于CDM项目的支付风险。

第三，英国创建低碳社会，提升国家竞争力

一是出台一批拉动英国低碳解决方案需求的政策、法规和措施。2002年出台的《可再生能源义务法案》，强制要求电力供应部门所供电力中必须有一部分来自特定的可再生能源技术；2008年，提出《气候变化法案》，提出了受法律约束的英国碳减排目标以及为实现这一目标而制定的国家五年碳排放配额计划；2010年，颁布《国家可再生能源行动计划》，该计划提出了为实现2020年英国能源消费中15%来自可再生能源的目标，制定了发展路线和措施；同年，又推出了《碳减排承诺与能效制度》，要求未列入欧盟排放权交易体系的大型排放企业为每吨碳排放购买排放配额；2012年，建立绿色投资银行，旨在资助低碳投资。二是多方位构筑

减排措施体系。在行政手段上，通过制定行业规范和标准，明确各行业减排目标、任务和标准；在经济政策上，制定了开征气候变化税、实施政策性补贴、建立碳排放交易体系等；在技术措施上，通过加大对可再生能源以及低碳排放技术的投入，加强温室气体减排的技术基础。三是分行业推进减排工作。英国政府对重点行业的能源使用状况及节能潜力等进行详细评估和定量分析，并根据分析结果制定节能降耗目标，然后将这一目标分解到各个行业部门，如能源领域、建筑业、交通业等。四是提供良好的能源与低碳服务。如能源管理和审计服务、可持续发展咨询服务、创新性融资解决方案等。

第四，优惠政策密集出台，清洁技术迅速发展

美国颁布了《美国复苏与再投资法案》，旨在扶持清洁技术研发及其产业发展。美国联邦政府的资金扶持主要包括三个方面：直接投资、税收优惠和贷款担保。这些扶持资金共有四分之三分给了清洁技术的推广和使用，18% 直接给了清洁技术的研发和演示，清洁技术制造商则获得了另外 8% 的财政补贴。在资金和优惠政策的扶持下，2011 年美国可再生发电能力比 2006 年增长了一倍；太阳能、风能和其他清洁能源技术价格持续下降，2010 年清洁技术产业部门的就业岗位比 2007 年上升了 12%。

第五，加大绿色科研，抢占新一轮技术创新制高点

欧盟“地平线 2020”方案中，包括 3 个战略目标：卓越的科学、工业的领袖、社会的挑战。总预算约 800 亿欧元，其中，“卓越的科学”预算为 246 亿欧元，用于新兴技术和“居里夫人行动”科研人员的培训和职业发展提供资金；“工业的领袖”预算为 179 亿欧元，主要用于投资领域，如信息通信技术、纳米技术、空间技术和生物技术等；“社会的挑战”预算为 317 亿欧元，用于医疗卫生、食物安全、清洁能源、绿色运输、气候变化等。该方案旨在加强欧盟的绿色科研能力，拓展欧盟在科研创新领域的发展，为欧盟今后的绿色发展之路提供坚实的科技基础，同时也创造新的就业岗位。

第六，加大绿色产业的投资力度，加快绿色产业的发展

2013年，欧洲投资银行决定加大投资绿色产业的支持力度，重点优先支持可再生能源、节能减排和智能电网，以及相关的研发创新活动。欧洲投资银行长期通过低息贷款的投资方式，资助绿色产业及其研发创新活动，推动绿色产业的发展，提高欧盟的工业全球竞争力和可持续发展目标。

第七，采取多种措施加快传统产业改造和转型

欧盟采取多种措施加快传统产业改造和转型。一是关闭调整高耗能业务和生产能力。欧洲的铝业、造纸、钢铁等传统高耗能企业由于电价上涨使得其生产成本居高不下，迫使这些企业改造生产技术，实现节能降耗可持续发展。二是支持企业节能技术改造。欧盟对14个高耗能行业进行特殊补贴，以利于推动其节能技术改造工作的顺利推进。三是制定实施专项行动计划。如为减轻传统产业对化石能源和石油衍生品的依赖，德国发布“生物精炼路线图”计划，大力加强工业生物技术研发创新，推进传统化学工业的转型。四是推行消能标识和能效指令。欧盟正式公布新能源标识指令，规定能源相关产品和其他资源消耗的指示性标签和标准产品信息，这也是欧盟促进节能减排的一项重要举措。

第八，推行稳定的能源与气候政策、价格体系

英国从四方面推行低碳政策。一是建立稳定、清晰、可靠的政策框架来推动低碳产品和服务，以有效推动经济转型。二是从供应端和需求端两方面的政策来推动创新，此为英国低碳政策的重点。如市场推动的创新政策，即促进环保领域大规模地应用创新技术，从而创造“领先市场”；需求推动的创新政策，即为了促进未来环保产业，政策支持新的技术和技能，为英国创造竞争力。三是积极培养人才，吸引人才，打造英国成为低碳的人才和技能中心。四是加强政府、企业、学术机构、工会之间的合作关系。

二、日韩的经验分析

第一，制定各类法律，建立完善的绿色经济法律体系

日本政府非常重视绿色产业发展，并关注环境问题，为此，日本制定了“21 世纪环境立国战略”，将发展低碳经济作为应对气候变化的有效途径，提升为国家战略。日本是低碳经济立法较为完善的国家，制定了完善的绿色经济法律体系。日本制定了《循环型社会形成推进基本法》、《促进建立循环社会基本法》、《促进资源有效利用法》、《绿色采购法》、《家用电器回收法》、《关于促进利用再生资源的法律、合理用能及再生资源利用法》、《废弃物处理法》、《化学物质排出管理促进法》、《关于促进新能源利用的措施法》、《新能源利用的措施法实施令》等。健全的绿色经济法律体系，规范和指导企业的行为，保障日本顺利实施其环境立国战略。

第二，注重绿色新技术研发，加大技术创新的资金投入

日本一直是注重科技研发的国家，对于绿色技术也不例外。一方面，积极资助绿色低碳创新技术。在 2008 年 1 月，日本政府宣布今后 5 年日本将投入 300 亿美元来推进“环境能源革新技术开发计划”，目的就是率先开发快中子增殖反应堆循环技术、生物质能应用技术、气温变化监测与影响评估等技术。又如 2008 年 3 月，日本经济产业省（简称“经产省”）列出了 21 项技术作为日本低碳技术创新的重点。在选择这些技术时，日本经产省参照了三个标准：首先是有助于世界大幅度降低二氧化碳排放的技术；其次是日本可以领先于世界的技术；最后是对已有的技术进行材料革新和制造工艺的改进，比如比硅成本更低、更低碳的新材料太阳能电池。在制定出了 21 种未来关键技术后，日本政府动员日本产业界和学术界积极参与到这些技术的创新中来。日本政府专门设计研究制度来为产业界和学术界参与研发以及对他们研究成果的商业化提供资金支持。2008 年 5 月 19 日，日本公布的“低碳技术计划”，提出了实现低碳社会的技术战略以及环境和能源技术创新的促进措施，内容涉及快中子增殖反应堆循环技术、智能运输系统等多项创新技术。与此同时，大力推进开发二氧化

碳的碳捕集及封存技术。预计到2020年处理1吨二氧化碳的成本由目前5000多日元，下降到1000多日元。日本还计划制定《能源环境技术革新方案》，加速研发节能技术，推广生物燃料的生产技术以及燃料电池的商业化运用，并且长期探索温室气体零排放的划时代技术。另一方面，保证技术创新的资金投入。日本内阁综合科技会议制定每年的资源分配政策，环境省等政府机构依此进行资金的分配。为推动低碳经济，日本政府投入巨资开发利用太阳能、核能、风能、光能和氢能等替代能源和可再生能源的技术，积极开展潮汐能、水能和地热能等方面的研究，根据日本内阁府2008年9月公布的数字，在科技预算中，仅单独立项的环境能源技术的开发费用就有近100亿日元，其中新型太阳能发电技术的预算为35亿日元。

第三，建立碳排放交易市场机制

韩国国会高票通过全国碳交易体系法案，该法案计划于2015年1月正式生效。韩国碳交易将囊括全国60%的温室气体排放量，主要碳排大户如钢铁、制造、造船、电力等行业将被纳入其中。碳交易体系法案的通过能加快工业生产领域的节能技术发展，从而使韩国在环保产业上获得先机并长期受益。韩国工业协会强调，虽然在实施初期，高达95%的排放指标都是免费分配，仅有5%需要购买，但也会使工业领域带来4.7万亿韩元（合42亿美元）的额外成本。这使得许多韩国企业反对碳交易的强制措施，因为限制碳排放将增加企业运营成本，降低企业在全球市场上的竞争力，最终影响韩国的GDP增长。但是，韩国政府的研究表明，仅需GDP的0.5%即可满足2020年减排标准的直接成本，而且以上估值还未考虑能源节约和创新激励这样的好处。因此，碳交易机制是韩国控制温室气体排放最得力的途径。

第四，为低碳绿色发展提供融资支持

韩国政府设立绿色中小企业专用基金和设立绿色技术与产品的认证制度，为绿色增长的投资者提供足够的税收激励，通过金融市场创新促进绿色产业发展。绿色低碳企业的主要资产是无形技术或商业模式，不是实体经济。由于存在信息不对称性，金融机构在逆向选择下，无法评估低碳技术和产品的经济价值。在这种情况下，中小企业很难从金融机构贷款，经常被要求抵押担保。为了实现低碳绿色增长，需要建立适当的融资市场与机制，帮助绿色商业企业抓住市场机遇。

三、长三角经验

第一，大力发展绿色产业金融服务

上海地区各银行创新融资模式，加大对绿色信贷贷款方式和担保方式的研究，为绿色产业提供金融服务。积极探索发展碳金融。通过碳交易未来收益权和合同能源管理保理，帮助中小节能减排企业盘活资金，提前获得收益；通过合同能源管理未来收益权质押，有效解决中小节能服务公司担保难和融资难问题；通过碳交易财务顾问，为中小节能减排企业提供碳开发和碳交易渠道，以较优的商业条件获得碳指标转让收入。

第二，出台碳排放管理办法，规范企业行为

上海 2013 年 11 月 20 日推出《上海市碳排放管理办法》，建立碳排放配额管理、监测、报告和核查制度，同时实行碳排放交易制度，交易标的为碳排放配额。《上海市碳排放管理办法》旨在推动企业履行碳排放控制责任，规范上海碳排放相关管理活动，推进碳排放交易市场的发展。提出如下举措：一是纳入配额管理的单位将按规定进行碳排放的监测和报告，并由第三方机构对纳入配额管理单位提交的碳排放报告进行核查；二是明确了一系列法律责任，纳入配额管理的单位，如未按规定履行配额清缴义务，最高可处以 10 万元罚款；三是可将违法行为记入相关单位的信用信息记录，通过政府网站或媒体向社会公布，并取消专项资金支持的资格。

第三，完善质量控制体系，提高绿色产品出口额

以 LED 照明灯具为例，昆山针对中小企业对于 LED 照明灯具的标准存在概念模糊，质量意识薄弱，出口产品档次不高，在国外中高端市场

占有率不高的现状，积极完善质量控制体系，结合不合格案例开展技术标准培训，引导企业健全风险评估，加强产品安全项目检测，严把产品质量关。这使得在全国LED行业出口严重下降的大背景下，昆山LED灯具出口金额不降反增。2013年第一季度昆山地区共出口LED灯具674批，金额3715万美元，同比分别增长了12.5%和36.4%，主要出口日本、德国、美国及东南亚等国家和地区。由于与传统灯具相比，LED灯具的利润要高出30%左右，企业盈利状况相对良好，目前越来越多的企业参与到LED灯具出口竞争中，因此，更加迫切需要规范LED行业的行为。

第四，推进监测认证平台、产业联盟等建设，增强服务能力

以光伏产业为例，上海市依托太阳能工程中心和微系统所，采用部市合作、市区合作方式，建立国家级光伏监测认证平台，与国际标准接轨，为长三角乃至全国服务。同时，加强与国家光伏行业协会等对接，建立光伏产业联盟，探索建立经营模式创新，推动生产制造和终端安装服务专业化分工，加强与国际领先企业合作，促进产业价值链再造。

四、京津唐经验

第一，构建节能低碳发展创新服务平台，提升绿色科技实力

为促进绿色技术取得实质性突破，北京市发改委、市科委、市经济信息化委、市财政局、市质监局、市金融局和中关村管委会7个部门联合搭建了“北京市节能低碳发展创新服务平台”。该平台有利于各类资源整合，提高北京市的绿色技术创新能力。针对在京企事业单位、科技资源单位和需求应用单位，联合组建一个战略合作联盟，由相关部门联合组成平台领导小组，下设综合办公室（设在市发展改革委）、专业委员会以及对外服务的网络窗口，以现有相关产业促进机构为依托单位，采取协调运作机制，加强对节能低碳各个环节的统筹协调和顶层设计，打造集需求调研、技术研发、应用推广和产业化为一体的全链条服务体系。该平台的主要成果为：①协调组织开展节能低碳技术需求调研，形成《北京市节能低碳技

术需求表》，为政府决策提供参考；②协调推进一批节能低碳技术研发工程落实，形成《北京市节能低碳技术研发攻关项目表》，为市场提供先进适用技术；③协调落实一批示范项目和解决方案的应用推广，形成《北京市节能低碳重点企业和技术推广表》，推广一批效果显著的技术和产品；④协调带动一批节能低碳标准制定和完善，加速相关标准的落实，努力使北京的节能低碳标准工作走在全国前列；⑤协调推动一批节能低碳市场机制创新和完善，大力推广合同能源管理，探索实施“能源需求侧管理”和“碳交易”等一批节能低碳新机制；⑥全面推动节能环保产业健康发展，建立“北京市节能低碳创新服务数据库”，对内实现数据积累，对外加强节能低碳政策、技术、知识及工作成效宣传。

第二，加强绿色产业研发能力，为今后绿色产业发展提供动力

2010 年，天津建立全国首个“低碳经济”研发基地——绿岭低碳产业园，旨在提高绿色产业研发能力，加快发展新兴产业和创新性经济。该园区吸引建筑结构与材料、新能源利用、低碳企业孵化基地投资等行业的企业进驻，形成低碳产业聚集，以建立华北地区低碳技术产品研发中心。目前，该园区主要具备展示、交易、研发检测（监测）、集成、服务五大功能，即着力打造环渤海地区乃至全国低碳节能环保市场领域的国际性展示、发布、交流、推广的示范性展示中心；形成以产品交易、定制化交易、权益交易、合同能源管理交易模式为主的集成采购与交易平台；为国内外低碳节能环保企业，提供产品研发、实验、检测、认证、咨询等一站式服务，着力打造环渤海低碳技术产品研发中心、天津市低碳技术检测和能效监测中心；构建节能环保领域信息机构、低碳节能产业孵化基地等综合性集成系统化产业平台；通过专业化的运营管理服务，以建立低碳服务中心，提供节能环保专业领域的技术服务、产品服务、权益服务等综合性权益服务，以打造国际物流服务中心为主，带动周边物流业务及物流配套服务设施的健全，带动整个区域低碳产业的发展，以推动和促进低碳节能环保发展为目的，形成专业化、配套性、层次性的综合性商业服务体系。以绿色照明为例，绿岭产业园区中的环渤海绿色照明基地是中国节能协会审核授予的全国九家绿色照明教育示范基地之一。该基地聚集了绿色照明

各类型会员企业近二十家，涉及领域涵盖了照明相关行业的全产业链。基地的会员企业在照明的专业咨询、规划设计、产品研发、产品提供、检测检验、照明工程施工到后期运营维护，以及节能服务与合同能源管理等各领域均处于国内领先地位，并形成了一条绿色照明的全产业链，有利于绿色照明产业的发展。

第九章　欧盟碳排放贸易机制的经验借鉴与政策建议

建立一套完善的碳排放贸易机制，不仅是积极履行相应国际义务的需要，而且是以最低成本方式节约资源、全面促进生态环境建设、应对气候变化的重要举措，并且还有利于各级政府和企业了解、认识国际温室气体减排机制，更有效地利用清洁发展机制（CDM）合作的规则，引进国外资金与先进技术，提升我国的碳技术水平。毫无疑问，中国与欧盟之间在经济发展、法律体系、社会文化等各方面均存在差异，但在设计与实施碳排放交易制度这一问题上，许多核心原则与规则仍可互相借鉴。欧盟排放贸易机制是运用总量交易机制解决环境问题的范例，其成功经验为我国与我省节能减排和环境保护提供了有益启示。

一、建立健全相关法律法规

碳交易市场的建立需要一整套法律框架支撑，欧盟的经验值得借鉴学习。欧盟碳排放交易体系有一套完整的法律支撑，《联合国气候变化框架公约》和《京都议定书》为体系提供了国际法依据，而欧盟碳排放交易指令则提供了详尽的法律基础。除此之外，欧盟还颁布了一系列的指令、规则、决定等，将体系的各项制度细化，使其更具有操作性。

建立合理、有序的排放权交易市场，必须有法可依，将有关排放权交易的制度纳入法律管理、政策指导的范围。排放权交易制度涉及的是市场经济的行为，排放权交易的前提是交易者对环境产权的拥有，这一点首先必须有法律的权威作用，需要法律明确界定产权的同时，还要明确在制度执行中谁拥有司法解释权，有效的产权制度必须明确产权的拥有人，规定产权的所有人有权处置这种权利，享有可能取得收益的权利并承担不确定性风险及相关的一切成本。此外，还必须完善涉及排放权交易具体运作的政策、法规。正如前国务院总理温家宝 2009 年 8 月在国家应对气候变化工作小组会议上指出，要健全应对气候变化的法律体系，加快建立相配套的法规和政策体系，制定相应的标准、监测和考核规范，健全必要的管理体系和监督实施机制。

二、市场机制与政府引导相结合

市场机制也会带来更多的发展和社会效益。碳排放交易的特点是利用以市场为主导力量的机制，完成温室气体的减排。在欧盟温室气体排放交易体系中，由于欧盟各成员国要受到《京都议定书》强制减排温室气体标准的影响，各成员国政府严格控制其国内二氧化碳的排放量，以期达到欧盟委员会关于配额分配计划的标准。而芝加哥气候交易所则是由企业自愿发动的排放交易场所，因此，当地政府往往自愿做出具有法律约束力的减排承诺。可见，不同减排模式下的政府与市场间的相互作用也存在着差别。

我国在利用碳交易进行减排的过程中，政府所起的作用也不容忽视。2007 年我国政府就成立了国有政策性清洁发展机制基金（即清洁发展基金），不仅给予碳排放交易政策上的支持，也成为落实节能减排行动的新举措。但同时政府一定要对这些以市场为主导的灵活机制加以重点关注，防止出现因陷入市场机制而过分侧重短期利益的现象。所以，这就要求政府要把好国内引进清洁发展机制项目的法律和技术关，取其精华，切实引进对我国节能减排有利的项目，为将来我国承担减排义务预留出空间。由此可见，我国利用碳排放交易进行节能减排，需要政府的“有形之手”和市场机制的“无形之手”双重作用的有力推动和支持。

三、制定碳排放交易体系发展规划

首先，要制定《应对气候变化法》或《低碳经济法》，明确提出分时段控制温室气体排放的技术和数量标准，确立市场机制在降低碳排放中的地位，保证碳排放交易有法可依、有章可循。其次，构建碳排放交易市场体系。要设立若干碳排放交易所，制定交易规则，并创造相对公平透明的交易环境，加强市场监管，防止不正当竞争，保证碳排放权交易市场的有效运行。其中的关键是要对企业的二氧化碳排放量设立标准。最后，要制定与碳排放交易市场体系相对应的低碳经济发展方针，切实发挥碳排放交易市场对经济结构调整的引导作用。

我国的碳排放交易应分为两类，即国内交易和国际交易。国内交易应建立在总量管制和排放交易的市场机制之上。按照国家规划，对各省设置排放上限，各省再将具体额度按规定下发给企业。如果企业的实际排放量超过该额度，需要到市场上购买其差额的排放许可额度。如果不能或不愿购买减排量来弥补超额排放的指标，那就只能选择上缴罚款。国际交易则主要是面向国外购买商交易，开发和提供与芝加哥气候交易所、欧洲排放交易体系等成熟交易所相同的产品，并进行交易。

四、分阶段逐步建立碳排放权交易市场

按照欧盟发展的经验，体系的建立是一个循序渐进的过程，结合我国实际情况，我国的碳排放交易市场也应该分阶段逐步建立。第一阶段，在全国主要地区实施碳排放交易试点，以此作为试验积累经验，为建立全国性的碳排放交易市场奠定基础；第二阶段，形成全国统一的碳排放交易市场，以自愿方式为主，逐步扩大纳入强制减排交易的行业和企业；第三阶段，逐渐扩大涵盖范围和领域，逐步过渡到与欧盟相类似的完全强制性碳排放交易市场。第二、第三阶段作为从自愿交易向强制性交易的过渡阶段，可以先通过免费配额的方式运作，减少实施中的阻力，逐步增加拍卖比例。其后的阶段，逐步完善交易制度、增加纳入强制交易的行业范围、

增加拍卖比例、增强监督力度，实现市场的正常运行。

五、突出碳排放总量贸易机制在控制碳排放中的战略地位

随着我国市场经济体制的确立和不断完善，已初步具备利用总量交易机制控制碳排放的条件。要转变环境治理思路，摆脱过分依赖行政手段的模式，探索依靠市场配置碳汇资源、促进节能减排的新模式。改变目前节能减排政策体系以命令—控制为主的现状，向市场机制与命令—控制相互补充、相互协调的政策体系过渡。同时，推进环境有偿使用制度改革，强化环境资源的商品属性，使环境这种特殊资源的稀缺性能够体现于企业的生产成本中，以提高企业治理污染的积极性、主动性，促进企业走上“低投入、低消耗、低污染、高效率”的集约化道路，进而推动经济增长方式实现根本性转变。

六、推进排放交易所的建设，完善专业性平台

2011 年 10 月 29 日，国家发展和改革委员会办公厅下发了《关于开展碳排放权交易试点工作的通知》(发改办气候〔2011〕2601 号)，批准北京、天津、上海、重庆四大直辖市，外加湖北（武汉）、广东（广州）、深圳等七省市，开展碳排放权交易试点工作。此次国家启动碳排放交易试点，是在中国参与全球应对气候变化这一个“大背景”下实施的重要举措。试点的主要目的，一是尝试以市场机制推进节能减排，探索强制性减排市场的建设；二是在交易机制、交易规则和核算体系等方面进行技术和机制创新。试点的最终目标，是为全国建立统一的碳交易市场进行有益的探索。

基于对未来碳市场的预期，各地对建设碳排放交易市场积极性很高。国内较大型的碳排放交易所是北京、上海、天津三大交易所。但是真正提供完善的交易服务功能还需健全的体系和规则。一个法律保障和金融系统支持的碳交易市场需要从以下三个方面着手：

首先，制定交易规则，并创造公平、透明的交易环境，整合各种资源

信息，为碳排放配额的买卖提供公平、公正、公开的交易，加强市场监管，保证碳排放权交易市场的有效运行。

其次，引入竞价机制充分发现价格，为买卖双方提供市场化的对话机制，从而有效地避免暗箱操作。同时，专业的交易市场还是一个更有利于参与国际市场的途径。因为，建立碳交易市场，不仅有利于减少买卖双方寻找项目的搜寻成本和交易成本，还将增强中国在国际碳交易定价方面的话语权。

最后，建立符合国内需求、对接国际规则的碳交易产品。以市场化的方式实现有效配置，实现低成本的减排工作。开发和提供与欧洲排放交易体系等成熟交易所相同的产品，并进行交易。培育期货和现货多层次的交易体系，丰富碳交易的金融产品品种，如与碳交易挂钩的期货、期权交易，增加碳市场的流动性和我国在国际碳交易市场的定价权和话语权，增强我国在国际低碳经济中的竞争力。

七、采用碳强度目标，但经济发展需求仍是重要考虑因素

在制定气候变化政策法律时，发展中国家可以选择不同类型的碳减排目标。一般来说，碳减排目标主要有两种类型：一种是绝对目标（如总量控制目标），另一种是相对指标（如碳排放强度）。《京都议定书》和欧盟的气候政策法律均采取了绝对数量的目标，但发展中国家可以依据自身的经济发展情况与绿色发展需求做出不同的选择。即使发展中国家采用绝对目标或将相对目标转化成总量控制目标，这种总量控制目标仍然可以允许碳排放量的增加，以适应经济增长的需求。我国虽然采用了碳强度目标，但在将碳强度目标转化成总量控制目标时，经济发展需求仍是重要考虑要素。在碳排放交易试点阶段，考虑到经济发展、减排潜力的地区差异，各试点可根据自身情况对不同的碳排放交易模式进行试验探索，从而为建立全国性碳排放交易制度积累经验。

以广东省为例，根据国家分配给广东省的“十二五”期间碳强度下降 19.5% 的指标，广东省发改委已经明确广东省“十二五”期间的碳排放总量约为 6.6 亿吨，并将 19.5% 的碳强度指标进一步下降分解到 21 个

城市。这是七个碳排放交易试点中首先明确采用总量控制目标，它不但与“十二五”规划确定的碳强度目标相一致，而且充分考虑到经济发展与碳排放增长的现实需求。但是这种转化换算因对经济发展预期不同而具有不确定性，与欧盟的绝对总量控制目标及相应的总量—交易模式会有所不同。因此在随后的碳排放交易体系设计中，必须考虑这些差异的存在，从而在目标设定、配额分配等问题上予以注意。

我国在“十二五”规划中制定了全国性碳强度指标，并且将其层层分解到地方政府。在减排目标设定与分配上，这是一种自上而下的集中决策模式，而且大量依靠传统的行政命令与控制、官员问责制度等方式来实现。在某种程度上说，这种分配碳强度指标的过程是国家发改委与各个地方政府博弈协商的结果。而且，碳强度目标的实现情况将会在很大程度上依赖于对政府及其主要负责人员的考核、问责制度。然而在具体探索开展碳交易过程中，由于各地经济发展与减排能力的巨大差异，碳排放交易目前采取试点探索继而推向全国的自下而上的路径，以适应不同的地方经济发展需求。即使将来全国性的碳排放交易体系顺利建立，地方差异性依然存在。碳排放交易机制是一种基于市场的工具，不能单纯依靠行政控制命令来实施运作。如何平衡中央政府与地方政府在碳排放交易机制的总量目标设定的权限配置，对欧盟与中国而言均是重要挑战，需要在法律框架中进行合理配置。中国未来的碳排放交易体系如果采用分散决策模式，由各省自主决定其碳排放交易总量控制目标，如何保证各省设置总量目标的一致性从而保证排放企业的公平竞争；如果采用集中决策模式，由中央政府（国家发改委）直接确定全国碳排放交易总量控制目标，则地方差异性如何能得到适当考虑，这些问题都需要在法律框架中进一步厘清。

八、及时预防“水床效应”问题

对于集中决策模式下潜在的“水床效应”（Waterbed Effect）问题，我国在构建碳交易法律框架时也应加以考虑。根据《欧盟运作条约》（TFEU）第 193 条规定，成员国可以制定更严格的环保措施。在实践中，一些成员国也已经制定了比欧盟更加雄心勃勃的减排目标，并对其境内最大的、污染严重的发电公司采取更为严厉的措施。然而，由于EU-ETS采取了欧盟范围内的总量控制目标，各成员国不再设置国家层面的总量控制目标，如果成员国对境内受EU-ETS管辖行业采取更加严格的措施以减少碳排放，这些措施的努力成果并不会影响欧盟的排放总量。这种现象被称为“水床效应”，因为欧盟减排总量目标是相对确定的，就像水床一样，一个地方经过努力减少的碳排放，将会转化成其他地方新增的碳排放，换句话说，一个成员国对参与排放交易行业所进行的额外减排措施将因其他成员国的懈怠而被抵消。因此欧盟采用集中决策模式来确立一个欧盟范围的总量目标时，不仅会限制成员国立法者对参与排放交易行业的调整空间，而且也将影响其对其他不参加排放交易的行业的调整力度。对此，2009年通过的ESD规定了所有不参与排放交易的行业作为一个整体，到2020年要比2005年减排10%，并且ESD将10%的减排目标层层分配给各成员国。

在中国，国家碳强度目标已分配到各省区，并将层层分解到市一级。在为现在的碳排放交易试点或未来的国家碳排放交易体系设置总量控制目标时，主管的政府部门如果要设置全国性或者省一级的总量控制目标，也应考虑其可能导致的“水床效应”问题。如果未来的碳排放交易体系采用集中决策模式来设置全国性或全省性的总量控制目标，如何能在保证减排目标统一性的前提下，又能继续鼓励地方政府对排放交易企业实施更加严格的减排政策措施，从而促进碳减排与低碳经济的发展。这同样是中国碳排放交易体系法律框架需要面对的重要挑战。

九、国家统一市场与地方独立管理的协调平衡

要实现中国对外所做出的减排承诺，就必须通过全国范围内的整体调控实现。但是，中国幅员辽阔、省份众多，碳排放交易市场完全由中央统一管理并不现实，特别是涉及企业排放配额分配、监督管理等工作，就更需要地方政府落实执行。欧盟体制为我国解决这一问题提供了思路，即建立统一市场并实行地方管理，各省市的排放总量要经过中央批准，对碳排放交易的管理分为省级和中央两个层面进行，所有配额在全国统一市场上

进行交易。在这一过程中应合理分配中央与地方之间的权力，妥善处理碳排放交易市场所带来的经济利益分配问题。

综上所述，碳减排目标与碳排放交易总量控制目标的设定，是碳排放交易体系法律框架的关键要素。分散决策模式与集中决策模式各有利弊，各国应当根据自身国情特别是政治结构与法律制度予以选择。无论采取分散决策模式，还是集中决策模式，碳排放交易法律制度都必须针对减排目标和总量目标的设定权限在上、下层级政府之间进行合理配置。

主要参考文献

[1] 广东省发展和改革委员会. 广东省2014年度碳排放配额分配实施方案 [R]. 2014-08-19. http://www.gddpc.gov.cn/zwgk/zcfg/gfxwj/201503/t20150309_305043.htm.

[2] 广东省人民政府. 广东省碳排放管理试行办法 [R]. 2014-03-26. http://zwgk.gd.gov.cn/006939748/201401/t20140117_462131.html.

[3] 苗苗. 世界环保组织（IUCN.CHINA SHIP SURVEY）[J]. 中国船检, 2008 (11): 75.

[4] 百度知道. 世界主要环保组织 [EB/OL]. http://zhidao.baidu.com/link?url=fFj8rK3Bg7chwA1d8wzsBF7CilvzwIULgqO910DMJzXo1aaCVMprzvuRUO2KNeqvjkvvGzP3z4aauMcBMknZYq.

[5] 中央政府. 国务院关于加快发展节能环保产业的意见（国发〔2013〕30号）[R/OL]. 2013-08-16. http://www.gov.cn/zwgk/2013-08/11/content_2464241.htm.

[6] 国务院办公厅. 2014—2015年节能减排低碳发展行动方案 [R/OL]. 2014-06-19. http://www.gov.cn/zhengce/content/2014-05/26/content_8824.htm.

[7] 史玉品. 黄河源区气候变化及其对水资源的影响 [D]. 河海大学硕士学位论文, 2006.

[8] 蔡博峰. 国际碳基金研究 [M]. 北京: 化学工业出版社, 2013: 12-14, 20-21.

[9] 杨星. 碳金融概论 [M]. 广州: 华南理工大学出版社, 2014:

84-90.

[10] 樊国昌. 碳金融市场概论 [M]. 重庆：西南师范大学出版社，2013：174-190.

[11] 中国清洁发展机制基金管理中心大连交易所. 碳配额管理与交易 [M]. 北京：经济科学出版社，2010：89-104.

[12] 吉宗玉. 我国建立碳交易市场的必要性和路径研究 [D]. 上海社会科学院博士学位论文，2011.

[13] 郑爽. 2010年国际碳市场状况与趋势分析 [J]. 中国能源，2011 (8)：8-21.

[14] 曾梦琦. 国际碳交易市场发展及其对我国的启示 [J]. 南方金融，2011 (1)：62-65.

[15] 秦路. 国际碳交易市场发展现状及我国参与碳交易的必要性 [J]. 特区经济，2012 (11)：76-78.

[16] 杨永杰. 国际碳交易体系的运行及我国碳市场的展望 [J]. 兰州商学院学报，2012 (1)：21-26.

[17] 于李娜. 国际碳金融交易的现状、趋势与对策研究 [J]. 上海金融，2012 (12)：84-87.

[18] 章升东. 国际碳市场现状与趋势 [J]. 世界林业研究，2005 (5)：9-13.

[19] 陈晖. 碳市场及碳金融的现状与发展趋势 [J]. 电力与能源，2011 (4)：259-263.

[20] 杨星. 碳金融概论 [M]. 广州：华南理工大学出版社，2014：45-50.

[21] 立钧. 碳金融研究：国际经验与中国实践 [M]. 北京：经济科学出版社，2012：20-32.

[22] 王毅刚. 碳排放交易制度的中国道路：国际实践与中国应用 [M]. 北京：经济管理出版社，2011：112-123.

[23] 庄贵阳. 政策通过激励机制促进低碳发展 [N]. 中国环境，2006-01-27.

[24] 姚立. 欧盟发展低碳经济缓解就业压力 [N]. 光明日报，2009-

12-17.

[25] 李庶泳. 金融支持节能减排的合理边界：济宁个案 [J]. 金融发展研究，2009（1）：38-40.

[26] 付允. 低碳经济的发展模式研究 [J]. 中国人口·资源与环境，2008（3）：14-19.

[27] 郇庆治，杨晓燕. 公众环境政治参与：公民社会的视角 [J]. 当代世界社会主义问题，2004（2）：45-52.

[28] 章勇，康健. 英国碳预算对中国的启示 [J]. 科技促进发展，2007（7）：79-81.

[29] 宋晓华. 听英国专家细释“低碳经济” [N]. 新华日报，2008-04-05.

[30] 潘家华. 后京都国际气候协定的谈判趋势与对策思考 [J]. 气候变化研究进展，2005（2）：10-15.

[31] 陈迎，潘家华，庄贵阳. 斯特恩报告及其对后京都谈判的可能影响 [J]. 气候变化研究进展，2007（2）：114-119.

[32] Stern N. The Economics of Climate Change: The Stern Review [M]. Cambridge, UK: Cambridge University Press, 2007.

[33] 英国领跑低碳经济 [J/OL].《经济》杂志，2013-01-09. http://finance.sina.com.cn/roll/20130109/032014224724.shtml.

[34] 斯特恩报告主笔：5%—20% 与 1% 的博弈 [EB/OL]. 凤凰网. http://finance.ifeng.com/news/opinion/200612/1205_196_43787.shtml.

[35] 世界银行. 世界碳市场发展状况与趋势分析 [M]. 北京：石油工业出版社，2011.

[36] 窦勇，孙峥. 广东省碳排放权交易试点研究 [J]. 中国物价，2015（2）：42-45.

[37] 中山大学低碳科技与经济研究中心，ICIS 安迅思. 广东省碳排放权交易试点分析报告 [R]. 2013-20-14.

[38] 张捷，傅京燕. 广东省生态文明与低碳发展蓝皮书 [M]. 广州：广东人民出版社，2015.

[39] 梁琦，夏北成. 低碳发展理论与实践：以广东省为例 [M]. 北

京：科学出版社，2015.

[40] 杨志，郭兆晖. 低碳经济的由来、现状与运行机制 [J]. 学习与探索，2010 (2)：124-128.

[41] 刘刚. 中国碳交易市场的国际借鉴与发展策略分析 [D]. 吉林大学硕士学位论文，2014.

[42] 徐玢. 欧盟碳排放交易规则的法律制度研究 [D]. 湖南师范大学硕士学位论文，2013.

附　录

一、世界主要低碳环保组织的介绍

（一）绿色和平组织

绿色和平组织简称“绿色和平”（Greenpeace），国际非政府组织。前身是1971年9月15日成立于加拿大“不以举手表决委员会”，1979年改为绿色和平组织，总部设在荷兰阿姆斯特丹。其宣称的使命是：“保护地球、环境及其各种生物的安全及持续性发展，并以行动作出积极的改变。”不论在科研或科技发明方面，提倡有利于环境保护的解决办法。宗旨是促进实现一个更为绿色、和平和可持续发展的未来。

1. 历史背景

绿色和平组织为一国际环保组织，旨在寻求方法，阻止污染，保护自然生物多样性及大气层，以及追求一个无核（核武器）的世界。1971 年，12 名怀有共同梦想的人从加拿大温哥华启航，驶往安奇卡岛（Amchitka），去阻止美国在那里进行的核试验。他们在渔船上挂了一条横幅，上面写着“绿色和平”。尽管在中途遭到美国军方阻拦，他们的行动却得到了舆论和公众的声援。次年，美国放弃在安奇卡岛进行核试验。在此后的 30 多年里，绿色和平组织逐渐发展成为全球最有影响力的环保组织之一，他们继承了创始人勇敢独立的精神，坚信以行动保护地球环境。同时，通过研究、教育和游说工作，推动政府、企业和公众共同寻求环境问题的解决方案。

绿色和平组织在世界环境保护方面已经贡献良多。在其中一些环节更是扮演关键角色：禁止输出有毒物质到发展中国家；阻止商业性捕鲸；制订一项联合国公约，为世界渔业发展提供更好的环境；在南太平洋建立一个禁止捕鲸区；50 年内禁止在南极洲开采矿物；禁止向海洋倾倒放射性物质、工业废物和废弃的采油设备；停止使用大型拖网捕鱼；全面禁止核子武器试验——这是绿色和平最早和永远的目标。

2. 组织性质

国际绿色和平组织由世界各地的分会组成，总部设在荷兰的阿姆斯特丹（Amsterdam），目前有超过 1330 名工作人员，分布在 30 个国家的 43 个分会。主要的人员来自各种领域，使得其诉求与建议更加具有可信度，这些专业人员包括对环境问题本身有研究的专家，在通讯领域的媒体专业人士，在政经单位中的老手，及来自英国与乌克兰两个科学实验室的工作人员等。“绿色和平号”则航行于各国家与地区之间，以凸显地方的环境问题。国际绿色和平组织的宗旨是确保我们的地球得以永久地滋养其成千上万物种。

3. 组织目标

保护物种多样性：避免海洋、陆地、空气与淡水污染及过度利用。

应对核子威胁：促进世界和平，全球裁军及不使用暴力。

4. 改革目标

（1）减少海洋污染

海上倾废不但严重毒害海洋动物及植物，而且污染全球日益减少的海产。20 世纪 90 年代初，大约有 80%—90% 的倾倒废料来自挖掘港口的污染物，其他污染来源包括工业废料、下水道污物、辐射性物质及焚化炉的微粒。10% 的淤泥被重金属污染，这些重金属从陆上流入海里，部分亦来自油轮、工业及家居废物，而且，即使把非污染性物质倒进海里，亦会对海洋生态造成潜在威胁。海洋污染绝对不是采取处理淤泥及其他废物的办法就能消除，一旦海洋生态被损害，将难以恢复到原来面貌。另外组织也在积极地保护鲸鱼，使其免于猎杀。

（2）减少基因工程的危害

绿色和平组织如此忧心道："假如我们现在不立刻行动，制止基因改造，数年之后，我们的大部分食物都将会是经过基因改造的'科学怪物'。"2007 年，在美国的超级市场里已经有上千种含有基因加工成分［genetically engineered（GE）］的产品在架上。绿色和平组织担心这些成分有可能会造成不可挽回的生物性污染，而且可能使我们的健康遭受危害。主流科学界认为这些食物都是经过严密测试的，不仅相对传统食品更安全，而且营养丰富。然而，少数民间科学家认为人类对基因的了解尚且有限，因此，他们认为这种科技充满瑕疵，危机四伏。基因改造生物对环境和人类健康有何影响，人类尚未确知。绿色和平组织相信，对自然环境来说，把任何基因改造生物放在自然环境中培育种植都将引发生态系统无法还原的改变，是极不负责任的行为。

绿色和平组织认为，让基因改造生物在自然环境中生长，会造成无法挽回的影响。这些生物会酿成基因污染，可能对环境造成循环不息、层层递增的人造灾难。任何拥有一种或多种农作物"品种多样化的集中地"的国家都必须立法，禁止引入和栽培基因改造品种。即使是小规模的实地试种也会有新基因扩散的危机，因此应该完全禁止实地试种。玉米粒、马铃薯、番茄和谷粒等食物，木身也是有生命力的种子，能繁殖后代。引入基因改造食品，即使是用来做加工食品或饲料，也会有遗漏或会被再种植的危机。

绿色和平组织认为，一个种植基因改造作物的国家，会不经意或非法把基因改造物质输入邻国。例如，墨西哥是玉米“品种多样化的集中地”，与墨西哥一线之隔的美国栽种了各种基因改造玉米。预料会有大量基因改造玉米以进口、非法进口或花粉传播等形式进入墨西哥，危害玉米的多样化。任何打算栽种基因改造植物的国家都必须事先咨询邻国，并制定措施，防止基因改造植物非法流入“品种多样化的集中地”。每个国家和国际间都必须立即制定措施，遏止基因侵蚀，保存全球的农作物品种多样化，让各类品种在原有的地区和文化背景下生长。

对于基因改造生物会对自然环境造成无法挽回的影响的观点，主流科学界表示反对。他们指出，这种说法是没有根据的。根据 Giba2Geigy 公司的 Goy 和 Pioneer H，2B red 公司的 D uesing 的定义和方法，对 1993 年前在欧洲进行的 391 次转基因作物大田试验做了分析，得出了如下的结论：在 391 次大田试验中，91% 的试验对环境无潜在影响，如果有也是最小的，而余下的 9% 的试验对环境只有低的潜在影响。因此，基因改造生物并不会对自然环境造成损害生物多样性的影响。

（3）减少有毒物质的污染

现代社会的经济往往由消费带动，在这个消费主义高涨的年代，过度消费必然为社会带来庞大的废弃物，这是不可忽视的问题。

废物焚化是产生空气中二恶英和重金属的主要来源。二恶英已证实为致癌物质，严重地影响人体的免疫系统、生殖系统，干扰激素分泌。它还可经空气散播进入食物链当中。事实上，90% 的二恶英均是经食物例如肉类、乳品、鸡蛋及鲜鱼等进入人体的。二恶英会积聚在人体脂肪及女性的乳房内，经母乳轻易传给婴孩，严重威胁婴孩健康。而且废物焚化是一种成本昂贵而缺乏社会效益的废弃物处理方法。兴建费用以数十亿计，每年营运成本很高，运作后将大量吸纳废弃物，包括有回收价值的可造物，浪费珍贵资源。绿色和平组织促请各国政府立即取消兴建焚化炉的计划，全力推行废物循环回收系统，落实可持续发展的承诺。

（4）保护原始森林

地球上森林能吸收二氧化碳，产生氧气，固定泥土，调和气候，平衡水的循环系统，并且提供动物和植物一个相当理想的栖息处。然而，过去40年来，地球上近半的原始森林，约30亿公顷面积，已被破坏；余下的只有20%未受人类打扰。原始森林蕴含着丰富的生物资源，对于生态平衡具有极重要的作用。丧失宝贵的原始森林，便等如失去了优美的自然环境、未来经济发展的机会，以及与我们人类世代为友的动物；再甚者是会引至全球的气候变化，到时地球环境将进入不可逆转的恶性循环之中。

根据世界资源中心显示，全球有4330亿吨的碳储存于原始森林内——如果以现今化石燃料的消耗为指标，这个数量远超过过去68年因燃烧化石燃料所释放出来的二氧化碳总量。如果森林减少，将导致全球暖化，两极冰块融化，海平面上升（大洋洲许多岛国的国土面积已经因此大幅减少，甚至到了要移民的地步）。然而，大多数人仍未认识到这个问题的严重性，如今每两秒便有相当于一个球场般大的森林被砍伐，倘若我们再不节省用纸，采用环保木制品，我们的地球将面临无法挽救的环境问题。

（5）不要战争

绿色和平组织反对战争，支持以非暴力途径化解冲突，并主张消除任何国家拥有的所有大杀伤性武器。从1971年建立以来，绿色和平组织就一直尽力阻止各式的核子武器研发以及使用，而至今也继续朝着零核的方向迈进。

（6）废弃物管理

世界各国，无论先进与否，都面临着如何“可持续发展”的问题。其中一项议题就是如何妥善处理废弃物。大部分废弃物的前身就是地球上有限的资源。近百年来，西方国家的发展模式都是以过度消耗地球资源为主。这种生活方式在短期内是不可能有大的改变的，但令人忧心的是亚洲等发展中国家也渐渐走上了高消耗的路子。这不禁让人忧虑：像这样浪费资源的生活，即使富有，又能存在多久？

（二）世界自然基金会

世界自然基金会（World Wide Fund For Nature）是在全球享有盛誉的、最大的独立性非政府环境保护组织之一，自1961年成立以来，世界自然基金会一直致力于环保事业，在全世界拥有将近520万名支持者和一个在100多个国家活跃着的网络。

成立时间：从1961年成立以来，世界自然基金会在6大洲的153个国家发起或完成了约12000个环保项目。世界自然基金会通过一个由27个国家级会员、21个项目办公室及5个附属会员组织组成的全球性的网络，在北美洲、欧洲、亚太地区及非洲开展工作。

组织宗旨：保护世界生物多样性；确保可再生自然资源的可持续利用；推动降低污染和减少浪费性的消费行为。

截至2009年，世界自然基金会共资助中国开展了100多个重大项目，投入总额超过3亿元人民币。

世界自然基金会在中国的工作始于1980年的大熊猫及其栖息地的保护，是第一个受中国政府邀请来华开展保护工作的国际非政府组织。

1996年，世界自然基金会正式成立北京办事处，此后陆续在全国8个城市建立了办公室。发展至今，办事处共拥有120多名员工，项目领域也由大熊猫保护扩大到物种保护、淡水和海洋生态系统保护与可持续利用、森林保护与可持续经营、可持续发展教育、气候变化与能源、野生物贸易、科学发展与国际政策等领域。

自从1996年成立北京办事处以来，世界自然基金会共资助开展了100多个重大项目，投入总额超过3亿元人民币。

世界自然基金会的使命是遏止地球自然环境的恶化，创造人类与自然和谐相处的美好未来。

(三) 全球环境基金 (GEF)

全球环境基金成立于1991年10月，最初是世界银行的一项支持全球环境保护和促进环境可持续发展的10亿美元试点项目。全球环境基金的任务是为弥补将一个具有国家效益的项目转变为具有全球环境效益的项目过程中产生的“增量”或附加成本，提供新的额外赠款和优惠资助。作为重组的一部分，全球环境基金受托成为《联合国生物多样性公约》和《联合国气候变化框架公约》的资金机制。全球环境基金与《关于消耗臭氧层物质的维也纳公约》的《蒙特利尔议定书》下的多边基金互为补充，为俄罗斯联邦及东欧和中亚的一些国家的项目提供资助，使其逐步淘汰对臭氧层有损耗作用的化学物质的使用。

1. 重点领域

全球环境基金的工作主要集中在生物多样性。生物多样性的定义是“所有来源的活的生物体中的多样性，除其他之外，这些来源包括陆地、海洋和其他水生生态系统及其所构成的生态综合体；包括物种内、物种之间和生态系统的多样性”。简而言之，它可以被描述为“地球上生命的多样性”。

2. 保护的重要性

生物多样性正遭受严重威胁。减少和防止生物多样性的进一步丧失被认为是人类最严峻的挑战之一。在“全球产品”管理方面，在世界面临的所有问题中，生物多样性的丧失是不可逆转的。

千年生态系统评估确定了生物多样性丧失，以及生态系统产品和服务退化最重要的直接驱动因素：栖息地变化、气候变化、外来物种入侵、过度开采和污染。这些要素受到一系列驱变因素的间接影响，其中包括治理、制度和法律框架、科学技术。

全球环境基金支持的项目能够控制生物多样性丧失的关键驱动因素，这些项目最有可能利用机会实现可持续的生物多样性保护。在全球环境基金的投资组合中，约36%为生物多样性项目，是该机构内最大的投资组合。

3. 生物多样性重点领域战略

（1）气候变化（减缓与适应）

《联合国气候变化框架公约》（UNFCCC）将气候变化定义为："经过相当一段时间的观察，在自然气候变化之外由人类活动直接或间接地改变全球大气组成所导致的气候改变。"

人类活动导致的温室气体（GHGs）排放，并因此造成气候变化，这是一个关键的全球性问题，需要采取大规模行动。这些行动包括通过投资来减少温室气体排放和对气候变化的适应（包括变化性）。气候变化的早期影响已经出现，而且科学家认为进一步的影响是不可避免的。发展中国家最贫困的人民将不合比例地承担气候变化造成的许多最严重的负面影响。

（2）实现《联合国气候变化框架公约》的目标

在气候变化方面，全球环境基金项目帮助发展中国家和经济转型国家为实现《联合国气候变化框架公约》的最终目标做出贡献，即"将大气中温室气体的浓度稳定在防止气候系统受到危险的人为干扰的水平上。这一水平应当在足以使生态系统能够自然地适应气候变化、确保粮食生产免受威胁并使经济发展能够可持续地进行的时间范围内实现"（来自《联合国气候变化框架公约》正文，第2条）。

4. 全球环境基金支持的项目

减缓气候变化：在如下领域减少或避免温室气体排放——可再生能源；能源效率；可持续交通；土地利用、土地利用变化和林业的管理

（LULUCF）。

适应气候变化：旨在通过在发展政策、规划、计划、项目和行动中促进迅捷和长期的适应措施，使发展中国家具备适应气候变化的能力。

作为《联合国气候变化框架公约》的资金机制，全球环境基金每年为以下领域的项目配备并支付数亿美元：能源效率、可再生能源、可持续的城市交通和土地利用、土地利用变化和林业的可持续管理。全球环境基金同时管理《联合国气候变化框架公约》下两个聚焦适应性的独立基金——最不发达国家基金（LDCF）和气候变化特别基金（SCCF），二者专门用于为与适应有关的活动调动资金，而且后者也适用于技术转让。

全球环境基金帮助发展中国家开展“双赢”项目，不仅能减少温室气体的排放，也为当地经济及其环境条件创造效益。全球环境基金计划着眼长远，通过促进市场更加高效地运作，转变现有碳密集型技术，从而实现发展中国家能源市场转型。

（四）国际地球之友

国际地球之友（Friends of the Earth International，FOEI）是一个国际间 70 余国环保组织组成的网络，如英国地球之友、韩国环境保护运动联盟、德国环境与自然保护联盟等。国际地球之友拥有一个小型秘书处，位于阿姆斯特丹，协助此联盟体系运作与协调共同行动。执行委员会乃由各成员团体选出，参与制订政策并审查秘书处工作。

国际地球之友是一个“邦联制”的联盟团体，每个国家都有自己独立的组织，并透过竞选，将权利分配至各自治机构的全球网络。国际地球之友最早的成员都集中在北美和欧洲，直到现在，其成员已包括了很多发展中国家的地球之友联盟组织。国际地球之友的网络相对于其他联盟，较为松散，其成员团体多是在各国已经成立的环保团体，为了与国际联结而加入国际地球之友体系，因此偏重独立运作，偶尔在行动、研究与会议上进行合作。也因为如此，各国地球之友成员拥有草根特性，能发挥区域整合的力量。

国际地球之友的愿景为建立一个和平的、可持续发展的世界，使人们能够与自然和谐相处。其宗旨包含下列六点：

1. 携手确保环境与社会正义、人类尊严，并尊重人权与人类拥有安全永续社会之权利。

2. 停止与逆转环境之弱化与自然资源之损耗，培育地球的生态与文化多样性，确保永续的生计。

3. 保障原住民、地方社区、女性、团体与个人的赋权，并确保决策的公共参与。

4. 以有创意的途径与方式，朝向社会永续与平等方向进行转变。

5. 投入活跃的行动，唤起意识、鼓励民众并与不同的运动组成联盟，联结草根、国家与全球的抗争。

6. 激励彼此，利用、强化并补充彼此的能力，共度变迁，期望能团结合作。

（五）世界环保组织（IUCN）

世界环保组织全名为International Union for Conservation of Nature and Natural Resources，缩写为IUCN。该组织历史悠久，1948年即在瑞士格兰德成立，是政府及非政府机构都能参与合作的少数几个国际组织之一。由全球81个国家、120个政府组织、超过800个非政府组织、10000个专家及科学家组成，该组织共有181个成员国，实际工作人员已超过8500名。组织每3年召开一次世界自然保护大会（World Conservation Congress）。世界环保组织旨在影响、鼓励及协助全球各地的社会，保护自然的完整性与多样性，并确保在使用自然资源上的公平性，及生态上的可持续发展。

二、广东企业低碳发展的案例

(一) 广东蒙娜丽莎集团

位于佛山市南海区西樵镇太平工业区的广东蒙娜丽莎新型材料集团有限公司，是一家大型陶瓷企业。该公司董事张旗康告诉《南方日报》记者，广东地区建筑陶瓷企业能源消耗主要以原煤、电力、柴油等为主。

众所周知的是，对于佛山陶瓷企业来说，节能减排可以说是一道越来越紧的"箍"。而在此之前，大家手执订单拼命赶生产，燃料是否燃烧充分，有多少热量随废气排向天空，有多少陶泥被雨水带进下水道，根本没人关心。

为实施节能降耗，广东蒙娜丽莎集团积极响应佛山市关于陶瓷产业整治提升的战略部署，先后投入 1 亿多元科研经费，率先在国内研制开发出薄瓷板、轻质无机多孔板两项产品，通过工艺技术实现节能降耗；同时通过管理节能，要求在每一道工序上实现节能降耗。

蒙娜丽莎集团适应政府节能减排的压力，中国加入世贸以后，潜规则肯定会越来越少，而规则肯定会越来越多，节能减排就是这样一种新的游戏规则，企业要发展，首先要认清这种"势"，顺势而为提升自身的素质水平。

蒙娜丽莎集团 2008 年共投入 4600 万元用于西樵总部的综合整治，其中 1500 万元用于厂容厂貌改造，另外 3100 万元全部用于节能降耗、治理污染的技术改造。

蒙娜丽莎集团面积巨大的原料堆场，原来是露天的，一到下雨天，至少 3% 的陶泥被雨水带进下水道，现在加盖屋顶，改为封闭式。"别小看这 3%。以每年消耗 50 万吨陶泥、每吨 70 元计算，一年可节省 105 万元。"

喷雾塔排出的高温废气，以前直接排向天空，现在被用来给水加热，热水又被输到球磨机。对比以往使用冷水时，球磨机的工作效率显著提高。研磨一定量的原料，以前需要 14 个小时，现在只需 11 个小时，球磨机因此节省了 3 个小时的电耗。

类似的节能降耗减排措施还有不少。比如：窑炉燃烧系统通过改造实现节能 11%；窑炉余热被循环用于瓷砖干燥；喷雾塔改造，不仅实现粉尘的回收利用，还大大降低了空气污染。

事实上，根据华南理工大学材料学院副院长吴建青的研究，在陶瓷生产的各个主要工序都存在节能降耗的空间，甚至有超过 50% 的节能潜力。

几千万的技改投入，不可能在一两年内收回成本，这也是不少陶企不愿意加大环保投入的重要原因。现今消费需求下滑，企业更是不敢投资。然而，节能减排不仅是应对当前困局的应急行为，更是提升企业综合竞争力的长期投资。“活下去，是企业过冬最好的战略。‘储粮过冬’，减少长线投资，成为行业共识。但即使今年能挨过去，明年怎么办？后年怎么办？企业应该思考如何利用这样一个阶段进行调整提升，把根基打好。”

陶瓷企业要做到节能减排，并不只有生产工序的改造挖潜这一手段，产品的创新同样大有可为，而且意义更为深远。

“为什么国际能源价格上涨等各种因素并没有打败意大利、西班牙的陶瓷企业，反而他们活得越来越好呢？”张旗康认为，原因就在于这些企业不断自我提升，不断进行研发创新。

实际上，目前国内很多陶瓷企业都开始充分认识到这一点，但重点多放在瓷片表面的花色、图案的创新上，而蒙娜丽莎公司则在 2006 年初开始，就另辟蹊径，把产品的创新与节能减排结合起来，把重点放在结构创新上，投入 4500 万元，研发大规格超薄瓷质板材。

2007 年 3 月，蒙娜丽莎陶瓷公司研发的超薄瓷板通过了当时的国家建设部组织的建设行业科技成果评估。根据测试，与同等面积的传统陶瓷相比，超薄瓷板节约材料 75%，综合能源节约 59%，减少酸雨物质（二氧化硫以及温室气体）排放 69%。

对于中国陶瓷行业来说，这可以说是一场革命。按照有关专家估算，未来国内即使只有 10% 的超薄瓷质板取代传统产量，也可以少用柴油 40 万吨以上，少用电 8 亿度以上。

正因为这样，这一项目被纳入了国家“十一五”重大科技支撑项目，蒙娜丽莎公司也代表行业起草了建筑陶瓷薄板产品质量国家标准以及建筑陶瓷薄板施工技术规范国家行业标准。

（二）广州石化

广州石化坐落于广州黄埔的中国石化集团广州石油化工总厂，是华南地区现代化特大型石油化工联合企业。根据中国石化集团公司整体重组改制的要求，广州石化总厂正式分立为中国石化集团广州石油化工总厂和中国石油化工股份有限公司广州分公司。

广州石化总厂原油一次加工能力在770万吨/年，年生产乙烯15万吨，拥有10.5万千瓦装机容量的自备热电站、年接卸原油1200万吨的广州石化码头等生产辅助设施和市场营销、设计科研、检修安装系统。产品有无铅汽油系列、柴油、航空煤油、液化石油气、道路沥青、石油焦、聚乙烯、聚丙烯、聚苯乙烯、聚丙烯薄膜等60多种。

在广州石化三季度HSE管理委员会扩大会议上，安全环保部部长刘忠表示："7月份，广州石化动力锅炉环保预警次数为零，充分说明管理、治理双管齐下的做法已经收到成效。"

为适应国家节能减排机制建设，加强环境污染治理，广州石化实施环保再升级，液化气装置开工、产量暂不受影响。国家"十二五规划"明确提出了节能减排的目标，即到2015年，单位GDP二氧化碳排放降低17%；单位GDP能耗下降16%；非化石能源占一次能源消费比重提高3.1个百分点，从8.3%上升到11.4%；主要污染物排放总量减少8%—10%的目标。国务院发布的《节能减排"十二五"规划》，对有关领域、行业的节能减排提出了明确的任务和要求，侧重于重点行业和重点领域节能减排措施的细化和目标的量化，确定了5个方面的主要污染物减排重点工程。为确保实现2012年节能减排目标、推进绿色低碳发展，并为实现"十二五"目标奠定良好基础，下一步，将进一步加大工作力度，深入推进节能减排和应对气候变化各项工作。

随着国家《火电厂大气污染物排放标准》的出台，广州石化主动自我加压，通过管理和治理双管齐下，动力锅炉污染物排放大幅削减，环保预警次数不断下降，使节能减排做到实处。2014 年上半年，烟气二氧化硫、氮氧化物、烟尘排放总量较上一年同期分别降低 55%、15%、57%。

为做好动力系统减排工作，广州石化从 2013 年开始，对动力锅炉实施环保升级改造。通过布袋升级改造，消石灰现场制备，SNCR、COA 等深度脱硫脱硝除尘改造等，主要参数不仅满足了国家 2014 年 7 月 1 日实行的锅炉特别排放限值要求，两台 CFB 锅炉更是提前达到了广州市提出的“超洁净排放”标准。（所谓“超洁净排放”，就是通过脱硫、脱硝和降尘等技术，使燃煤电厂的排放标准达到天然气的水平。）

在升级改造的同时，广州石化不断加大管理力度，从 2013 年起实施严于政府排放标准的环保预警体系，启动公司级和作业部两级环保预警，将环保排放指标层层分解落实，只要排放超预警值，第一时间用短信发送至管理人员和主管领导，及时处理；此外，广州石化充分利用在线监控系统，每日在线监控锅炉烟气排放情况，排放异常及时跟踪；每周对排放指标进行统计分析，为生产安排提供参考；每月对预警信息进行整理分析，严格管理，严格考核。

（三）广东荣文照明集团有限公司

广东荣文照明集团有限公司创始于 1988 年，是集产品研发、生产制造、城市照明规划、产品销售、工程管理及节能服务为一体的综合型集团公司，是国内路灯照明领域的领军企业。

20 余年来，公司一直致力于领先节能技术在路灯照明领域的应用，自主创新研发的技术及专利多达上百种，在国内同行业居于领先地位。荣文集团更是全球网络技术领导者美国埃施朗（Echelon）公司和全球领先路灯系统管理软件供应商法国 SLV（Streetlight.Vision）公司在智能路灯控制系统领域的国内唯一合作合伙，三方强强联手就路灯照明节能技术研发展开精诚合作，共同研发成功具有国际领先水平的路灯智能控制系统，是国内首家成功将最前端物联网技术应用于路灯照明控制，并承担更多的智慧城市管理职能。

据荣文集团李志雄总经理介绍，2006 年起，面临诸多发展瓶颈的荣文集团开始了从灯具代理、照明工程建设向“按需照明”智能路灯转型的探索。从2008年开始，荣文集团与美国埃施朗和法国SLV公司就智能路灯项目达成战略合作关系。经过两年技术攻坚，2010年6月，荣文集团在东莞长安镇首次实现了“物联网智能路灯控制系统”大规模应用。

国际领先水平的荣文“智能路灯控制系统”，集硬件、系统、服务和优化管理为一体，完美结合物联网技术与节能技术，使路灯由传统粗放管理模式向智慧管理模式转型升级，大幅节省电力资源，提升路灯管理水平，节省维护成本，并兼容超级钠灯、白光钠灯、LED三种光源，实现了针对不同城市道路照明的节能增效解决方案，还能适时扩展环境监测、道路监控众多物联网应用的“智慧城市”管理服务。

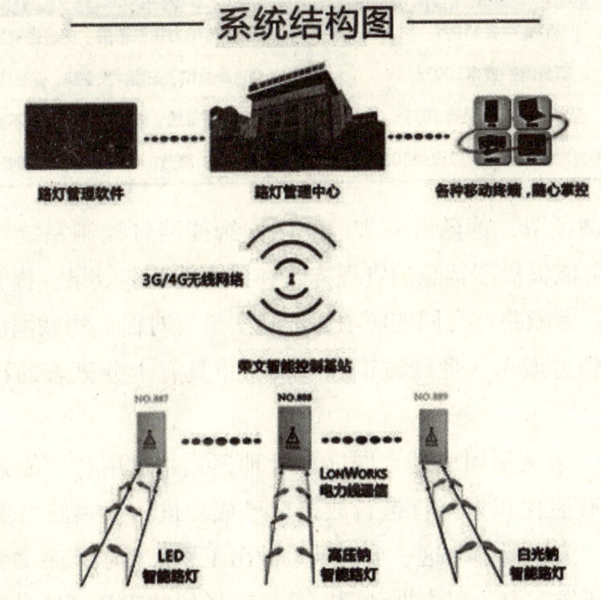

应用物联网技术在路灯电子镇流器中安装智能芯片，为每一盏路灯进行命名识别，使用LonWorks电力线通信技术将它们连成可控的路灯网络，然后利用i.LON智能服务器，收集智能芯片中路灯数据并加以处理，再借助无线网络（GPRS/CDMA/3G/4G）与路灯管理中心通信，最后通过路灯智慧管理软件，实现对每一盏路灯的控制、实时监控、故障预警、能耗分析等“按需照明”智慧管理。据估算，改造后每一万盏路灯每年

带来：

方案优势

超节能	维护省	易执行	可扩展
保证亮度提升10%以上和亮灯率不低于98%为前提节能60%，每一万盏路灯年节电约720万千瓦，折合标准煤2500吨；	节省40%维护成本，提高路灯管理水平和运行效率，延长灯具使用寿命，每一万盏路灯年节省维护费约100万元。	施工简单快捷，改造无需布线，只需更换灯具及在配电柜内加装智能控制基站。	使用开放、符合国际标准的技术，兼容扩展性能卓越，为后期设备升级和智慧城市的建设打下了坚实基础。

方案效益

直接经济效益约1000万元	间接经济效益达1亿元
节省电费650万	缓解城市电力紧张矛盾，促进经济发展
节省维护成本100万	降低交通事故和治安案件发生率，促进社会和谐
延长灯具寿命节省50万	改造无需布线，施工简单快捷，不扰民
城市智慧管理服务业务收益200万	提供优质、高效、低成本的管理服务平台

实际案例证明，伴随着荣文“物联网智能路灯控制系统”的稳定运行，为路灯节能提供了智慧的管理方式和显著的节能效果，提升管理水平和工作效率，保障路灯合同能源项目成功实施，对促进物联网应用，节能减排，建设智慧城市、低碳城市和幸福城市具有十分显著的社会及经济效益。

2009 年，荣文集团引进合同能源管理模式，运用各项能效显著的节能技术对现有能耗较大路灯进行改造，已成功进行众多路灯照明节能改造，为国家“节能减排”这一重大国策做出了积极贡献。荣文集团以卓越的节能科技研发实力，竭力推动照明节能市场的健康及良性发展，为创造一个绿色、低碳、和谐美好的城市人居环境而不懈努力。

荣文集团采取行之有效的互惠互利的商业模式——合同能源管理模式，在不需政府掏钱的合作基础上，第一个项目是成功升级改造了长安镇锦厦社区路灯，节能 55%，且照明效果比该镇区其他道路上要亮得多，这是在原有的线路上进行的升级改造，仅仅是更换和安装了拥有自主知识产权的 LED 节能路灯及其控制系统，没有再次挖沟破土再埋线路的工程，减少了工程费用的支出，既为政府分了忧，也不扰民。“我们的合同能源管理模式，为客户提供了城市路灯‘按需照明’智慧管理及节能服务全面解决方案。提供‘零投资、共收益’的路灯改造及一站式服务，在对路灯系统进行智能化节能改造时，不用地方政府掏一分钱，我们做路灯更换与维护，然后以当月电费为基准，与有关部门 9∶1 分成。”因为“节省的这笔电费相当可观，每一万盏路灯一年仅维护费即可节约 100 万元左右”。李总强调“荣文路灯的节能绝非以牺牲亮度为代价，而是以保证亮度提升 10% 以上和亮灯率不低于 98% 为前提”。

中国工程院院士邬贺铨对此评价：物联网智能路灯控制系统通过路灯管理软件，实现对每一盏路灯的远程单灯控制、实时监控、故障预警、能耗分析等“按需照明”智慧管理，实现了节能的目的，并取得了很好的效益。经过这十多年的研究开发，荣文集团目前成功打造了国内最专业的城市绿色照明物联网解决方案，基于合同能源管理（EMC），通过打造一个统一平台，设立城市路灯数据中心，构建路灯基础网络，将环境、气候多种动态应用融为一体，达到平台能力及应用的可扩展，创造面向未来的智慧城市系统架，成功推出了尘雾感应、雨天感应 LED 路灯等智能化路灯，解决了大雾、雾霾、雨天等光线不足，自动调节亮度，减轻短视的现象，而路灯漏电报警系统、紧急救助系统等应急服务管理系统，人性化解决了漏电滞后知晓和故障灯盏的快速更换。荣文集团在省内广州、佛山、珠海，浙江宁波市，湖北武汉，山西等均有分公司，并且在这些地区均进行了 LED 节能路灯升级改造，节能均在 60% 以上，节能的电量换算成标准煤达 10 万吨以上，减少二氧化碳当量在 20 万吨以上。

荣文集团一直在创新中，其技术先进性堪称世界领先。控制中心可监控每盏路灯的运行情况，并进行远程诊断，在路灯出现隐患时就能介入处理，尘雾感应、雨天感应技术相继推出，灯漏电报警系统、紧急救助系统等智能化管理与服务，更是服务社会、便利百姓。

三、欧盟与英国碳排放贸易的主要政策文件

欧盟的碳排放“上限—贸易”体系（EU-ETS）始于2003年的立法（见表1）。《排放贸易指令》（2003/87/EC）以法律形式规定了碳排放物权，即“欧盟排放许可”（European Union Allowance，EUA，1个EUA为1t－CO_2e）。通过国家分配方案（National Allocation Plan）为各成员国及固定排放源设施设定排放权上限（即EUA数量）。EUA可以在各国内部以及欧盟范围内，由政府、企业、公司和个人等进行自由交易，以达到遵约目的。

EU-ETS目前覆盖30个欧洲国家（包括27个欧盟成员国），电力、水泥、钢铁和造纸等高能耗行业的CO_2排放受到管制，排放量占欧盟温室气体排放总量的44%左右。2012年航空部门CO_2排放也将纳入EU-ETS管制。EU-ETS的具体内容和实施阶段见表1和表2。

表1　欧盟碳排放贸易主要法律文件

颁布时间	法律文件名称	主要内容
2003年10月25日	《指令2003/87/EC》	立法建立欧盟范围的排放贸易体系，全称《建立欧盟温室气体排放许可贸易体系并修订欧盟议会指令》（96/61/EC），包括前言、正文33个条款和5个附件3大部分
2004年10月27日	《指令2004/101/EC》	加入了关于将《京都议定书》中的项目机制纳入EU-ETS体系中的内容
2004年12月	《指令280/2004/EC》及《指令2216/2004/EC》	全称为《关于标准、安全的注册登记系统的规定》，主要内容是建立国家电子登记注册系统以记录和跟踪EUA的签发、持有、转让和注册
2008年11月19日	《指令2008/101/EC》	将航空业正式纳入EU-ETS，规定从2012年起航空排放纳入排放贸易体系，覆盖所有进出欧盟和欧盟内部的航班，任何国家的航空公司的航班都将受到排放贸易体系的管制
2009年4月23日	《指令2009/29/EC》	进一步改进和延伸EU-ETS交易体系，包括制定第三阶段配额上限和配额拍卖等

表2 欧盟排放贸易体系主要内容

	目标	排放许可上限	覆盖范围
一期（2005—2007年）	实验阶段，检验EU-ETS的制度设计，建立基础设施和碳市场	22.9亿t/a，由各成员提交国家分配方案（NAP），经欧盟委员会批准后确定配额总量，至少95%应免费发放	CO_2气体、20MW以上燃烧装置，约有至11000多个工业设施，包括发电厂、炼油厂、焦炉、钢铁厂、水泥厂、玻璃厂等
二期（2008—2012年）	履行《京都议定书》的减排目标	20.8亿t/a，由各成员国提交国家分配方案（NAP）并经欧盟委员会批准，至少90%应免费发放	同上
三期（2013—2020年）	2020年排放比2005年降低21%	2013年为19.74亿t/a，以后每年下降1.74%，到2020年降至17.2亿t/a，取消NAP，由欧盟确定总量，超过50%的配额拍卖	扩大到化工、合成氨和炼铝等部门，N_2O、PFCs等其他温室气体被纳入

四、国家低碳发展的主要政策文件

中国应对气候变化的政策与行动 2015 年度报告

国家发展和改革委员会

二〇一五年十一月

前言

气候变化是当今人类社会面临的共同挑战。中国是全球最大的发展中国家，人口众多，地形地貌条件复杂多样，经济发展中的不平衡、不协调、不可持续的问题依然突出，极易遭受气候变化不利影响。积极应对气候变化，既是中国广泛参与全球治理、构建人类命运共同体的责任担当，更是我们实现可持续发展的内在要求。

2014 年以来，中国在应对气候变化各个领域积极采取措施，取得显著成效。发布《国家应对气候变化规划（2014—2020 年）》，提出了中国 2020 年前应对气候变化主要目标和重点任务。向联合国气候变化框架公约秘书处提交了中国国家自主决定贡献文件，明确了中国二氧化碳排放 2030 年左右达到峰值并力争尽早达峰等一系列目标，并提出了确保实现目标的政策措施。通过调整产业结构、节能与提高能效、优化能源结构、控制非能源活动温室气体排放、增加森林碳汇等举措，努力控制温室气体排放，2014 年单位 GDP 二氧化碳排放同比下降了 6.2%，比 2010 年累计下降 15.8%，完成了“十二五”碳强度下降目标的 92.3%。通过农业、水资源、林业及生态系统、海岸带和相关海域、人体健康等领域的积极行动，减少气候变化不利影响，提升适应气候变化能力。与此同时，积极推动气候变化国际交流与合作，分别与美国、欧盟、英国、印度和巴西发表了气候变化联合声明，筹建气候变化南南合作基金围绕 2015 年巴黎协议及后续制度建设，积极建设性参与气候变化国际谈判。

为使各方面全面了解 2014 年以来中国在应对气候变化方面采取的政策与行动及取得的成效，特编写本年度报告。

一、减缓气候变化

2014 年以来，中国政府围绕“十二五”应对气候变化目标和任务，通过调整产业结构、节能与提高能效、优化能源结构、控制非能源活动温室气体排放、增加森林碳汇等，在减缓气候变化方面取得了积极成效。

（一）调整产业结构

推动传统产业改造升级。2014 年以来，国家发展改革委、工业和信息化部等有关部门，印发了《重大环保技术装备与产品产业化工程实施方案》、《关于部分产能严重过剩行业在建项目产能置换有关事项的通知》、《2014 年工业绿色发展专项行动实施方案》等以促进关键传统产业升级。2015 年 5 月，国务院公布《中国制造 2025》，提出要把中国建设成为引领世界制造业发展的制造强国，并提出 9 大任务、10 大重点领域和 5 项重大工程。2014 年全年淘汰落后火电机组 485.8 万千瓦，淘汰落后炼钢产能 3110 万吨、水泥（熟料及粉磨能力）8700 万吨、平板玻璃 3760 万重量箱，圆满完成政府工作报告确定的目标。2011 年至 2014 年，累计淘汰落后炼钢产能 7700 万吨、水泥（熟料及粉磨能力）6 亿吨、平板玻璃 1.5 亿重量箱，提前一年完成“十二五”淘汰落后产能任务。

加快推动战略性新兴产业发展。2015 年 4 月，国家发展改革委印发了《战略性新兴产业专项债券发行指引》的通知，加大企业债券对培育和发展战略性新兴产业的支持力度。2015 年 8 月，国务院批准筹备设立国家新兴产业创业投资引导基金，总规模为 400 亿元人民币，重点支持处于起步阶段的创新型企业。工业和信息化部先后印发了《关于进一步优化光伏企业兼并重组市场环境的意见》、《2015 年原材料工业转型发展工作要点》，启动实施智能制造试点示范专项行动。

大力发展服务业。2014 年 8 月，国务院印发《关于加快发展生产性服务业促进产业结构调整升级的指导意见》，首次对生产性服务业发展做出全面部署，提出要加速软件和信息技术服务、工业设计、现代物流等生产型服务业发展。2015 年《政府工作报告》中首次提出“互联网 +”行动计划，切实推进信息化和工业化深度融合。截至 2014 年底，全国信息消费规模达到 2.8 万亿元，增长 18%；电子商务交易额达到 12 万亿元，增长 20%；电信业、软件和信息技术服务业、互联网行业收入分别增长 4%、20% 和 50%。服务贸易快速发展，2015 年 1—8 月份，服务进出口总额（不含政府服务）达 4327.5 亿美元，同比增长 15.2%。

经过各方努力，中国产业结构不断优化，截至 2014 年底，三次产业结构优化为 9.2%：42.6%：48.2%，相比较 2013 年的 10%：43.9%：46.1% 有了明显改善，产业结构调整对碳强度下降目标完成的贡献度越来越大。

（二）节能与提高能效

强化节能管理及考核。2014 年 5 月，国务院印发了《2014—2015 年节能减排低碳发展行动方案》，全面安排部署了 2014 年及 2015 年节能减排降碳工作。国家发展改革委发布《进一步加大节能工作力度确保完成“十二五”节能目标任务的通知》，会同有关部门对全国 31 个省（区、市）2013 年度节能和控制能源消费总量目标完成和措施落实情况进行了现场考核。开展项目节能评估审查，2014 年共完成节能评估审查项目 320 个，审查项目合计年综合能耗量约 2900 万吨标准煤，从源头核减不合理能源消费量约 150 万吨标准煤。

加快实施节能重点工程。继续安排中央预算内资金支持节能项目。2014 年，安排中央预算内资金 13 亿元，支持了 617 个节能技术改造及产业化项目和节能监察机构能力建设项目，年可实现节能能力 268 万吨标准煤。

进一步完善节能标准标识。国家发展改革委、质检总局和国家标准委等全力推进实施“百项能效标准推进工程”，截至 2015 年 9 月，共发布强制性能耗限额标准105项，强制性产品能效标准70项。质检总局组织开展节能产品惠民工程相关产品能效标识专项执法检查行动。

推广节能技术与产品。2014年，国家发展改革委印发《节能低碳技术推广管理暂行办法》、《国家重点节能低碳技术推广目录（2014年本）》，加快节能低碳技术进步和推广普及。继续实施节能产品惠民工程，发布第一批及第二批节能环保汽车推广目录和第六批高效节能电机推广目录，以财政补贴方式推广节能灯1亿只。印发《能效“领跑者”制度实施方案》、《“能效之星”产品目录》和《节能机电设备（产品）推荐目录》。

大力发展循环经济。一是加强宏观指导，国家发展改革委制定印发了《2015年循环经济推进计划》，完成国家两批循环经济示范试点验收。二是继续推动循环经济示范试点，组织开展了2015年园区循环化改造示范试点、国家“城市矿产”示范基地和餐厨废弃物资源化利用和无害化处理试点城市的评审，确定了25个园区循环化改造示范试点，4个“城市矿产”示范基地和17个餐厨废弃物资源化利用和无害化处理试点城市。开展了再制造产品“以旧换再”试点，确定了10个推广试点单位，对购买公告内再制造产品并交回再制造旧件的消费者进行补贴。实施再制造产品认定，公告发布4批《再制造产品目录》，总计包括27家企业95种再制造产品，进一步引导了再制造产品消费。2014年，我国累计回收各类再生资源2.45亿吨，与利用原生材料相比，相当于节能2亿吨煤。三是完善配套政策制度，国家发展改革委等部门印发了《关于促进生产过程协同资源化处理城市及产业废弃物工作的意见》、《重要资源循环利用工程（技术推广及装备产业化）实施方案》，促进城市及产业废弃物的无害化处置、资源化利用，提升我国相关领域的技术装备水平。正在研究制定《电动汽车动力蓄电池回收利用技术政策》。

推进建筑领域节能。修订《公共建筑节能设计标准》，全国城镇新建建筑全面执行节能强制性标准，2014年新增节能建筑面积16.6亿平方米，可形成1500万吨标准煤的节能能力；全国城镇累计建成节能建筑面积105亿平方米，约占城镇民用建筑面积的38%，可形成1亿吨标准煤节能能力。积极发展绿色建筑，修订《绿色建筑评价标准》，制定发布《绿色商店建筑评价标准》，北京、重庆、江苏、浙江、深圳等地开始在城镇新建民用建筑中强制执行绿色建筑标准，累计强制推广绿色建筑面积近4亿平方米；截至2015年6月底，全国共有3241个项目获得绿色建筑评价标识，总建筑面积超过3.7亿平方米。深入推动北方采暖地区既有居住建筑供热计量及节能改造，2014年共完成改造面积2.1亿平方米，"十二五"前4年累计完成改造面积8.3亿平方米，超额完成国务院下达的"十二五"期间7亿平方米的改造任务。积极推进可再生能源建筑应用，通过建设可再生能源建筑应用示范市县等，截至2014年底，全国城镇太阳能光热应用面积27亿平方米，浅层地能应用面积4.6亿平方米，太阳能光电建筑装机容量达到2500兆瓦。为推动建筑产业化发展，住房城乡建设部印发《关于推进建筑业发展和改革的若干意见》。

推进交通领域节能。2014年，交通运输部印发《2014年交通运输行业节能减排工作要点》，发布《交通运输节能减排项目节能减排量和节能减排投资额核算细则（2014年版）》。开展绿色循环低碳交通制度框架设计，发布绿色交通省份、城市、公路、港口评价指标体系。推进能耗监测试点工作，在北京、邯郸、济源、常州、南通、淮安6个城市开展交通运输能耗监测试点，组织开展公路水路运输企业能耗统计监测试点，全年共监测公路水路企业125家。严格实施道路运输车辆燃料消耗量限值标准，累计发布31批、3万余个达标车型。发布《乘用车燃料消耗量限值》、《重型商用车燃料消耗量限值》及《关于加快新能源汽车在交通运输行业推广应用的实施意见》等文件，2014年生产新能源汽车8.39万辆，同比增长近4倍，2015年1—9月生产新能源汽车15.62万辆，同比增长近3倍。与2013年相比，2014年营运车辆单位运输周转量能耗下降2.4%，营运船舶单位运输周转量能耗下降2.3%，港口综合单耗下降2.5%。2014年，民航局印发《民航节能减排专项资金项目指南（2013—2014年度）》，安排资金5.28亿元，支持238项行业节能减排项目实施。2014年机场每客能耗同比下降8.6%。

推动公共机构节能。2014年，国管局、质检总局印发《关于切实加强公共机构能源资源计量工作有关事项的通知》，对《公共机构能源资源消费统计制度》进行修订，发布《公共机构节能节水技术产品参考目录（2015）》，印发《关于2015年公共机构节约能源资源工作安排的通知》。

组织开展第二批节约型公共机构示范单位的创建及评价验收工作、中央国家机关节约能源资源考核工作及加强公共机构节能信息报送工作，推进“公共机构节能关键技术研发及示范”和“公共机构绿色节能关键技术研究及示范”项目。

经过各方努力，2014 年全国单位 GDP 能耗同比下降 4.8%，降幅比 2013 年的 3.7% 扩大 1.1 个百分点，创“十二五”以来最好成绩。“十二五”前四年，全国单位 GDP 能耗累计下降 13.4%，实现节能约 6.0 亿吨标准煤，相当于少排放二氧化碳 14 亿吨。

（三）优化能源结构

严格控制能源消费总量。2014 年 11 月，国务院印发《能源发展战略行动计划（2014—2020 年）》，明确提出 2020 年我国能源发展目标，实施煤炭消费减量替代，降低煤炭消费比重，京津冀鲁、长三角和珠三角等要削减区域煤炭消费总量。为贯彻落实《大气污染防治行动计划》，2014 年 12 月，国家发展改革委会同有关部门印发《重点地区煤炭消费减量替代管理暂行办法》，对北京市、天津市、河北省、山东省、上海市、江苏省、浙江省和广东省的珠三角地区提出煤炭消费减量替代工作目标及方案，2015 年 5 月，国家发展改革委、环境保护部、国家能源局印发《加强大气污染治理重点城市煤炭消费总量控制工作方案》，提出空气质量相对较差前 10 位城市煤炭消费总量较上一年度实现负增长的目标。

加强化石能源清洁化利用。为推进煤炭清洁高效利用，2014 年 9 月，以国家发展改革委等六部门令印发《商品煤质量管理暂行办法》，提高煤炭质量和利用效率。2014 年 10 月，国家发展改革委会同环境保护部、质检总局等印发《燃煤锅炉节能环保综合提升工程实施方案》，以保障燃煤锅炉安全经济运行、提高能效、减少污染物排放。为推动天然气利用步伐，2014 年 3 月，国家能源局印发《能源行业加强大气污染防治工作方案》，提出天然气增加供应的具体目标及任务。2014 年 4 月，国家发展改革委印发《关于建立保障天然气稳定供应长效机制的若干意见》，提出保障天然气长期稳定供应的任务及措施。2014 年 7 月，国家能源局发布

《关于规范煤制油、煤制天然气产业科学有序发展的通知》，规范煤制油煤制气项目并提出了能源转化效率、能耗、二氧化碳排放等准入值。2014年11月，国家发展改革委会同有关部门发布了《天然气分布式能源示范项目实施细则》，进一步推动天然气分布式能源发展。2014年，天然气表观消费量1845亿立方米，占一次能源消费比重接近6%。2015年4月，国家能源局印发《煤炭清洁高效利用行动计划（2015—2020年）》，明确了科学调控煤炭生产总量和布局、加快发展煤炭清洁高效利用的目标和任务。

推动非化石能源发展。2014年以来，国家发展改革委、国家能源局等先后发布《关于完善抽水蓄能电站价格形成机制有关问题的通知》、《关于进一步落实分布式光伏发电有关政策的通知》、《关于做好2015年度风电并网消纳有关工作的通知》、《可再生能源发展专项资金管理暂行办法》等政策文件，支撑可再生能源的发展。截至2014年底，全国非化石能源占一次能源消费比重达到11.2%，同比增加1.4个百分点；非化石能源发电装机占全部发电装机的32.6%，同比提高1.7个百分点，其中，水电、并网风电、并网太阳能、核电装机同比分别增长7.9%、25.9%、60.7%、37.0%。非化石能源发电量占全国发电总量的24.6%，同比提高2.3个百分点，其中，水电、风电、太阳能、核电发电量同比分别增长15.7%、10.1%、194.1%、19.5%。

加强火电机组的升级改造。2014年9月，国家发展改革委、环境保护部、国家能源局联合印发《煤电节能减排升级与改造行动计划（2014—2020年）》，提出2020年电煤超过煤炭消费比重60%，并对煤电机组供电煤耗提出明确要求。2014年，火电机组清洁化水平得到进一步提升，除热电联产外，新建煤电机组几乎全部采用60万千瓦及以上超超临界参数的大机组，30万千瓦及以上火电机组比例提高到75.1%，全国6000千瓦及以上火电机组供电标准煤耗319克/千瓦时，同比下降2克/千瓦时，煤电机组供电煤耗继续保持世界先进水平。

（四）控制非能源活动温室气体排放

国家发展改革委会同外交部、财政部、环境保护部等有关部门，积极组织开展控制氢氟碳化物的重点行动，下发《关于组织开展氢氟碳化物处置相关工作的通知》，2014 年分两批下达了氢氟碳化物削减重大示范项目中央预算内投资计划，用于支持有关企业新建三氟甲烷（HFC-23）焚烧装置。环境保护部制订《蒙特利尔议定书》下加速淘汰含氢氯氟烃的管理计划，积极参与国家三氟甲烷销毁处置的规则制订，并协助国家开展三氟甲烷销毁处置的核查工作，努力推动臭氧层保护与应对气候变化的协同增效；积极组织开展非二氧化碳类温室气体相关研究，依托中国环境与发展国际合作委员会平台开展“应对气候变化与大气污染治理协同控制政策研究”项目。

（五）增加森林碳汇

2014 年以来，国家林业局组织编制《林业应对气候变化“十三五”行动要点》，制定印发 2014 年和 2015 年林业应对气候变化重点工作安排与分工方案。加强京津冀蒙生态林业建设和旱区造林绿化。继续推进三北及长江流域等防护林体系建设工程，出台退化防护林改造指导意见，启动退化防护林更新改造试点。全面加强森林经营，修订颁布森林抚育规程、作业设计规定和检查验收办法，稳步推进全国森林经营样板基地建设，启动了新一轮森林可持续经营试点。正式启动新一轮退耕还林还草工程，2014—2015 年累计安排退耕还林还草任务 1500 万亩、荒山荒地造林任务 100 万亩。积极推进国家储备林建设，2014 年划定国家储备林 1500 万亩。2014 年，全国共完成造林 8324 万亩、森林抚育 1.35 亿亩。2015 年上半年，全国共完成造林 5437 万亩，占全年计划的 57%；完成森林抚育 0.63 亿亩，占全年计划的 60%。

在各方的共同努力下，2014 年单位 GDP 二氧化碳排放同比下降 5.8%，比 2010 年累计下降 15.8%，“十二五”有望超额完成下降 17% 的目标，为应对全球气候变化做出了实实在在的贡献。

二、适应气候变化

2014 年以来，中国政府围绕《国家适应气候变化战略》，从农业、水资源、林业和其他生态系统、海岸带及相关海域、气象领域、人体健康等多个领域开展气候变化适应工作，取得积极进展。

（一）农业领域

加快促进农业生产方式转变和现代化建设。2014 年以来，农业部会同中国气象局制定《应对厄尔尼诺现象实现抗灾夺丰收预案》等 4 个工作预案，下发 18 个防灾通知，提早落实防御措施。组织开展“加强指导服务再夺夏粮丰收”、“东北抗春旱春涝保春播”两大攻坚战和“强化服务科学抗灾夺取秋粮丰收行动”。

推进保护性耕作。2014 年，农业部投资 3000 万元在多个地区开展保护性耕作，实施项目县 84 个、试验监测基地 10 个。截至 2014 年底，全国机械化秸秆还田面积达 6.47 亿亩，保护性耕作面积达 1.29 亿亩，减少农田风蚀 6450 万吨。

继续开展农田基本建设。加强土壤培肥改良，开展“到 2020 年农药使用零增长行动”和“到 2020 年化肥使用零增长行动”等工作，大力推广节水灌溉、旱作农业、抗旱保墒、测土配方施肥和绿色防控等技术，继续推进东北节水增粮、西北节水增效、华北节水压采、西南“五小水利”工程以及南方地区节水减排工程建设。

加快农田水利建设。2014 年国家安排农田水利建设资金 540 多亿元，共开展 22 个省区 188 处大型灌区续建配套与节水改造项目建设，续建、改建骨干渠道长度 4432 公里，配套改造建筑物 16121 座；更新改造 74 处大型灌溉排水泵站，开展 120 个规模化节水灌溉增效示范项目和 63 个牧区节水灌溉示范项目建设。

（二）水资源领域

推进水生态文明建设。继续落实最严格水资源管理制度，全国除新疆外，其余各省（区、市）市县级行政区“三条红线”控制指标分解确认工作已全部完成。完成100个全国节水型社会试点建设，开展7个水权试点，制定《全国水生态文明城市试点建设管理办法》，启动105个全国水生态文明城市试点建设，河南等11省率先开展水生态文明创建。

加强河湖管理与水资源保护。进一步严格河湖水域岸线空间用途管制，组织编制了7大流域重点河段（湖泊）岸线利用管理规划，全面部署开展河湖管理范围划定管理工作。在全国范围内选取了46个县（市）开展河湖管护体制机制创新试点。编制《水功能区监督管理办法》，制定全国重要江河湖泊水功能区限制排污总量意见，出台了重要饮用水水源地达标评估技术指南，对175个全国重要饮用水水源地开展安全保障达标建设。环境保护部出台《水污染防治行动计划》，全力保障水生态环境安全。国家水资源监控能力项目三大监控体系基本建成，非常规水源开发利用取得积极进展。

加快推进水土流失综合治理。2014年，全国共完成水土流失综合防治7.4万平方公里，其中综合治理面积5.4万平方公里，实施生态修复面积2万平方公里。2015年上半年，继续在水土流失严重区域，实施坡耕地水土流失综合治理工程、小水电代燃料生态保护工程、丹江口库区及上游水土保持项目、国家水土保持重点建设等工程。

加强重大水利工程建设。水利部继续实施节水供水重大水利工程，包括重大引调水工程、重点水源工程、江河湖泊治理骨干工程、新建大型灌区工程和跨界河流开发治理等工程，2014年共开工17项。推进大型灌区骨干灌排工程改造、大型灌排泵站更新改造、规模化高效节水灌溉工程建设等项目。

加强防汛抗旱工作。国家防总2014年共启动防汛抗旱防台风应急响应10次，组织实施城市和生态应急调水，有效应对自然灾害，全年洪涝灾害死亡人数为历史最少。编制并组织实施《全国抗旱规划实施方案》，开展抗旱应急水源工程建设，继续推进山洪灾害防治、洪水风险图编制和国家防汛抗旱指挥系统建设。

（三）林业和其他生态系统

强化战略引导。2014年，国家林业局组织编制《林业适应气候变化行动方案（2015—2020年）》，明确到2020年林业领域适应气候变化的目标措施。

加强森林综合治理。2014年，京津风沙源治理工程和石漠化综合治理工程分别完成林业建设任务367万亩和557万亩；2015年上半年，京津风沙源治理工程林业建设任务已完成61%，石漠化综合治理工程营造林任务全部完成。

加强林业自然保护区建设和湿地保护。继续实施湿地保护恢复工程和湿地保护补助项目，完成第二次全国湿地资源调查。加强森林资源保护，全国森林火灾次数和受灾面积显著减少，天然林资源保护工程区17.32亿亩森林得到有效保护。截至2015年6月底，林业国家级自然保护区总数达346个，国家湿地公园总数达569处。

强化草原生态保护。进一步落实草原生态保护补助奖励机制，启动并指导实施南方现代草地畜牧业推进行动，推动实施退牧还草等草原保护建设重大工程。加强草原防灾减灾和执法监督。2014年全国草原综合植被覆盖度达到53.6%，天然草原鲜草总产量10.2亿吨。

（四）海岸带及相关海域

加强海洋灾害观测预警和应急管理。全国11个沿海省份均加强海洋灾害的观测预警和应急管理工作，国家海洋局推进海洋观测预报体系建设，开展海洋碳循环监测与评估，强化海洋预报预警。开展海平面变化监测，开展了面向沿海重点保障目标的精细化预报，进一步完善海洋渔业生产安全环境保障服务系统，向中国53个渔场28万余条渔船提供海浪和风场预报警报信息。

不断完善海洋灾害风险评估。国家海洋局组织编写《中国海平面公报》和《中国海洋灾害公报》，开展国家、省、市、县海洋灾害风险评估和区划试点，修改完善《海洋灾害风险评估和区划技术导则》、《沿海大型工程海洋灾害风险排查技术规程》。

积极推动海洋减灾综合示范区建设。选取山东寿光、浙江温州、福建连江和广东惠州大亚湾等海洋灾害较为频发的地区开展海洋减灾综合示范区建设，推动建立健全海洋减灾综合管理体系。

加强海岛地区防灾减灾和应对气候变化基础设施建设。利用中央专项资金支持修复保护项目30余个，在江苏、上海、浙江和海南等地所辖海岛修建防风、防浪和防潮工程，建设沿海防护林工程，有效改善了海岛防灾减灾基础设施，提高了海岛应对气候变化的能力。

(五) 气象领域

加强极端天气气候事件监测预警和气象灾害风险管理。编制了《国家突发事件预警信息发布系统管理办法》，国家级预警信息实现自动对接。完成了洪涝灾害风险致灾因子、脆弱性变化分析与评估，制定了气象灾害风险普查、风险区划技术指南。完善了国家、省、市、县四级气象灾害风险预警业务体系建设，开展气象灾害风险定量化评估业务试点。

开展生态和环境气象服务。继续开展我国7个大气本底站温室气体观测站网能力建设。开展了华北、东北、华东和华南区域的雾—霾数值预报，更新了国家级环境气象模式污染源清单，开展了全国空气污染气象条件预报业务。通过卫星环境气象监测平台开展逐日霾监测业务，开展了大气环境容量评估，建立了重点城市空气污染人群健康影响基础数据库。

开展重点区域、特色产业气候变化影响评估。开展干旱对农业和水资源影响实时定量评估，开展有针对性的风力发电气候影响评估。编写出版《三峡工程气候效应评估》报告，编制了《中国极端天气气候事件和灾害风险管理与适应国家评估报告》。首次发布《气候变化对中国农业影响评估报告》蓝皮书。在9省实施农业与粮食安全、灾害风险管理、水资源、能源、城镇化、人体健康等六大优先领域适应气候变化示范项目，取得阶段性进展。

（六）人体健康

开展与气候变化密切相关的疾病防控工作。加强传染病监测、报告和处置，进一步完善传染病网络直报系统。加强与气候变化密切相关的登革热等虫媒传染病和手足口病等肠道传染病防控工作，印发《中东呼吸综合征疫情防控方案（第二版）》、《人感染 H7N9 禽流感疫情防控方案》等技术方案，指导地方开展重点传染病防控工作。

加强应对气候变化卫生应急保障工作。国家卫生计生委会同气象局等部门对我国极端天气及自然灾害发生形势进行分析预判。印发《关于做好当前登革热防治工作的通知》和《关于做好高温天气医疗卫生服务工作的通知》，开展防汛、抗旱、防台风卫生应急督导检查，组织做好自然灾害卫生应急和高温天气医疗卫生服务工作。

加强适应气候变化及气候变化相关的健康问题研究。国家卫生计生委积极开展适应政策指标研究，与世界卫生组织（WHO）合作开展全球环境基金项目“适应气候变化保护人类健康”。

三、低碳发展试点与示范

2014 年以来，深化国家低碳省区和低碳城市试点，扎实推进低碳工业园区、低碳社区、低碳城（镇）、绿色交通等试点，从不同层次、不同领域探索低碳发展路径和模式。

（一）深化国家低碳省区和低碳城市试点

各低碳试点进一步强化峰值目标倒逼机制，完善温室气体排放数据统计和管理体系，建立控制温室气体排放目标责任制，构建低碳产业体系，积极倡导低碳绿色生活方式和消费模式，加强低碳发展保障能力和基础工作。在两批 42 个试点省市中，13 个试点建立了低碳发展专项资金，36 个试点建立起碳减排控制目标分解考核机制，试点省市均已明确提出峰值目标或正在研究提出峰值目标，其中大部分省市提出的峰值年份在 2025 年及2025年以前。各试点地区立足实际，探索出城市碳排放核算与管理平台、碳排放影响评估、碳排放权交易、企业碳排放核算报告、低碳产品认证等许多行之有效的低碳发展模式。2015年9月，北京、海南、深圳等10个试点省市在第一届中美气候智慧型/低碳城市峰会上展示了我国在低碳城市建设和应对气候变化领域的突出成果。

（二）加快推进碳排放权交易试点

全面启动碳交易试点。截至2014年底，北京、上海、天津、重庆、广东、深圳和湖北7个碳排放权交易试点均发布了地方碳交易管理办法，共纳入控排企业和单位1900多家，分配碳排放配额约12亿吨。试点地区加大对履约的监督和执法力度，2014年和2015年履约率分别达到96%和98%以上。截至2015年8月底，7个试点累计交易地方配额约4024万吨，成交额约12亿元人民币；累计拍卖配额约1664万吨，成交额约8亿元人民币。

不断完善碳交易机制。试点地区不断完善配额分配、温室气体排放核算核查等各项规则，部分试点发挥示范作用探索开展区域碳市场。为活跃碳市场，试点不断扩大交易主体，并开发以地方配额或中国核证自愿减排量（CCER）为标的的碳金融产品和业务。各试点均规定控排企业和单位可使用CCER抵消其配额清缴，比例可占配额量的5%至10%。

推动全国碳市场建设。国家发展改革委于2014年12月发布《碳排放权交易管理暂行办法》，规范碳排放权交易市场的建设和运行，并研究起草《全国碳排放权交易管理条例（草案）》，建设并投入运行国家碳交易注册登记系统。

（三）开展低碳工业园区、社区、城（镇）试点

开展国家低碳工业园区试点。2014年6月，工业和信息化部与国家发展改革委审核公布了第一批55家国家低碳工业园区试点名单。2015年批复同意了39家低碳工业园区试点实施方案。各试点园区通过推广可再生能源，加快传统产业低碳化改造和新型低碳产业发展，实现园区单位工

业增加值碳排放大幅下降。通过三年左右的时间，打造一批掌握低碳核心技术、具有先进低碳管理水平的低碳企业，探索适合我国国情的工业园区低碳管理模式，引导和带动工业低碳发展。

开展低碳社区试点。2015 年 2 月，国家发展改革委印发《低碳社区试点建设指南》，对城市新建社区、城市既有社区、农村社区的试点选取要求、建设目标、建设内容及建设标准进行分类指导。启动《低碳社区试点评价指标体系》和低碳社区碳排放核算方法学研究。

开展国家低碳城（镇）试点。2015 年 8 月，国家发展改革委印发了《国家发展改革委关于加快推进国家低碳城（镇）试点工作的通知》，提出争取用 3 年左右时间，建成一批产业发展和城区建设融合、空间布局合理、资源集约综合利用、基础设施低碳环保、生产低碳高效、生活低碳宜居的国家低碳示范城（镇），并选定广东深圳国际低碳城、广东珠海横琴新区、山东青岛中德生态园、江苏镇江官塘低碳新城、江苏无锡中瑞低碳生态城、云南昆明呈贡低碳新区、湖北武汉华山生态新城、福建三明生态新城作为首批国家低碳城（镇）试点。

（四）推进其他领域低碳试点示范

继续开展绿色交通试点示范。新增江苏、浙江、山东、辽宁等 4 个绿色交通省，天津、邯郸、济源、鞍山、蚌埠等 17 个绿色交通城市，鹤大高速、昌樟高速、道安高速等 13 条绿色公路，广州港、大连港、福州港等 7 个绿色港口，69 个绿色交通装备项目。组织开展了水运行业应用液化天然气试点。

推进碳捕集、利用与封存试点示范。2014 年以来，国家发展改革委与全球碳捕集与封存研究院合作主办“二氧化碳捕集技术、装备及产业发展现场研讨会”等活动。举办首届碳捕集、利用与封存技术与工程示范高级研修班。支持中国石油化工联合会、中石油、神华集团联合实施开展了大规模一体化碳捕集、利用与封存项目。环境保护部组织编制《二氧化碳捕集、利用与封存环境风险评估技术指南》（试行），提出了二氧化碳捕集、利用与封存示范项目的环境风险评估方法。国土资源部初步完成了

417个盆地二氧化碳地质储存潜力与适应性评估，在内蒙古成功实施我国首个二氧化碳地质储存示范工程。

开展海绵城市试点。2014年，住房城乡建设部印发《海绵城市建设技术指南（试行）》，指导各地从雨水单一“快排”的传统模式转向“渗、滞、蓄、净、用、排”的多目标全过程综合管理模式，促进雨水收集、净化、利用。与财政部印发了《关于开展中央财政支持海绵城市建设试点工作的通知》，对海绵城市建设试点城市给予资金补助，目前，已确定的16个海绵城市试点建设正稳步推进。

四、基础能力建设

2014年以来，中国政府积极加强低碳发展顶层设计，推动应对气候变化法制建设和重大政策制定，完善管理体制和工作机制，加强低碳技术研发与应用，完善统计核算体系建设，提升应对气候变化基础能力。

（一）完善宏观指导体系

加强决策机构建设。国家发展改革委继续做好国家应对气候变化领导小组协调联络办公室工作，加强对应对气候变化重大国内国际政策问题协商和交流。2015年新疆发展改革委新设了“应对气候变化处”，全国已专设“应对气候变化处”的省发展改革委达到10个。积极发挥国家气候变化专家委员会决策咨询作用，为国家重大气候决策提供支撑。

健全法律法规和标准。开展《应对气候变化法（初稿）》起草和征求意见工作，加快推进立法进程。第十二届全国人大常委会第十六次会议于2015年8月29日通过了修订后的《大气污染防治法》。中国气象局牵头开展修订《人工影响天气管理条例》。

发挥规划引领作用。2014年9月，国家发展改革委发布《国家应对气候变化规划（2014—2020年）》，大多数省（自治区、直辖市）发布了省级应对气候变化专项规划，推动将应对气候变化内容纳入国民经济发展规划。科技部开展了《“十二五”国家应对气候变化科技发展专项规划》

落实情况检查评估。中国民航局完成《民航行业“十三五”节能减排与应对气候变化规划》的前期研究。

开展重大战略研究。2014 年以来，国家发展改革委深入推进中国低碳发展宏观战略研究项目，组织完成项目下各课题评审，编制形成《中国低碳发展宏观战略总体思路》、《中国低碳发展宏观战略总报告》和各课题专题研究报告，对我国到 2050 年的低碳发展总体战略和分阶段、分领域路线图进行系统研究，提出低碳发展的目标任务、实现途径、政策体系以及保障措施，为推进国内低碳发展、积极参与国际谈判提供重要支撑。

推行低碳产品标准、标识和认证制度。广东、重庆等地积极推动低碳产品认证工作，选择有代表性的行业和产品类别，实施和推广低碳认证制度。截至 2015 年 7 月底，已有 39 家企业获得低碳产品认证证书。质检总局、国家标准委制定完成电力生产企业温室气体排放核算与报告要求国家标准。国家铁路局制定《高速铁路设计规范》和《绿色铁路客站评价标准》，推进绿色铁路客站发展。国家林业局 2014 年发布《碳汇造林技术规程》和《造林项目碳汇计量监测指南》两项林业行业标准。

强化碳强度考核评估。国家发展改革委于 2015 年 6 月—8 月组织开展省级人民政府 2014 年度单位国内生产总值二氧化碳排放降低目标责任考核评估工作，督促各地区目标落实、任务落实和工作落实，确保实现“十二五”碳强度下降目标。围绕碳排放目标管理，加强国家碳强度核算及形势分析，切实发挥省级人民政府碳排放目标考核评估的导向和督促作用。

（二）加强科技支撑

加强基础研究。2014 年以来，科学技术部、中国气象局等 16 个部门联合组织开展第三次《气候变化国家评估报告》编制工作，系统总结我国气候变化科研最新成果。科技部通过国家科技支撑计划等渠道继续落实《“十二五”碳捕集利用与封存科技发展专项规划》任务部署，并联合工业和信息化部发布了《2014—2015 年节能减排科技专项行动方案》，推动节能减排关键共性技术研发，先进适用技术推广应用，节能减排科技创新示范工程等。深入实施部署全球变化研究国家重大科学研究计划，重点支持太平洋印度洋对全球变暖的响应及其对气候变化的调控作用、全球典型干旱半干旱地区气候变化及其影响、极区环境和地表过程遥感监测等方面研究。气象局发布《中国温室气体公报（2013年）》、《中国气候变化监测公报（2014年）》。中国科学院持续开展“应对气候变化的碳收支认证及相关问题”、“低阶煤清洁高效梯级利用关键技术与示范”等战略性科技先导专项研究。国家发展改革委通过清洁发展机制基金支持有关部门和地方开展政策研究，提升能力建设。

开展适应气候变化研究。科学技术部组织实施“重点领域气候变化影响与风险评估技术研发与应用”、“沿海地区适应气候变化技术开发与应用”等科技支撑计划项目课题实施方案论证工作。中国科学院积极推进青藏高原地区农牧民增收与生态环境评估，推进野外站、中国生态系统研究网络和高寒区地表过程与环境监测网络相关科技支撑平台建设。水利部组织开展“气候变化对我国水安全影响及对策研究”等重大项目研究。国家林业局积极推进森林对气候变化的响应研究，林业生态网络定位观测站总数达到166个，网络布局更趋完善。农业部加快推进草原生态环境监测工作，已建设国家级草原固定监测点162个。国家海洋局建立中国近海短期气候预测系统，加强海洋领域应对气候变化能力。

发布低碳技术目录。国家发展改革委组织开展低碳技术的征集、筛选和评定，并发布《国家重点推广的低碳技术目录》。科技部组织编制《节能减排与低碳技术成果转化推广清单（第一批）》。

（三）推进统计核算体系建设

加强基础统计体系及能力建设。2014年以来，国家统计局印发《应对气候变化统计指标体系》、《应对气候变化部门统计报表制度（试行）》和《政府综合统计系统应对气候变化统计数据需求表》等文件，正式建立应对气候变化统计报表制度，并收集和审核了2013年应对气候变化统计数据。成立了由国家发展改革委、统计局等23个部门组成的应对气候变化统计工作领导小组，建立了以政府综合统计为核心、相关部门分工协作的工作机制。积极开展各地区统计部门从事应对气候变化统计人员的专业能力建设。在15个省（区、市）开展了应对气候变化统计工作试点。

夯实国家、地方及企业核算能力。有序组织并推进第三次气候变化国家信息通报、首次“两年更新报告”和温室气体清单编制工作。在对2005年和2010年省级温室气体清单进行评估和验收的基础上，国家发展改革委组织开展两年份省级温室气体清单联审，确保清单质量。公布化工、钢铁、电力等24个行业企业温室气体排放核算方法与报告指南。推进企业温室气体排放数据直报的制度设计和系统建设。地方积极开展企业温室气体排放核算和报告能力建设，组织企业逐步完成温室气体排放报告工作。

五、全社会广泛参与

2014年以来，气候变化越来越受到社会各界的关注，从政府到企业、从媒体到公众，绿色、低碳发展理念逐步深入人心，应对气候变化的社会参与度不断提升。

（一）政府加强引导

国家发展改革委会同有关部门组织开展2015年“全国低碳日”和全国节能宣传周活动，举办第三届深圳国际低碳城论坛、生态文明贵阳国际论坛“全球低碳转型与绿色产业机会”分论坛、第一届中美气候智慧型/低碳城市峰会、“低碳能源城市论坛”等一系列活动，取得良好的宣传效果。交通运输部组织公交出行宣传周活动，公布交通运输行业首批30个绿色循环低碳示范项目。住房城乡建设部2015年开展第九届中国城市无车日活动，号召市民减少小汽车出行，共有188个城市和县承诺开展此项活动。教育部在18所高校实施节能改造，开展“节水节电周”等主题活动，以“节能减排、绿色能源”为主题组织大学生开展节能减排社会实践与科技竞赛。民航局以行业院校为平台，组织开展首期航空公司节能减排量化管理培训与研讨。中国气象局制作多语种气候变化宣传片《应对气候变化——中国在行动（2014）》。商务部会同国家发展改革委、中宣部发布《关于组织开展低碳节能绿色流通行动的通知》，在流通领域推广绿色理念。国家统计局编写《应对气候变化统计培训教材》，对各地方统计局专业人员开展应对气候变化统计培训。国家卫生计生委通过举办专题知识讲座、宣传海报等方式开展气候变化与健康宣传教育，增强公众应对高温热浪等极端天气的防护能力。科技部组织应对气候变化能力建设培训班，提高各地应对气候变化科技工作能力，开展面向社会公众的气候变化宣传教育工作，提倡和鼓励公众以实际行动应对气候变化。

（二）企业积极行动

中国远洋运输（集团）总公司践行“联合国全球契约”原则要求，履行社会承诺，积极打造保护环境、保护海洋、资源节约环境友好型企业，有效降低油耗和减少排放、落实节能减排责任制、鼓励全员参与，持续推进节能工作。中电投集团重点投资新能源板块，加快新能源基地建设，努力践行低碳环保的发展方针。国家电网公司积极构建清洁能源开发利用、高效配置、安全运营的平台，支持大型可再生能源基地建设和分布式能源创新发展。中国石油天然气集团大力推进天然气高效利用和汽柴油质量升级，加大高品质、高附加值产品供应，践行低碳生产运营，把资源节约贯穿到生产运营每一个环节。海尔始终贯彻低碳节能原则，开展 LED 节能改造、公寓余热回收、绿色绩效等。“十二五”前四年，国资委累计安排 200 亿元左右的国有资本经营预算用于支持各企业节能减排工作，中央企业节能减排降碳投入达 2000 亿元以上，累计实现节能量约 1.46 亿吨标准煤，相当于减少二氧化碳排放约 3.5 亿吨。2014 年底，万科在秘鲁联合国气候大会“中国角”主办“城市的绿色低碳未来”主题边会，对外宣布向阿拉善 SEE 公益机构捐赠 1 万棵梭梭树苗，设立“利马中国企业日梭梭林”。比亚迪作为全球最大的可充电电池生产商和电动汽车行业引领者，积极将低碳和零排放新能源车推向全球。

（三）公众主动参与

媒体广泛传播。2014年以来，新华社、人民日报、中央电视台、中国国际广播电台、中国日报、中国新闻社等多家新闻媒体，对联合国气候峰会、中美气候变化联合声明、利马气候大会、中国提交国家自主贡献文件等应对气候变化领域的重大事件给予高度关注，充分利用图片、文字、视频等多种形式进行全方位报道，营造了良好的舆论氛围。

非政府组织踊跃推动。中国绿色碳汇基金会等机构联合举办“应对气候变化媒体课堂”活动，为媒体记者提供应对气候变化知识培训，并评选出2014年度“应对气候变化媒体课堂”优秀作品。国家应对气候变化战略研究和国际合作中心联合中国气象局公共气象服务中心开展“应对气候变化记录中国”科学考察与公众科普活动。中国民促会、广州公益组织发展合作促进会、石家庄低碳协会等合作开展全国中学教师应对气候变化培训。青年应对气候变化行动网络（CYCAN）举办第七届国际青年能源与气候变化峰会。中华环保联合会面向全国发起“守护蓝天碧水”的倡议活动。国家信息中心、中国民促会绿色出行基金、中国低碳联盟、深圳市政府联合主办“低碳中国行2015”行动，组织新闻媒体走访各地低碳发展现状及经验。中国绿色碳汇基金会发起创办了“零碳创意馆”，通过宣传和体验让广大公众参与其中。世界自然基金会在2015年“地球一小时”活动期间，鼓励关闭不必要的灯和其他耗电设备，以自身的实际行动应对气候变化。

百姓积极参与。社会各界公众通过参加多种形式的气候变化教育培训等活动，增进了对应对气候变化、践行低碳发展以及节能减排的认识，提升了积极参与应对气候变化的自觉性。越来越多的公众开始自觉选择低碳饮食、低碳居住、低碳出行的日常生活模式。节能减排进家庭、进社区、进学校等专项活动在全国各地广泛开展，号召人们树立“节能、节俭、节约”的工作与生活的理念。此外，依托微信、微博等网络平台，公众通过微信公众号以及微博话题讨论的方式，了解应对气候变化知识，践行低碳发展理念。

六、加强国际交流与合作

2014年以来，中国继续本着“互利共赢、务实有效”的原则，加强与发达国家合作，积极参与并推动与国际组织合作，深化与发展中国家合作，筹建南南合作基金，与各方携手应对气候变化。

（一）加强与发达国家的交流合作

与多国发表气候变化联合声明。2014年以来，中国政府利用领导高层互访契机，加强与发达国家在气候变化领域的交流与合作，分别与美国、欧盟、英国等国家发表气候变化联合声明，赢得国际社会积极反响，在应对气候变化领域与各国增进理解，进一步扩大共识，为推动气候变化谈判多边进程做出重要贡献。

加强气候变化双边交流与对话。国家发展改革委组织召开了中美、中德等气候变化工作组双边会议，推动有关框架协议签署。与美国、欧盟、澳大利亚、新西兰、英国、德国等国家开展部长级和工作层的气候变化对话磋商，推动专家层面的对话交流。就碳捕集、利用与封存（CCUS）和氢氟碳化物等问题与美国加强研讨交流。推动与英国、法国就巴黎气候大会等议题进行广泛交流，扩大共识。

深化气候变化双边合作。2014年以来，中国政府与澳大利亚、新西兰、瑞典、瑞士等国家签署双边气候变化谅解备忘录，启动与瑞士合作的中国适应气候变化二期项目，与韩国就气候变化协定达成一致，推动双边合作迈上新台阶。中美确定了7个碳捕集、利用与封存合作示范项目。科技部实施“中欧燃煤发电近零排放”二期合作项目。推动中国科技部—联合国环境署—非洲水行动项目。住房城乡建设部与美国、德国、加拿大等国开展低碳生态城市国际合作试点。

（二）促进与国际组织的交流合作

广泛开展与国际组织的务实合作。与亚洲开发银行签署双边气候变化合作谅解备忘录，共同组织召开“城市适应气候变化国际研讨会”。与联合国环境规划署签署在应对气候变化南南合作方面加强合作的谅解备忘录。与世界银行共同启动全球环境基金“通过国际合作促进中国清洁绿色低碳城市发展”项目。

积极参与相关国际会议与行动倡议。参与联合国气候变化框架公约下的绿色气候基金、适应基金、技术执行委员会等相关会议，参与全球甲烷行动倡议、R20 国际区域气候行动组织等多边组织的活动等，充分借鉴国际经验。积极落实与全球碳捕集与封存研究院相关合作，举办研讨会并积极开展国际合作。

（三）深化与发展中国家的合作

中国政府积极推动应对气候变化南南合作，向发展中国家赠送低碳节能产品，组织气候变化培训班，加强对发展中国家的援助。自 2014 年以来，国家发展改革委会同外交部、商务部等部门，积极推动与马尔代夫、玻利维亚、汤加、萨摩亚、斐济、安提瓜和巴布达、加纳、巴巴多斯、缅甸、巴基斯坦等 10 个国家签署谅解备忘录，并根据发展中国家需求扩大赠送产品种类；举办了 15 期应对气候变化与绿色发展培训班，为发展中国家培训 600 余名应对气候变化领域的官员、专家学者和技术人员。根据发展中国家需求扩大赠送产品种类，向玻利维亚提供其急需的气象监测预报预警设备。继续加强“基础四国”、“立场相近发展中国家”等磋商机制，与发展中国家加强对话沟通，开展务实合作。自 2014 年以来，中国政府为亚洲、非洲、拉丁美洲等地区近 100 个发展中国家，在紧急救灾、卫星气象监测、清洁能源开发等领域开展了务实合作，实施了 100 多个技术合作、紧急救灾等应对气候变化类项目；在华举办了 130 多期应对气候变化与绿色发展培训班，为发展中国家培训近 3500 名应对气候变化领域的官员、专家学者和技术人员。

（四）筹建气候变化南南合作基金

2014 年 9 月，国务院副总理张高丽作为习近平主席特使出席在纽约召开的联合国气候峰会时宣布，中国将大力推进应对气候变化南南合作，从2015年开始在现有基础上把每年的资金支持翻一番，建立气候变化南南合作基金。中国已经提供600万美元资金支持联合国秘书长推动应对气候变化南南合作。为落实我领导人对国际社会的庄严承诺，国家发展改革委会同外交部、财政部积极筹建气候变化南南合作基金，加大对其他发展中国家的支持力度。

七、积极推动国际气候谈判

2014年以来，中国广泛参与全球气候治理，继续积极参与应对气候变化国际谈判，加强与各国在气候变化领域的多层次磋商与对话，为推动巴黎会议如期达成协议，建立公平、合理和共赢的2020年后全球应对气候变化机制做出积极贡献。

（一）积极参加联合国进程下的国际谈判

坚定维护《联合国气候变化框架公约》的原则和框架，坚持公平原则、“共同但有区别的责任”原则和各自能力原则，遵循缔约方主导、公开透明、广泛参与和协商一致的多边谈判规则。

2014年12月，中国政府组团出席联合国气候变化利马会议，代表团积极建设性参与谈判，促进各方凝聚共识，同时积极宣传介绍中国应对气候变化的政策行动，为会议取得成功做出了重要贡献。2015年，中国政府组织参加了公约下各次谈判会议，加强与各方沟通交流，旨在与各方一道推动2015年巴黎会议如期达成协议，构建2020年后公平合理、合作共赢的全球气候治理体系。

2015年6月30日，中国政府向联合国气候变化框架公约秘书处提交应对气候变化国家自主贡献文件《强化应对气候变化行动——中国国家自主贡献》，明确提出于2030年左右二氧化碳排放达到峰值，到2030年非化石能源占一次能源消费比重提高到20%左右，2030年单位国内生产总值二氧化碳排放比2005年下降60%—65%，森林蓄积量比2005年增加

45 亿立方米左右，全面提高适应气候变化能力等强化行动目标。同时系统阐释实现上述目标的路径和政策措施，充分体现了中国强化行动的透明度，为增强各方对多边进程的信心、推动巴黎会议如期达成有力度的成果做出积极贡献。

（二）积极参与其他多边进程

积极参与气候变化谈判相关国际进程。中国领导人积极参与多边外交活动，多次发表重要讲话，与各国元首达成共识，推动多边进程。2014 年 9 月，国务院副总理张高丽作为习近平主席特使出席联合国气候峰会并发表重要讲话，介绍我国应对气候变化的行动目标和加大南南合作资金支持力度的举措，就 2020 年后应对气候变化行动做出政治宣示。积极参与政府间气候变化专门委员会（IPCC）评估报告编制和未来规划工作，完成了 IPCC 第五次评估报告成果解读、科普宣讲工作，增强了我参与国际治理的科技支撑能力和话语权。

加强与各国磋商和对话。努力加强“基础四国”和“立场相近发展中国家”沟通协调，维护发展中国家团结和共同利益，主办或参加“基础四国”部长级会议，主办“立场相近发展中国家”北京会议并积极参加历次“立场相近发展中国家”协调会。继续加强与小岛国、最不发达国家和非洲集团的沟通协调，与发展中国家开展联合研究，积极维护发展中国家利益。继续加强与发达国家沟通交流，增进理解、扩大共识。继续与美国、欧盟、澳大利亚、新西兰、英国、德国等开展部长级和工作层的气候变化对话磋商，推动专家层面的沟通交流。落实中法两国领导人共识，推动建立中法气候变化磋商机制，加强与巴黎会议主席国法国对话沟通，为巴黎会议做好准备和铺垫，共同推动巴黎会议在公开透明、广泛参与、协商一致的基础上取得成功。加强与各国驻华使馆、媒体、非政府组织沟通。

积极推进公约外谈判磋商工作。国家发展改革委会同有关部门参加巴黎会议成果非正式磋商、彼得斯堡气候对话、经济大国气候变化与能源论坛、联大气候变化高级别会议；利用每次谈判会议和其他非正式磋商加强与有关各方对话磋商。就中国政府参加蒙约、国际海事组织、国际民航组织会议对案研提意见并参加相关谈判磋商，完成好公约外有关谈判任务。继续积极参与和关注东亚低碳增长伙伴计划、全球清洁炉灶联盟、农业温室气体全球研究联盟、气候与清洁空气联盟等公约外机制；积极参与二十国集团、亚太经合组织、东亚领导人会议、联合国贸发会议、世界贸易组织等渠道下气候变化相关议题的讨论。

（三）巴黎会议的基本立场和主张

气候变化是全人类面临的共同挑战，需要世界各国携手合作、共同应对。巴黎会议是全球气候治理进程中的里程碑，将通过关于2020年后加强应对气候变化行动的协议。中方愿意按照“共同但有区别的责任”原则、公平原则和各自能力原则，与各方一道积极建设性推动谈判进程，确保2015年巴黎会议上如期达成协议，构建公平合理的国际气候制度。

2015年协议应坚持以《联合国气候变化框架公约》及其《京都议定书》为基础，全面遵循《公约》的原则、规定和架构，尊重发达国家和发展中国家在历史责任、国情、发展阶段和能力上的区别，统筹处理好减缓、适应、资金、技术、能力建设和透明度等各项要素，加强《公约》在2020年后的全面、有效和持续实施。发达国家应认真兑现2020年前减排及提供资金和技术支持的承诺，并在2020年后继续为发展中国家提供支持，为巴黎会议取得成功奠定互信基础。中方全力支持东道国法国办好巴黎会议。

结语

中国是全球最大的发展中国家，人均GDP仅相当于全球平均水平的70%，尚未完成工业化、城镇化进程，面临发展经济、改善民生、保护环境和应对气候变化的巨大压力，发展中不协调、不平衡、不可持续的问题仍然存在，改变传统的粗放型发展方式迫在眉睫。正如习近平总书记所说，应对气候变化是中国可持续发展的内在要求，也是负责任大国应尽的国际义务，这不是别人要我们做，而是我们自己要做。

应对气候变化任重而道远，需要全社会付出持之以恒的努力。“十三五”时期是中国全面建成小康社会的攻坚期，也是大力推进生态文明建设和促进绿色低碳发展的重要战略机遇期。中国政府将在全面总结“十二五”应对气候变化成效的基础上，研究确定“十三五”应对气候变化目标任务，确保完成中国控制温室气体排放 2020 年行动目标，为实现 2030 年左右达到排放峰值奠定良好基础，加快推进全社会绿色低碳转型，倒逼发展方式转变，积极推动气候变化国际谈判进程，推进气候变化多双边对话交流与务实合作，为应对全球气候变化做出新的重要贡献。

单位国内生产总值二氧化碳排放降低目标责任考核评估办法

第一条 根据《中华人民共和国国民经济和社会发展第十二个五年规划纲要》和《国务院关于印发“十二五”控制温室气体排放工作方案的通知》(国发〔2011〕41号),为完成控制温室气体排放任务,扎实推进基础工作与能力建设,确保实现“十二五”单位国内生产总值二氧化碳排放降低目标,特制订本办法。

第二条 考核评估工作按照责任落实、措施落实、工作落实的总体要求,坚持目标导向、突出重点、易于操作、奖惩分明的原则。

第三条 考核评估对象为各省(自治区、直辖市)人民政府。

第四条 考核内容为单位地区生产总值二氧化碳排放降低目标完成情况,评估内容为任务与措施落实情况、基础工作与能力建设落实情况等。

第五条 考核评估采用百分制评分法,满分100分。考核评估结果划分为优秀、良好、合格、不合格四个等级。考核评估得分90分以上为优秀,80分以上、90分以下为良好,60分以上、80分以下为合格,60分以下为不合格(以上包括本数,以下不包括本数)。其中,“合格”的前提条件是单位地区生产总值二氧化碳排放年度降低目标和累计进度目标均如期完成。未完成以上两项指标的省(自治区、直辖市),无论总分是否超出60分,考核评估结果均为不合格。

第六条 考核评估工作与国民经济和社会发展五年规划相对应,五年为一个考核评估期,采用年度考核评估和期末考核评估相结合的方式进行。在考核评估期的每年下半年开展上年度考核,在考核评估期结束后的第二年下半年开展期末考核。

第七条 考核采取以下步骤:

(一)考核对象自评。各省(自治区、直辖市)人民政府根据“省级人民政府单位地区生产总值二氧化碳排放降低目标考核评估指标及评分细则”准备考核材料，填写“数据核查表”，开展自评估，并于每年7月底前将自评估报告报国务院，同时抄送发展改革委。

（二）初步审核。发展改革委会同工业和信息化部、统计局、能源局、林业局组成考核评估工作组，对各地提交的自评估报告和相关数据资料进行初步审核。

（三）现场评价考核。考核评估工作组对各省（自治区、直辖市）进行集中核查和重点抽查，划定考核等级，形成综合考核评估报告，并反馈意见。

（四）考核结果审定与公布。发展改革委在每年10月底前将综合考核评估报告上报国务院，经国务院审定后，向社会公告。

第八条　经国务院审定后的考核评估结果，交由干部主管部门，作为对各省（自治区、直辖市）人民政府领导班子和相关领导干部综合考核评价的重要内容。

第九条　对考核评估结果为优秀的省级人民政府，国务院予以通报表扬，有关部门在相关项目安排上优先予以考虑。

第十条　考核评估结果为不合格的省级人民政府，要在考核评估结果公告后一个月内，向国务院做出书面报告，提出限期整改措施，并抄送发展改革委。

第十一条　对在考核评估工作中瞒报、谎报情况的地区，予以通报批评；对因失职渎职等整改不到位造成严重后果的，移交监察机关依法依纪追究该地区有关责任人员的责任。

第十二条　本办法自发布之日起施行。

附表：1.省级人民政府单位地区生产总值二氧化碳排放降低目标考核评估指标及评分细则

2.数据核查表

附表1　省级人民政府单位地区生产总值二氧化碳排放降低目标考核评估指标及评分细则

考核评估内容	考核评估指标	分值	评分依据	评分标准
一、目标完成（50分）	1. 单位地区生产总值二氧化碳排放年度降低目标	25	年度计划目标；核定的各地区年度降低目标完成率	根据年度目标的完成情况评分，年度目标完成率达到或超过100%得25分；低于100%的，得分为年度目标完成率乘以25。该项指标为否决性指标，未完成年度降低目标，考核评估结果即为不合格。
	2. “十二五”单位地区生产总值二氧化碳排放累计进度目标	25	当年应达到的累计进度目标；核定的累计进度目标完成率	根据累计进度目标的完成情况评分，累计进度目标完成率达到或超过100%得25分；低于100%的，得分为累计进度目标完成率乘以25。该项指标为否决性指标，未完成累计进度目标，考核评估结果即为不合格。
二、任务与措施（24分）	3. 调整产业结构任务完成情况	4	同期主管部门的考核结果；或第三产业增加值比重比上年变化情况	“十二五”年度第三产业增加值占地区生产总值比重上升目标考核结果乘以4%，满分4分；或根据本地区第三产业增加值比重比上年变化情况进行评分，上升的得4分，持平或下降的，计为0分。
	4. 节能和提高能效任务完成情况	4	同期主管部门的考核结果	“十二五”年度单位GDP能耗降低目标考核结果乘以4%，满分4分。
	5. 调整能源结构任务完成情况	4	同期主管部门的考核结果；或水电、核电、风电和太阳能发电占一次能源消费比重比上年变化情况及煤炭占能源消费总量比重比上年变化情况	“十二五”年度非化石能源占一次能源消费比重上升目标考核结果乘以4%，满分4分；或根据本地区水电、核电、风电和太阳能发电占一次能源消费的比重和煤炭占能源消费总量的比重两项指标比上年变化情况进行评分，其中水电、核电、风电和太阳能发电占一次能源消费比重比上年有所上升的，得2分，持平或下降的，计为0分；煤炭占能源消费总量比重比上年有所下降的，得2分，持平或上升的，计为0分。
	6. 增加森林碳汇任务完成情况	4	同期主管部门的考核结果；或年度新增造林合格面积及年度森林抚育合格面积	“十二五”年度森林碳汇相关考核结果乘以4%，满分4分；或根据本地区年度新增造林和森林抚育任务完成情况进行评分，其中年度新增造林合格面积达到年度计划任务100%及以上的得2分，达到60%及以上的得1分，60%以下的计为0分；年度森林抚育合格面积达到年度计划任务100%及以上的得2分，达到60%及以上的得1分，60%以下的计为0分。

（续表）

考核评估内容	考核评估指标	分值	评分依据	评分标准
	7. 低碳试点示范建设情况	8	相关的正式文件材料；实地核查	（1）对国家确定的低碳试点省（自治区、直辖市）或辖区内有国家低碳试点城市的省（自治区），得2分； （2）对辖区内有列入国家级低碳专项试点（如交通、住建）或已经开展由省级人民政府组织低碳城市试点的省（自治区）、组织低碳区县试点的直辖市，得2分； （3）在辖区内开展低碳产业园区、低碳社区试点的，得2分； （4）已制定省级层面低碳发展规划或应对气候变化规划的，得2分。
三、基础工作与能力建设（26分）	8. 对所辖地市州或行业目标分解落实与评价考核情况	4	相关的正式文件材料；实地核查	（1）凡设定本地区二氧化碳强度年度降低目标并纳入本地区经济社会发展年度计划，得2分； （2）将二氧化碳排放降低目标分解落实到所辖地市州或行业，得1分； （3）发布本地区控制温室气体排放考核实施方案，并对所辖地市州或行业开展评价考核，得1分。
	9. 温室气体排放统计核算制度建设及清单编制情况	6	相关的正式文件材料；实地核查	（1）已按照《关于加强应对气候变化统计工作的意见》要求，建立健全本地区基础统计与调查制度及职责分工，视情评分，最高3分； （2）根据国家主管部门相关要求，按时完成本地区清单编制工作，得3分。
	10. 低碳产品标准、标识和认证制度执行情况	4	相关的正式文件材料；实地核查	按照国家发展改革委、国家认监委下发的管理办法开展相应试点，制定鼓励和采信措施，扶持引导本地区相关企业获得低碳产品认证，引导低碳消费工作，视情评分，最高4分；没有开展上述工作的，计为0分。
	11. 资金支持情况	6	相关的正式文件材料；实地核查	从本地区财政资金设定或从节能减排和可再生能源发展等资金中安排资金支持应对气候变化或低碳发展相关工作，根据执行情况进行评分，最高6分。
	12. 组织领导和公众参与情况	6	相关的正式文件材料；实地核查	（1）建立省级应对气候变化领导小组及部门分工协调机制，并实际运作，得2分； （2）设立应对气候变化专职管理机构，并完善工作机制，得2分； （3）组织开展“全国低碳日”等相关活动，全方位、多层次加强宣传引导，得1分； （4）开展具有特色的其他宣传活动，得1分。

（续表）

考核评估内容	考核评估指标	分值	评分依据	评分标准
四、其他（6分）★	13. 体制机制等开创性探索	6	相关的正式文件材料；实地核查	开展体制机制创新，在碳排放交易、总量控制、企业温室气体报告方面开展探索，发挥示范引领作用的，给予适当加分，每项2分。
小计		100		

注：★此项为参考分数，不计入总分，主要反映地方的工作状况，在总体评价中予以考虑。

附表2 数据核查表

项目		单位	2010	2011	2012	2013	2014	2015	数据来源和责任单位
地区生产总值指数									
煤品消费量		万吨标煤							
	无烟煤	万吨（实物量）							
	烟煤								
	褐煤								
	洗精煤								
	其他洗煤								
	煤制品								
	焦炭								
	焦炉煤气	亿立方米（实物量）							
	高炉煤气								
	转炉煤气								
	其他煤气								
煤品消费二氧化碳排放量		万吨二氧化碳							
油品消费量		万吨标煤							
	原油	万吨（实物量）							
	汽油								
	煤油								
	柴油								
	燃料油								
	石油焦								

（续表）

项目		单位	2010	2011	2012	2013	2014	2015	数据来源和责任单位
	液化石油气								
	炼厂干气								
	其他石油制品								
油品消费二氧化碳排放量		万吨二氧化碳							
天然气消费量		万吨标煤							
	天然气	亿立方米（实物量）							
	液化天然气	万吨（实物量）							
天然气消费二氧化碳排放量		万吨二氧化碳							
外省电力调入量		亿千瓦时							
外省电力调入蕴含的二氧化碳排放量		万吨二氧化碳							
本省电力调出量		亿千瓦时							
本省电力调出蕴含的二氧化碳排放量		万吨二氧化碳							

国务院印发能源发展战略行动计划（2014—2020年）

能源是现代化的基础和动力。能源供应和安全事关我国现代化建设全局。新世纪以来，我国能源发展成就显著，供应能力稳步增长，能源结构不断优化，节能减排取得成效，科技进步迈出新步伐，国际合作取得新突破，建成世界最大的能源供应体系，有效保障了经济社会持续发展。

当前，世界政治、经济格局深刻调整，能源供求关系深刻变化。我国能源资源约束日益加剧，生态环境问题突出，调整结构、提高能效和保障能源安全的压力进一步加大，能源发展面临一系列新问题新挑战。同时，我国可再生能源、非常规油气和深海油气资源开发潜力很大，能源科技创新取得新突破，能源国际合作不断深化，能源发展面临着难得的机遇。

从现在到2020年，是我国全面建成小康社会的关键时期，是能源发展转型的重要战略机遇期。为贯彻落实党的十八大精神，推动能源生产和消费革命，打造中国能源升级版，必须加强全局谋划，明确今后一段时期我国能源发展的总体方略和行动纲领，推动能源创新发展、安全发展、科学发展，特制定本行动计划。

一、总体战略

（一）指导思想。

高举中国特色社会主义伟大旗帜，以邓小平理论、“三个代表”重要思想、科学发展观为指导，深入贯彻党的十八大和十八届二中、三中全会精神，全面落实党中央、国务院的各项决策部署，以开源、节流、减排为重点，确保能源安全供应，转变能源发展方式，调整优化能源结构，创新能源体制机制，着力提高能源效率，严格控制能源消费过快增长，着力发展清洁能源，推进能源绿色发展，着力推动科技进步，切实提高能源产业核心竞争力，打造中国能源升级版，为实现中华民族伟大复兴的中国梦提供安全可靠的能源保障。

（二）战略方针与目标。

坚持“节约、清洁、安全”的战略方针，加快构建清洁、高效、安全、可持续的现代能源体系。重点实施四大战略：

1. 节约优先战略。把节约优先贯穿于经济社会及能源发展的全过程，集约高效开发能源，科学合理使用能源，大力提高能源效率，加快调整和优化经济结构，推进重点领域和关键环节节能，合理控制能源消费总量，以较少的能源消费支撑经济社会较快发展。

到 2020 年，一次能源消费总量控制在 48 亿吨标准煤左右，煤炭消费总量控制在 42 亿吨左右。

2. 立足国内战略。坚持立足国内，将国内供应作为保障能源安全的主渠道，牢牢掌握能源安全主动权。发挥国内资源、技术、装备和人才优势，加强国内能源资源勘探开发，完善能源替代和储备应急体系，着力增强能源供应能力。加强国际合作，提高优质能源保障水平，加快推进油气战略进口通道建设，在开放格局中维护能源安全。

到 2020 年，基本形成比较完善的能源安全保障体系。国内一次能源生产总量达到 42 亿吨标准煤，能源自给能力保持在 85% 左右，石油储采比提高到 14—15，能源储备应急体系基本建成。

3. 绿色低碳战略。着力优化能源结构，把发展清洁低碳能源作为调整能源结构的主攻方向。坚持发展非化石能源与化石能源高效清洁利用并举，逐步降低煤炭消费比重，提高天然气消费比重，大幅增加风电、太阳能、地热能等可再生能源和核电消费比重，形成与我国国情相适应、科学合理的能源消费结构，大幅减少能源消费排放，促进生态文明建设。

到 2020 年，非化石能源占一次能源消费比重达到 15%，天然气比重达到 10% 以上，煤炭消费比重控制在 62% 以内。

4. 创新驱动战略。深化能源体制改革，加快重点领域和关键环节改革步伐，完善能源科学发展体制机制，充分发挥市场在能源资源配置中的决定性作用。树立科技决定能源未来、科技创造未来能源的理念，坚持追赶与跨越并重，加强能源科技创新体系建设，依托重大工程推进科技自主创新，建设能源科技强国，能源科技总体接近世界先进水平。

到 2020 年，基本形成统一开放竞争有序的现代能源市场体系。

二、主要任务

（一）增强能源自主保障能力。

立足国内，加强能源供应能力建设，不断提高自主控制能源对外依存度的能力。

1. 推进煤炭清洁高效开发利用。

按照安全、绿色、集约、高效的原则，加快发展煤炭清洁开发利用技术，不断提高煤炭清洁高效开发利用水平。

清洁高效发展煤电。转变煤炭使用方式，着力提高煤炭集中高效发电比例。提高煤电机组准入标准，新建燃煤发电机组供电煤耗低于每千瓦时 300 克标准煤，污染物排放接近燃气机组排放水平。

推进煤电大基地大通道建设。依据区域水资源分布特点和生态环境承载能力，严格煤矿环保和安全准入标准，推广充填、保水等绿色开采技术，重点建设晋北、晋中、晋东、神东、陕北、黄陇、宁东、鲁西、两淮、云贵、冀中、河南、内蒙古东部、新疆等 14 个亿吨级大型煤炭基地。到 2020 年，基地产量占全国的 95%。采用最先进节能节水环保发电技术，重点建设锡林郭勒、鄂尔多斯、晋北、晋中、晋东、陕北、哈密、准东、宁东等 9 个千万千瓦级大型煤电基地。发展远距离大容量输电技术，扩大西电东送规模，实施北电南送工程。加强煤炭铁路运输通道建设，重点建设内蒙古西部至华中地区的铁路煤运通道，完善西煤东运通道。到 2020 年，全国煤炭铁路运输能力达到 30 亿吨。

提高煤炭清洁利用水平。制定和实施煤炭清洁高效利用规划，积极推进煤炭分级分质梯级利用，加大煤炭洗选比重，鼓励煤矸石等低热值煤和劣质煤就地清洁转化利用。建立健全煤炭质量管理体系，加强对煤炭开发、加工转化和使用过程的监督管理。加强进口煤炭质量监管。大幅减少煤炭分散直接燃烧，鼓励农村地区使用洁净煤和型煤。

2. 稳步提高国内石油产量。

坚持陆上和海上并重，巩固老油田，开发新油田，突破海上油田，大力支持低品位资源开发，建设大庆、辽河、新疆、塔里木、胜利、长庆、渤海、南海、延长等9个千万吨级大油田。

稳定东部老油田产量。以松辽盆地、渤海湾盆地为重点，深化精细勘探开发，积极发展先进采油技术，努力增储挖潜，提高原油采收率，保持产量基本稳定。

实现西部增储上产。以塔里木盆地、鄂尔多斯盆地、准噶尔盆地、柴达木盆地为重点，加大油气资源勘探开发力度，推广应用先进技术，努力探明更多优质储量，提高石油产量。加大羌塘盆地等新区油气地质调查研究和勘探开发技术攻关力度，拓展新的储量和产量增长区域。

加快海洋石油开发。按照以近养远、远近结合，自主开发与对外合作并举的方针，加强渤海、东海和南海等海域近海油气勘探开发，加强南海深水油气勘探开发形势跟踪分析，积极推进深海对外招标和合作，尽快突破深海采油技术和装备自主制造能力，大力提升海洋油气产量。

大力支持低品位资源开发。开展低品位资源开发示范工程建设，鼓励难动用储量和濒临枯竭油田的开发及市场化转让，支持采用技术服务、工程总承包等方式开发低品位资源。

3. 大力发展天然气。

按照陆地与海域并举、常规与非常规并重的原则，加快常规天然气增储上产，尽快突破非常规天然气发展瓶颈，促进天然气储量产量快速增长。

加快常规天然气勘探开发。以四川盆地、鄂尔多斯盆地、塔里木盆地和南海为重点，加强西部低品位、东部深层、海域深水三大领域科技攻关，加大勘探开发力度，力争获得大突破、大发现，努力建设8个年产量百亿立方米级以上的大型天然气生产基地。到 2020 年，累计新增常规天然气探明地质储量 5.5 万亿立方米，年产常规天然气 1850 亿立方米。

重点突破页岩气和煤层气开发。加强页岩气地质调查研究，加快“工厂化”、“成套化”技术研发和应用，探索形成先进适用的页岩气勘探开发技术模式和商业模式，培育自主创新和装备制造能力。着力提高四川长宁—威远、重庆涪陵、云南昭通、陕西延安等国家级示范区储量和产量规模，同时争取在湘鄂、云贵和苏皖等地区实现突破。到 2020 年，页岩气产量力争超过 300 亿立方米。以沁水盆地、鄂尔多斯盆地东缘为重点，加大支持力度，加快煤层气勘探开采步伐。到 2020 年，煤层气产量力争达到 300 亿立方米。

积极推进天然气水合物资源勘查与评价。加大天然气水合物勘探开发技术攻关力度，培育具有自主知识产权的核心技术，积极推进试采工程。

4. 积极发展能源替代。

坚持煤基替代、生物质替代和交通替代并举的方针，科学发展石油替代。到 2020 年，形成石油替代能力 4000 万吨以上。

稳妥实施煤制油、煤制气示范工程。按照清洁高效、量水而行、科学布局、突出示范、自主创新的原则，以新疆、内蒙古、陕西、山西等地为重点，稳妥推进煤制油、煤制气技术研发和产业化升级示范工程，掌握核心技术，严格控制能耗、水耗和污染物排放，形成适度规模的煤基燃料替代能力。

积极发展交通燃油替代。加强先进生物质能技术攻关和示范，重点发展新一代非粮燃料乙醇和生物柴油，超前部署微藻制油技术研发和示范。加快发展纯电动汽车、混合动力汽车和船舶、天然气汽车和船舶，扩大交通燃油替代规模。

5. 加强储备应急能力建设。

完善能源储备制度，建立国家储备与企业储备相结合、战略储备与生产运行储备并举的储备体系，建立健全国家能源应急保障体系，提高能源安全保障能力。

扩大石油储备规模。建成国家石油储备二期工程，启动三期工程，鼓励民间资本参与储备建设，建立企业义务储备，鼓励发展商业储备。

提高天然气储备能力。加快天然气储气库建设，鼓励发展企业商业储备，支持天然气生产企业参与调峰，提高储气规模和应急调峰能力。

建立煤炭稀缺品种资源储备。鼓励优质、稀缺煤炭资源进口，支持企业在缺煤地区和煤炭集散地建设中转储运设施，完善煤炭应急储备体系。

完善能源应急体系。加强能源安全信息化保障和决策支持能力建设，逐步建立重点能源品种和能源通道应急指挥和综合管理系统，提升预测预警和防范应对水平。

（二）推进能源消费革命。

调整优化经济结构，转变能源消费理念，强化工业、交通、建筑节能和需求侧管理，重视生活节能，严格控制能源消费总量过快增长，切实扭转粗放用能方式，不断提高能源使用效率。

1. 严格控制能源消费过快增长。

按照差别化原则，结合区域和行业用能特点，严格控制能源消费过快增长，切实转变能源开发和利用方式。

推行“一挂双控”措施。将能源消费与经济增长挂钩，对高耗能产业和产能过剩行业实行能源消费总量控制强约束，其他产业按先进能效标准实行强约束，现有产能能效要限期达标，新增产能必须符合国内先进能效标准。

推行区域差别化能源政策。在能源资源丰富的西部地区，根据水资源和生态环境承载能力，在节水节能环保、技术先进的前提下，合理加大能源开发力度，增强跨区调出能力。合理控制中部地区能源开发强度。大力优化东部地区能源结构，鼓励发展有竞争力的新能源和可再生能源。

控制煤炭消费总量。制定国家煤炭消费总量中长期控制目标，实施煤炭消费减量替代，降低煤炭消费比重。

2. 着力实施能效提升计划。

坚持节能优先，以工业、建筑和交通领域为重点，创新发展方式，形成节能型生产和消费模式。

实施煤电升级改造行动计划。实施老旧煤电机组节能减排升级改造工程，现役60万千瓦（风冷机组除外）及以上机组力争5年内供电煤耗降至每千瓦时300克标准煤左右。

实施工业节能行动计划。严格限制高耗能产业和过剩产业扩张，加快淘汰落后产能，实施十大重点节能工程，深入开展万家企业节能低碳行动。实施电机、内燃机、锅炉等重点用能设备能效提升计划，推进工业企业余热余压利用。深入推进工业领域需求侧管理，积极发展高效锅炉和高效电机，推进终端用能产品能效提升和重点用能行业能效水平对标达标。认真开展新建项目环境影响评价和节能评估审查。

实施绿色建筑行动计划。加强建筑用能规划，实施建筑能效提升工程，尽快推行75%的居住建筑节能设计标准，加快绿色建筑建设和既有建筑改造，推行公共建筑能耗限额和绿色建筑评级与标识制度，大力推广节能电器和绿色照明，积极推进新能源城市建设。大力发展低碳生态城市和绿色生态城区，到2020年，城镇绿色建筑占新建建筑的比例达到50%。加快推进供热计量改革，新建建筑和经供热计量改造的既有建筑实行供热计量收费。

实行绿色交通行动计划。完善综合交通运输体系规划，加快推进综合交通运输体系建设。积极推进清洁能源汽车和船舶产业化步伐，提高车用燃油经济性标准和环保标准。加快发展轨道交通和水运等资源节约型、环境友好型运输方式，推进主要城市群内城际铁路建设。大力发展城市公共交通，加强城市步行和自行车交通系统建设，提高公共出行和非机动出行比例。

3. 推动城乡用能方式变革。

按照城乡发展一体化和新型城镇化的总体要求，坚持集中与分散供能相结合，因地制宜建设城乡供能设施，推进城乡用能方式转变，提高城乡用能水平和效率。

实施新城镇、新能源、新生活行动计划。科学编制城镇规划，优化城镇空间布局，推动信息化、低碳化与城镇化的深度融合，建设低碳智能城镇。制定城镇综合能源规划，大力发展分布式能源，科学发展热电联产，鼓励有条件的地区发展热电冷联供，发展风能、太阳能、生物质能、地热能供暖。

加快农村用能方式变革。抓紧研究制定长效政策措施，推进绿色能源县、乡、村建设，大力发展农村小水电，加强水电新农村电气化县和小水电代燃料生态保护工程建设，因地制宜发展农村可再生能源，推动非商品能源的清洁高效利用，加强农村节能工作。

开展全民节能行动。实施全民节能行动计划，加强宣传教育，普及节能知识，推广节能新技术、新产品，大力提倡绿色生活方式，引导居民科学合理用能，使节约用能成为全社会的自觉行动。

（三）优化能源结构。

积极发展天然气、核电、可再生能源等清洁能源，降低煤炭消费比重，推动能源结构持续优化。

1. 降低煤炭消费比重。

加快清洁能源供应，控制重点地区、重点领域煤炭消费总量，推进减量替代，压减煤炭消费，到 2020 年，全国煤炭消费比重降至 62% 以内。

削减京津冀鲁、长三角和珠三角等区域煤炭消费总量。加大高耗能产业落后产能淘汰力度，扩大外来电、天然气及非化石能源供应规模，耗煤项目实现煤炭减量替代。到 2020 年，京津冀鲁四省市煤炭消费比 2012 年净削减 1 亿吨，长三角和珠三角地区煤炭消费总量负增长。

控制重点用煤领域煤炭消费。以经济发达地区和大中城市为重点，有序推进重点用煤领域“煤改气”工程，加强余热、余压利用，加快淘汰分散燃煤小锅炉，到 2017 年，基本完成重点地区燃煤锅炉、工业窑炉等天然气替代改造任务。结合城中村、城乡结合部、棚户区改造，扩大城市无煤区范围，逐步由城市建成区扩展到近郊，大幅减少城市煤炭分散使用。

2. 提高天然气消费比重。

坚持增加供应与提高能效相结合，加强供气设施建设，扩大天然气进口，有序拓展天然气城镇燃气应用。到 2020 年，天然气在一次能源消费中的比重提高到 10% 以上。

实施气化城市民生工程。新增天然气应优先保障居民生活和替代分散燃煤，组织实施城镇居民用能清洁化计划，到 2020 年，城镇居民基本用上天然气。

稳步发展天然气交通运输。结合国家天然气发展规划布局，制定天然气交通发展中长期规划，加快天然气加气站设施建设，以城市出租车、公交车为重点，积极有序发展液化天然气汽车和压缩天然气汽车，稳妥发展天然气家庭轿车、城际客车、重型卡车和轮船。

适度发展天然气发电。在京津冀鲁、长三角、珠三角等大气污染重点防控区，有序发展天然气调峰电站，结合热负荷需求适度发展燃气—蒸汽联合循环热电联产。

加快天然气管网和储气设施建设。按照西气东输、北气南下、海气登陆的供气格局，加快天然气管道及储气设施建设，形成进口通道、主要生产区和消费区相连接的全国天然气主干管网。到 2020 年，天然气主干管道里程达到 12 万公里以上。

扩大天然气进口规模。加大液化天然气和管道天然气进口力度。

3. 安全发展核电。

在采用国际最高安全标准、确保安全的前提下，适时在东部沿海地区启动新的核电项目建设，研究论证内陆核电建设。坚持引进消化吸收再创新，重点推进 AP1000、CAP1400、高温气冷堆、快堆及后处理技术攻关。加快国内自主技术工程验证，重点建设大型先进压水堆、高温气冷堆重大专项示范工程。积极推进核电基础理论研究、核安全技术研究开发设计和工程建设，完善核燃料循环体系。积极推进核电“走出去”。加强核电科普和核安全知识宣传。到 2020 年，核电装机容量达到 5800 万千瓦，在建容量达到3000万千瓦以上。

4. 大力发展可再生能源。

按照输出与就地消纳利用并重、集中式与分布式发展并举的原则，加快发展可再生能源。到2020年，非化石能源占一次能源消费比重达到15%。

积极开发水电。在做好生态环境保护和移民安置的前提下，以西南地区金沙江、雅砻江、大渡河、澜沧江等河流为重点，积极有序推进大型水电基地建设。因地制宜发展中小型电站，开展抽水蓄能电站规划和建设，加强水资源综合利用。到2020年，力争常规水电装机达到3.5亿千瓦左右。

大力发展风电。重点规划建设酒泉、内蒙古西部、内蒙古东部、冀北、吉林、黑龙江、山东、哈密、江苏等9个大型现代风电基地以及配套送出工程。以南方和中东部地区为重点，大力发展分散式风电，稳步发展海上风电。到2020年，风电装机达到2亿千瓦，风电与煤电上网电价相当。

加快发展太阳能发电。有序推进光伏基地建设，同步做好就地消纳利用和集中送出通道建设。加快建设分布式光伏发电应用示范区，稳步实施太阳能热发电示范工程。加强太阳能发电并网服务。鼓励大型公共建筑及公用设施、工业园区等建设屋顶分布式光伏发电。到2020年，光伏装机达到1亿千瓦左右，光伏发电与电网销售电价相当。

积极发展地热能、生物质能和海洋能。坚持统筹兼顾、因地制宜、多元发展的方针，有序开展地热能、海洋能资源普查，制定生物质能和地热能开发利用规划，积极推动地热能、生物质能和海洋能清洁高效利用，推广生物质能和地热供热，开展地热发电和海洋能发电示范工程。到2020年，地热能利用规模达到5000万吨标准煤。

提高可再生能源利用水平。加强电源与电网统筹规划，科学安排调峰、调频、储能配套能力，切实解决弃风、弃水、弃光问题。

（四）拓展能源国际合作。

统筹利用国内国际两种资源、两个市场，坚持投资与贸易并举、陆海通道并举，加快制定利用海外能源资源中长期规划，着力拓展进口通道，着力建设丝绸之路经济带、21 世纪海上丝绸之路、孟中印缅经济走廊和中巴经济走廊，积极支持能源技术、装备和工程队伍“走出去”。

加强俄罗斯中亚、中东、非洲、美洲和亚太五大重点能源合作区域建设，深化国际能源双边多边合作，建立区域性能源交易市场。积极参与全球能源治理。加强统筹协调，支持企业“走出去”。

（五）推进能源科技创新。

按照创新机制、夯实基础、超前部署、重点跨越的原则，加强科技自主创新，鼓励引进消化吸收再创新，打造能源科技创新升级版，建设能源科技强国。

1. 明确能源科技创新战略方向和重点。

抓住能源绿色、低碳、智能发展的战略方向，围绕保障安全、优化结构和节能减排等长期目标，确立非常规油气及深海油气勘探开发、煤炭清洁高效利用、分布式能源、智能电网、新一代核电、先进可再生能源、节能节水、储能、基础材料等 9 个重点创新领域，明确页岩气、煤层气、页岩油、深海油气、煤炭深加工、高参数节能环保燃煤发电、整体煤气化联合循环发电、燃气轮机、现代电网、先进核电、光伏、太阳能热发电、风电、生物燃料、地热能利用、海洋能发电、天然气水合物、大容量储能、氢能与燃料电池、能源基础材料等 20 个重点创新方向，相应开展页岩气、煤层气、深水油气开发等重大示范工程。

2. 抓好科技重大专项。

加快实施大型油气田及煤层气开发国家科技重大专项。加强大型先进压水堆及高温气冷堆核电站国家科技重大专项。加强技术攻关，力争页岩气、深海油气、天然气水合物、新一代核电等核心技术取得重大突破。

3. 依托重大工程带动自主创新。

依托海洋油气和非常规油气勘探开发、煤炭高效清洁利用、先进核电、可再生能源开发、智能电网等重大能源工程，加快科技成果转化，加快能源装备制造创新平台建设，支持先进能源技术装备“走出去”，形成有国际竞争力的能源装备工业体系。

4. 加快能源科技创新体系建设。

制定国家能源科技创新及能源装备发展战略。建立以企业为主体、市场为导向、政产学研用相结合的创新体系。鼓励建立多元化的能源科技风险投资基金。加强能源人才队伍建设，鼓励引进高端人才，培育一批能源科技领军人才。

三、保障措施

（一）深化能源体制改革。

坚持社会主义市场经济改革方向，使市场在资源配置中起决定性作用和更好发挥政府作用，深化能源体制改革，为建立现代能源体系、保障国家能源安全营造良好的制度环境。

完善现代能源市场体系。建立统一开放、竞争有序的现代能源市场体系。深入推进政企分开，分离自然垄断业务和竞争性业务，放开竞争性领域和环节。实行统一的市场准入制度，在制定负面清单基础上，鼓励和引导各类市场主体依法平等进入负面清单以外的领域，推动能源投资主体多元化。深化国有能源企业改革，完善激励和考核机制，提高企业竞争力。鼓励利用期货市场套期保值，推进原油期货市场建设。

推进能源价格改革。推进石油、天然气、电力等领域价格改革，有序放开竞争性环节价格，天然气井口价格及销售价格、上网电价和销售电价由市场形成，输配电价和油气管输价格由政府定价。

深化重点领域和关键环节改革。重点推进电网、油气管网建设运营体制改革，明确电网和油气管网功能定位，逐步建立公平接入、供需导向、可靠灵活的电力和油气输送网络。加快电力体制改革步伐，推动供求双方直接交易，构建竞争性电力交易市场。

健全能源法律法规。加快推动能源法制定和电力法、煤炭法修订工作。积极推进海洋石油天然气管道保护、核电管理、能源储备等行政法规制定或修订工作。

进一步转变政府职能，健全能源监管体系。加强能源发展战略、规划、政策、标准等制定和实施，加快简政放权，继续取消和下放行政审批事项。强化能源监管，健全监管组织体系和法规体系，创新监管方式，提高监管效能，维护公平公正的市场秩序，为能源产业健康发展创造良好环境。

（二）健全和完善能源政策。

完善能源税费政策。加快资源税费改革，积极推进清费立税，逐步扩大资源税从价计征范围。研究调整能源消费税征税环节和税率，将部分高耗能、高污染产品纳入征收范围。完善节能减排税收政策，建立和完善生态补偿机制，加快推进环境保护税立法工作，探索建立绿色税收体系。

完善能源投资和产业政策。在充分发挥市场作用的基础上，扩大地质勘探基金规模，重点支持和引导非常规油气及深海油气资源开发和国际合作，完善政府对基础性、战略性、前沿性科学研究和共性技术研究及重大装备的支持机制。完善调峰调频备用补偿政策，实施可再生能源电力配额制和全额保障性收购政策及配套措施。鼓励银行业金融机构按照风险可控、商业可持续的原则，加大对节能提效、能源资源综合利用和清洁能源项目的支持。研究制定推动绿色信贷发展的激励政策。

完善能源消费政策。实行差别化能源价格政策。加强能源需求侧管理，推行合同能源管理，培育节能服务机构和能源服务公司，实施能源审计制度。健全固定资产投资项目节能评估审查制度，落实能效“领跑者”制度。

（三）做好组织实施。

加强组织领导。充分发挥国家能源委员会的领导作用，加强对能源重大战略问题的研究和审议，指导推动本行动计划的实施。能源局要切实履行国家能源委员会办公室职责，组织协调各部门制定实施细则。

细化任务落实。国务院有关部门、各省（区、市）和重点能源企业要将贯彻落实本行动计划列入本部门、本地区、本企业的重要议事日程，做好各类规划计划与本行动计划的衔接。国家能源委员会办公室要制定实施方案，分解落实目标任务，明确进度安排和协调机制，精心组织实施。

加强督促检查。国家能源委员会办公室要密切跟踪工作进展，掌握目标任务完成情况，督促各项措施落到实处、见到实效。在实施过程中，要定期组织开展评估检查和考核评价，重大情况及时报告国务院。

节能低碳技术推广管理暂行办法

第一章 总则

第一条 为引导用能单位采用先进适用的节能低碳技术装备，加快节能低碳技术进步和推广普及，建立节能低碳技术遴选、评定和推广机制，根据《中华人民共和国节约能源法》、《“十二五”节能减排综合性工作方案》、《“十二五”控制温室气体排放工作方案》和《国务院关于加快发展节能环保产业的意见》，制订本办法。

第二条 本办法所称节能技术，是指促进能源节约集约使用、提高能源资源开发利用效率和效益、减少对环境影响、遏制能源资源浪费的技术。节能技术主要包括能源资源优化开发技术，单项节能改造技术与节能技术的系统集成，节能型的生产工艺、高性能用能设备，可直接或间接减少能源消耗的新材料开发应用技术，以及节约能源、提高用能效率的管理技术等。

本办法所称低碳技术，是指以资源的高效利用为基础，以减少或消除二氧化碳排放为基本特征的技术，广义上也包括以减少或消除其他温室气体排放为特征的技术。

第三条 本办法适用于国家发展改革委管理的《国家重点节能低碳技术推广目录》（以下简称《目录》）申报、遴选和推广工作。

第四条 国家发展改革委负责重点节能低碳技术申报、遴选和推广的组织工作，实行自愿申报、科学遴选，坚持企业为主、政府引导、社会参与、重点推广和动态更新的原则。

第五条 重点节能低碳技术申报、遴选、评定、推广、培训等，不向技术提供单位收取任何费用。

第二章 重点节能低碳技术申报

第六条 国家发展改革委定期印发通知征集重点节能低碳技术，明确申报范围、申报要求、申报程序、时限要求等。

第七条 各省、自治区、直辖市和计划单列市、新疆生产建设兵团发展改革部门、经信委（经委、工信委、工信厅），计划单列企业集团和中央管理企业，国家节能中心，有关行业协会为节能技术组织申报单位；各省、自治区、直辖市、新疆生产建设兵团发展改革部门，计划单列企业集团和中央管理企业，有关行业协会为低碳技术组织申报单位。

组织申报单位应根据通知要求，组织企业、研究机构等技术提供单位准备申报材料，并对申报材料的真实性、完整性和合规性进行审核。节能低碳技术组织申报单位应汇总整理符合条件的技术，填写重点节能低碳技术汇总表（见附件1）并加盖公章，报送国家发展改革委。

技术提供单位也可通过国务院有关部门向国家发展改革委提交申报材料。

第八条 申报技术应符合节能降碳效果显著、技术先进、经济适用、有成功实施案例等条件。重点节能技术提供单位应编写重点节能技术申请报告（见附件2），以及重点节能技术申报表（见附件3），提交组织申报单位。

重点低碳技术申报单位应填写重点低碳技术申报表（见附件4），提交组织申报单位。

重点节能技术申请报告的主要内容包括：

（一）技术概要；

（二）技术原理和内容；

（三）评价指标，包括节能能力、经济效益、技术先进性、技术可靠性及行业特征指标；

（四）推广建议；

（五）结论；

（六）附件。

第三章 重点节能低碳技术遴选

第九条 重点节能低碳技术遴选采用定量与定性相结合、通用指标和特征指标相结合的方式，重点节能低碳技术主要评价指标包括：

（一）节能减碳能力：预计能形成的节能量（建筑、交通等行业主要参考节能率指标），预计能形成的二氧化碳减排量（其他温室气体减排量可根据附件 5 进行折算）；

（二）经济效益：单位节能量投资额和静态投资回收期，单位二氧化碳减排量投资额和静态投资回收期；

（三）技术先进性；

（四）技术可靠性；

（五）行业特征指标。

第十条 国家发展改革委受理重点节能低碳技术申请材料后，对申报材料是否符合通知要求进行核对。符合要求的，进入专家遴选环节；不符合要求的，通知组织申报单位补充完善，补充完善后还不能达到要求的或未按要求进行补充的，不进入专家遴选环节。

第十一条 国家发展改革委委托有关机构进行遴选：

（一）分行业初审。分行业对重点节能低碳技术申请材料进行初审，形成书面评审意见。审查重点是技术有创新性、节能减碳原理清晰、知识产权明确、符合国家产业政策等。

（二）复审论证。召开专家论证会，对通过分行业初审的技术进行复审论证，分为交叉评分、集体讨论、组长复核等环节。重点节能低碳技术论证重点是节能减碳能力、经济效益、技术先进性、技术可靠性、系统影响分析、行业特征指标等。

（三）技术答辩。召开技术答辩会，对通过复审论证的技术，组织技术提供单位进行答辩，接受专家问询，深入论证技术细节，进一步评价技术的节能减碳能力、经济效益、先进性、可靠性等，形成答辩意见。必要时根据答辩问询情况组织专家进行现场调研论证，并形成论证意见。

（四）征求意见。对通过答辩和现场调研论证的重点节能低碳技术，由国家发展改革委向有关部门、行业协会等征求意见，并根据相关意见进行修改完善。

（五）公示。根据征求意见情况，提出拟入选《目录》的重点节能低碳技术，由国家发展改革委向全社会公示，对公示期内收到书面意见的技术，再组织专家论证，根据公示和论证情况确定入选《目录》的重点节能低碳技术。

第十二条 《目录》由国家发展改革委以公告方式向全社会发布，主要包括技术内容、应用案例和技术提供单位、技术评定情况等，供用能单位、碳排放单位和个人查询使用。

第十三条 《目录》实施动态更新，根据技术进步情况，定期更新技术指标和技术提供单位，用先进的同类技术替换原有技术。

第十四条 国家发展改革委委托有关机构，就申报要求、遴选程序、遴选标准等内容，开展对组织申报单位和技术提供单位的培训。

第四章 重点节能低碳技术推广

第十五条 国家发展改革委优先支持技术提供单位新建、参与新建或改扩建重点节能低碳技术装备生产线；优先支持用能单位使用重点节能低碳技术实施改造。

第十六条 鼓励技术提供单位建立重点节能低碳技术示范推广中心，展示宣传重点节能低碳技术；鼓励用能单位分行业集成应用重点节能低碳技术，建立教育示范基地，定期组织行业重点用能单位开展技术交流和培训，推广集成应用典型模式。

第十七条 各级固定资产投资项目节能评估和审查负责部门在开展项目节能评估和审查时，鼓励用能单位采用重点节能低碳技术；鼓励节能服务公司在实施合同能源管理项目过程中采用重点节能低碳技术。

第十八条 鼓励能源审计单位在开展能源审计时，参照重点节能低碳技术能效水平，在审计报告中提出相应改造措施建议；鼓励各级节能监察机构在节能监察中参照重点节能低碳技术能效水平，对高耗能行业企业建议采用重点节能低碳技术进行改造。

第十九条　国家发展改革委委托有关单位编制重点节能技术最佳实践案例，包括重点节能技术基本情况、节能改造前后情况、第三方机构检测报告、用户意见反馈等，对节能效果突出的案例进行重点宣传。

第二十条　国家发展改革委委托有关单位组织召开重点节能低碳技术的现场推广会及技术对接会，开展技术提供单位与用能单位和节能服务公司交流。

第二十一条　重点节能低碳技术提供单位要制定推广方案，每年向国家发展改革委提交上年度推广情况，由国家发展改革委委托有关机构进行整理分析，跟踪评估推广效果，适时发布推广报告。

第五章　附则

本办法自发布之日起实施。

国务院关于加快发展节能环保产业的意见

国发〔2013〕30号

各省、自治区、直辖市人民政府，国务院各部委、各直属机构：

资源环境制约是当前我国经济社会发展面临的突出矛盾。解决节能环保问题，是扩内需、稳增长、调结构，打造中国经济升级版的一项重要而紧迫的任务。加快发展节能环保产业，对拉动投资和消费，形成新的经济增长点，推动产业升级和发展方式转变，促进节能减排和民生改善，实现经济可持续发展和确保2020年全面建成小康社会，具有十分重要的意义。为加快发展节能环保产业，现提出以下意见：

一、总体要求

（一）指导思想。牢固树立生态文明理念，立足当前、着眼长远，围绕提高产业技术水平和竞争力，以企业为主体、以市场为导向、以工程为依托，强化政府引导，完善政策机制，培育规范市场，着力加强技术创新，大力提高技术装备、产品、服务水平，促进节能环保产业快速发展，释放市场潜在需求，形成新的增长点，为扩内需、稳增长、调结构，增强创新能力，改善环境质量，保障改善民生和加快生态文明建设作出贡献。

（二）基本原则。

创新引领，服务提升。加快技术创新步伐，突破关键核心技术和共性技术，缩小与国际先进水平的差距，提升技术装备和产品的供给能力。推行合同能源管理、特许经营、综合环境服务等市场化新型节能环保服务业态。

需求牵引，工程带动。营造绿色消费政策环境，推广节能环保产品，加快实施节能、循环经济和环境保护重点工程，释放节能环保产品、设备、服务的消费和投资需求，形成对节能环保产业发展的有力拉动。

法规驱动，政策激励。健全节能环保法规和标准，强化监督管理，完善政策机制，加强行业自律，规范市场秩序，形成促进节能环保产业快速健康发展的激励和约束机制。

市场主导，政府引导。充分发挥市场配置资源的基础性作用，以市场需求为导向，用改革的办法激发各类市场主体的积极性。针对产业发展的薄弱环节和瓶颈制约，有效发挥政府规划引导、政策激励和调控作用。

（三）主要目标。

产业技术水平显著提升。企业技术创新和科技成果集成、转化能力大幅提高，能源高效和分质梯级利用、污染物防治和安全处置、资源回收和循环利用等关键核心技术研发取得重点突破，装备和产品的质量、性能显著改善，形成一大批拥有知识产权和国际竞争力的重大装备和产品，部分关键共性技术达到国际先进水平。

国产设备和产品基本满足市场需求。通过引进消化吸收和再创新，努力提高产品技术水平，促进我国节能环保关键材料以及重要设备和产品在工业、农业、服务业、居民生活各领域的广泛应用，为实现节能环保目标提供有力的技术保障。用能单位广泛采用“节能医生”诊断、合同能源管理、能源管理师制度等节能服务新机制改善能源管理，城镇污水、垃圾处理和脱硫、脱硝设施运营基本实现专业化、市场化、社会化，综合环境服务得到大力发展。建设一批技术先进、配套健全、发展规范的节能环保产业示范基地，形成以大型骨干企业为龙头、广大中小企业配套的产业良性发展格局。

辐射带动作用得到充分发挥。完善激励约束机制，建立统一开放、公平竞争、规范有序的市场秩序。节能环保产业产值年均增速在15%以上，到2015年，总产值达到4.5万亿元，成为国民经济新的支柱产业。通过推广节能环保产品，有效拉动消费需求；通过增强工程技术能力，拉动节能环保社会投资增长，有力支撑传统产业改造升级和经济发展方式加快转变。

二、围绕重点领域，促进节能环保产业发展水平全面提升

当前，要围绕市场应用广、节能减排潜力大、需求拉动效应明显的重点领域，加快相关技术装备的研发、推广和产业化，带动节能环保产业发展水平全面提升。

（一）加快节能技术装备升级换代，推动重点领域节能增效。

推广高效锅炉。发展一批高效锅炉制造基地，培育一批高效锅炉大型骨干生产企业。重点提高锅炉自动化控制、主辅机匹配优化、燃料品种适应、低温烟气余热深度回收、小型燃煤锅炉高效燃烧等技术水平，加大高效锅炉应用推广力度。

扩大高效电动机应用。推动高效电动机产业加快发展，建设15—20个高效电机及其控制系统产业化基地。大力发展三相异步电动机、稀土永磁无铁芯电机等高效电机产品，提高高效电机设计、匹配和关键材料、装备，以及高压变频、无功补偿等控制系统的技术水平。

发展蓄热式燃烧技术装备。建设一批以高效燃烧、换热及冷却技术为特色的制造基地，加快重大技术、装备的产业化示范和规模化应用。重点是综合采用优化炉膛结构、利用预热、强化辐射传热等节能技术集成，提高加热炉燃烧效率；在预混和蓄热结合、蓄热体材料研发、蓄热式燃烧器小型化方面力争取得突破。

加快新能源汽车技术攻关和示范推广。加快实施节能与新能源汽车技术创新工程，大力加强动力电池技术创新，重点解决动力电池系统安全性、可靠性和轻量化问题，加强驱动电机及核心材料、电控等关键零部件研发和产业化，加快完善配套产业和充电设施，示范推广纯电动汽车和插电式混合动力汽车、空气动力车辆等。

推动半导体照明产业化。整合现有资源，提高产业集中度，培育10—15家掌握核心技术、拥有知识产权和知名品牌的龙头企业，建设一批产业链完善的产业集聚区，关键生产设备、重要原材料实现本地化配套。加快核心材料、装备和关键技术的研发，着力解决散热、模块化、标

准化等重大技术问题。

（二）提升环保技术装备水平，治理突出环境问题。

示范推广大气治理技术装备。加快大气治理重点技术装备的产业化发展和推广应用。大力发展脱硝催化剂制备和再生、资源化脱硫技术装备，推进耐高温、耐腐蚀纤维及滤料的开发应用，加快发展选择性催化还原技术和选择性非催化还原技术及其装备，以及高效率、高容量、低阻力微粒过滤器等汽车尾气净化技术装备，实施产业化示范工程。

开发新型水处理技术装备。推动形成一批水处理技术装备产业化基地。重点发展高通量、持久耐用的膜材料和组件，大型臭氧发生器，地下水高效除氟、砷、硫酸盐技术，高浓度难降解工业废水成套处理装备，污泥减量化、无害化、资源化技术装备。

推动垃圾处理技术装备成套化。采取开展示范应用、发布推荐目录、完善工程标准等多种手段，大力推广垃圾处理先进技术和装备。重点发展大型垃圾焚烧设施炉排及其传动系统、循环流化床预处理工艺技术、焚烧烟气净化技术和垃圾渗滤液处理技术等，重点推广300吨/日以上生活垃圾焚烧炉及烟气净化成套装备。

攻克污染土壤修复技术。重点研发污染土壤原位稳定剂、异位固定剂，受污染土壤生物修复技术、安全处理处置和资源化利用技术，实施产业化示范工程，加快推广应用。

加强环境监测仪器设备的开发应用。提高细颗粒物（PM2.5）等监测仪器设备的稳定性，完善监测数据系统，提升设备生产质量控制水平。开发大气、水、重金属在线监测仪器设备，培育发展一批掌握核心技术、产品质量可靠、市场认可度高的骨干企业。加快大气、水等环境质量在线实时监测站点及网络建设，配备技术先进、可靠性高的环境监测仪器设备。

（三）发展资源循环利用技术装备，提高资源产出率。

提升再制造技术装备水平。提升再制造产业创新能力，推广纳米电刷镀、激光熔覆成形等产品再制造技术。研发无损拆解、表面预处理、零部件疲劳剩余寿命评估等再制造技术装备。重点支持建立10—15个国家级再制造产业聚集区和一批重大示范项目，大幅度提高基于表面工程技术的装备应用率。

建设“城市矿产”示范基地。推动再生资源清洁化回收、规模化利用和产业化发展。推广大型废钢破碎剪切、报废汽车和废旧电器破碎分选等技术。提高稀贵金属精细分离提纯、塑料改性和混合废塑料高效分拣、废电池全组分回收利用等装备水平。支持建设50个“城市矿产”示范基地，加快再生资源回收体系建设，形成再生资源加工利用能力8000万吨以上。

深化废弃物综合利用。推动资源综合利用示范基地建设，鼓励产业聚集，培育龙头企业。积极发展尾矿提取有价元素、煤矸石生产超细纤维等高值化利用关键共性技术及成套装备。开发利用产业废物生产新型建材等大型化、精细化、成套化技术装备。加大废旧电池、荧光灯回收利用技术研发。支持大宗固体废物综合利用，提高资源综合利用产品的技术含量和附加值。推动粮棉主产区秸秆综合利用。加快建设餐厨废弃物无害化处理和资源化利用设施。

推动海水淡化技术创新。培育一批集研发、孵化、生产、集成、检验检测和工程技术服务于一体的海水淡化产业基地。示范推广膜法、热法和耦合法海水淡化技术以及电水联产海水淡化模式，完善膜组件、高压泵、能量回收装置等关键部件及系统集成技术。

（四）创新发展模式，壮大节能环保服务业。

发展节能服务产业。落实财政奖励、税收优惠和会计制度，支持重点用能单位采用合同能源管理方式实施节能改造，开展能源审计和“节能医生”诊断，打造“一站式”合同能源管理综合服务平台，专业化节能服务公司的数量、规模和效益快速增长。积极探索节能量交易等市场化节能机制。

扩大环保服务产业。在城镇污水处理、生活垃圾处理、烟气脱硫脱硝、工业污染治理等重点领域，鼓励发展包括系统设计、设备成套、工程施工、调试运行、维护管理的环保服务总承包和环境治理特许经营模式，专业化、社会化服务占全行业的比例大幅提高。加快发展生态环境修复、环境风险与损害评价、排污权交易、绿色认证、环境污染责任保险等新兴环保服务业。

培育再制造服务产业。支持专业化公司利用表面修复、激光等技术为工矿企业设备的高值易损部件提供个性化再制造服务，建立再制造旧件回收、产品营销、溯源等信息化管理系统。推动构建废弃物逆向物流交易平台。

三、发挥政府带动作用，引领社会资金投入节能环保工程建设

（一）加强节能技术改造。发挥财政资金的引导带动作用，采取补助、奖励、贴息等方式，推动企业实施锅炉（窑炉）和换热设备等重点用能装备节能改造，全面推动电机系统节能、能量系统优化、余热余压利用、节约和替代石油、交通运输节能、绿色照明、流通零售领域节能等节能重点工程，提高传统行业的工程技术节能能力，加快节能技术装备的推广应用。开展数据中心节能改造，降低数据中心、超算中心服务器、大型计算机冷却耗能。

（二）实施污染治理重点工程。落实企业污染治理主体责任，加强大气污染治理，开展多污染物协同防治，督促推动重点行业企业加大投入，积极采用先进环保工艺、技术和装备，加快脱硫脱硝除尘改造，炼油行业加快工艺技术改造，提高油品标准，限期淘汰黄标车、老旧汽车。启动实施安全饮水、地表水保护、地下水保护、海洋保护等清洁水行动，加快重点流域、清水廊道、规模化畜禽养殖场等重点水污染防治工程建设，推动重点高耗水行业节水改造。实施土壤环境保护工程，以重金属和有机污染物为重点，选择典型区域开展土壤污染治理与修复试点示范。加大重点行业清洁生产推行力度，支持企业采用源头减量、减毒、减排以及过程控制等先进成熟清洁生产技术，实施汞污染削减、铅污染削减、高毒农药替代工程。

（三）推进园区循环化改造。引导企业和地方政府加大资金投入，推

进园区（开发区）循环化改造，推动各类园区建设废物交换利用、能量分质梯级利用、水分类利用和循环使用、公共服务平台等基础设施，实现园区内项目、企业、产业有效组合和循环链接，打造园区的“升级版”。推动一批国家级和省级开发区提高主要资源产出率、土地产出率、资源循环利用率，基本实现“零排放”。

（四）加快城镇环境基础设施建设。以地方政府和企业投入为主，中央财政适当支持，加快污水垃圾处理设施和配套管网地下工程建设，推进建筑中水利用和城镇污水再生利用。探索城市垃圾处理新出路，实施协同资源化处理城市废弃物示范工程。到2015年，所有设市城市和县城具备污水集中处理能力和生活垃圾无害化处理能力，城镇污水处理规模达到2亿立方米/日以上；城镇生活垃圾无害化处理能力达到87万吨/日以上，生活垃圾焚烧处理设施能力达到无害化处理总能力的35%以上。加强城镇园林绿化建设，提升城镇绿地功能，降减热岛效应。推动生态园林城市建设。

（五）开展绿色建筑行动。到2015年，新增绿色建筑面积10亿平方米以上，城镇新建建筑中二星级及以上绿色建筑比例超过20%；建设绿色生态城（区）。提高新建建筑节能标准，推动政府投资建筑、保障性住房及大型公共建筑率先执行绿色建筑标准，新建建筑全面实行供热按户计量；推进既有居住建筑供热计量和节能改造；实施供热管网改造2万公里；在各级机关和教科文卫系统创建节约型公共机构2000家，完成公共机构办公建筑节能改造6000万平方米，带动绿色建筑建设改造投资和相关产业发展。大力发展绿色建材，推广应用散装水泥、预拌混凝土、预拌砂浆，推动建筑工业化。积极推进太阳能发电等新能源和可再生能源建筑规模化应用，扩大新能源产业国内市场需求。

四、推广节能环保产品，扩大市场消费需求

（一）扩大节能产品市场消费。继续实施并研究调整节能产品惠民政策，实施能效“领跑者”计划，推动超高效节能产品市场消费。强化能效标识和节能产品认证制度实施力度，引导消费者购买高效节能产品。继

续采取补贴方式，推广高效节能照明、高效电机等产品。研究完善峰谷电价、季节性电价政策，通过合理价差引导群众改变生活模式，推动节能产品的应用。在北京、上海、广州等城市扩大公共服务领域新能源汽车示范推广范围，每年新增或更新的公交车中新能源汽车的比例达到60%以上，开展私人购买新能源汽车和新能源出租车、物流车补贴试点。到2015年，终端用能产品能效水平提高15%以上，高效节能产品市场占有率提高到50%以上。

（二）拉动环保产品及再生产品消费。研究扩大环保产品消费的政策措施，完善环保产品和环境标志产品认证制度，推广油烟净化器、汽车尾气净化器、室内空气净化器、家庭厨余垃圾处理器、浓缩洗衣粉等产品，满足消费者需求。放开液化石油气（LPG）市场管控，扩大农村居民使用量。开展再制造“以旧换再”工作，对交回旧件并购买“以旧换再”再制造推广试点产品的消费者，给予一定比例补贴，近期重点推广再制造发动机、电动机等。落实相关支持政策，推动粉煤灰、煤矸石、建筑垃圾、秸秆等资源综合利用产品应用。

（三）推进政府采购节能环保产品。完善政府强制采购和优先采购制度，提高采购节能环保产品的能效水平和环保标准，扩大政府采购节能环保产品范围，不断提高节能环保产品采购比例，发挥示范带动作用。政府普通公务用车要优先采购1.8升（含）以下燃油经济性达到要求的小排量汽车和新能源汽车，择优选用纯电动汽车，研究对硒鼓、墨盒、再生纸等再生产品以及汽车零部件再制造产品的政府采购支持措施。鼓励政府机关、事业单位采取购买服务的方式，提高能源、水等资源利用效率，降低使用成本。抓紧研究制定政府机关及公共机构购买新能源汽车的实施方案。

五、加强技术创新，提高节能环保产业市场竞争力

（一）支持企业技术创新能力建设。强化企业技术创新主体地位，鼓励企业加大研发投入，支持企业牵头承担节能环保国家科技计划项目。国家重点建设的节能环保技术研究中心和实验室优先在骨干企业布局。发

展一批由骨干企业主导、产学研用紧密结合的产业技术创新战略联盟等平台。支持区域节能环保科技服务平台建设。

（二）加快掌握重大关键核心技术。充分发挥国家科技重大专项、科技计划专项资金等的作用，加大节能环保关键共性技术攻关力度，加快突破能源高效和分质梯级利用、污染物防治和安全处置、资源回收和循环利用、二氧化碳热泵、低品位余热利用、供热锅炉模块化等关键技术和装备。瞄准未来技术发展制高点，提前部署碳捕集、利用和封存技术装备。

（三）促进科技成果产业化转化。选择节能环保产业发展基础好的地区，建设一批产业集聚、优势突出、产学研用有机结合、引领示范作用显著的节能环保产业示范基地，支持成套装备及配套设备、关键共性技术和先进制造技术的生产制造和推广应用。加强知识产权保护，推进知识产权投融资机制建设，鼓励设立中小企业公共服务平台、出台扶持政策，支持中小型节能环保企业开展技术创新和产业化发展。筛选一批技术先进、经济适用的节能环保装备设备，扩大推广应用。

（四）推动国际合作和人才队伍建设。鼓励企业、科研机构开展国际科技交流与合作，支持企业节能环保创新人才队伍建设。依托“千人计划”和海外高层次创新创业人才基地建设，加快吸引海外高层次人才来华创新创业。依托重大人才工程，大力培养节能环保科技创新、工程技术等高端人才。

六、强化约束激励，营造有利的市场和政策环境

（一）健全法规标准。加快制（修）订节能环保标准，逐步提高终端用能产品能效标准和重点行业单位产品能耗限额标准，按照改善环境质量的需要，完善环境质量标准和污染物排放标准体系，提高污染物排放控制要求，扩大监控污染物范围，强化总量控制和有毒有害污染物排放控制，充分发挥标准对产业发展的催生促进作用，推动传统产业升级改造。完善节能环保法律法规，推动加快制定固定资产投资项目节能评估和审查法，制定节能技术推广管理办法。严格节能环保执法，严肃查处各类违法违规行为，做好行政执法与刑事司法的衔接，依法加大对环境污染犯罪的惩处

力度。认真落实执法责任追究制。加强对节能环保标准、认证标识、政策措施等落实情况的监督检查。加快建立节能减排监测、评估体系和技术服务平台。

（二）强化目标责任。完善节能减排统计、监测、考核体系，健全节能减排预警机制，强化节能减排目标进度考核，建立健全行业节能减排工作评价制度。将考核结果作为领导班子和领导干部综合考核评价的重要内容，纳入政府绩效管理，落实奖惩措施，实行问责制。完善节能评估和审查制度，发挥能评对控制能耗总量和增量的重要作用。落实万家企业节能量目标，加大对重点耗能企业节能的评价考核力度。落实节能减排目标责任制，形成促进节能环保产业发展的倒逼机制。

（三）加大财政投入。加大中央预算内投资和中央财政节能减排专项资金对节能环保产业的投入，继续安排国有资本经营预算支出支持重点企业实施节能环保项目。地方各级人民政府要提高认识，加大对节能环保重大工程和技术装备研发推广的投入力度，解决突出问题。要进一步转变政府职能，完善财政支持方式和资金管理办法，简化审批程序，强化监管，充分调动各方面积极性，推动节能环保产业积极有序发展。

（四）拓展投融资渠道。大力发展绿色信贷，按照风险可控、商业可持续的原则，加大对节能环保项目的支持力度。积极创新金融产品和服务，按照现有政策规定，探索将特许经营权等纳入贷款抵（质）押担保物范围。支持绿色信贷和金融创新，建立绿色银行评级制度。支持融资性担保机构加大对符合产业政策、资质好、管理规范的节能环保企业的担保力度。支持符合条件的节能环保企业发行企业债券、中小企业集合债券、短期融资券、中期票据等债务融资工具。选择资质条件较好的节能环保企业，开展非公开发行企业债券试点。稳步发展碳汇交易。鼓励和引导民间投资和外资进入节能环保领域。

（五）完善价格、收费和土地政策。加快制定实施鼓励余热余压余能发电及背压热电、可再生能源发展的上网和价格政策。完善电力峰谷分时电价政策，扩大应用面并逐步扩大峰谷价差。对超过产品能耗（电耗）限额标准的企业和产品，实行惩罚性电价。严格落实燃煤电厂脱硫、脱硝电价政策和居民用电阶梯价格，推行居民用水用气阶梯价格。

深化市政公用事业市场化改革，完善供热计量价格和收费管理办法，完善污水处理费和垃圾处理费政策，将污泥处理费用纳入污水处理成本，完善对自备水源用户征收污水处理费的制度。改进垃圾处理费征收方式，合理确定收费载体和标准，提高收缴率和资金使用效率。对城镇污水垃圾处理设施、“城市矿产”示范基地、集中资源化处理中心等国家支持的节能环保重点工程用地，在土地利用年度计划安排中给予重点保障。严格落实并不断完善现有节能、节水、环境保护、资源综合利用的税收优惠政策。

（六）推行市场化机制。建立主要终端用能产品能效“领跑者”制度，明确实施时限。推进节能发电调度。强化电力需求侧管理，开展城市综合试点。研究制定强制回收产品和包装物目录，建立生产者责任延伸制度，推动生产者落实废弃产品回收、处理等责任。采取政府建网、企业建厂等方式，鼓励城镇污水垃圾处理设施市场化建设和运营。深化排污权有偿使用和交易试点，建立完善排污权有偿使用和交易政策体系，研究制定排污权交易初始价格和交易价格政策。开展碳排放权交易试点。健全污染者付费制度，完善矿产资源补偿制度，加快建立生态补偿机制。

（七）支持节能环保产业“走出去”和“引进来”。鼓励有条件的企业承揽境外各类环保工程、服务项目。结合受援国需要和我国援助能力，加大环境保护、清洁能源、应对气候变化等领域的对外援助力度，支持开展相关技术、产品和服务合作。培育建设一批国家科技兴贸创新基地。鼓励节能环保企业参加各类双边或国际节能环保论坛、展览及贸易投资促进活动等，充分利用相关平台进行交流推介，开展国际合作，增强“走出去”的能力。引导外资投向节能环保产业，丰富外商投资方式，拓宽外商投资渠道，不断完善外商投资软环境。继续支持引进先进的节能环保核心关键技术和设备。国家支持节能环保产业发展的政策同等适用于符合条件的外商投资企业。

（八）开展生态文明先行先试。在做好生态文明建设顶层设计和总体部署的同时，总结有效做法和成功经验，开展生态文明先行示范区建设。根据不同区域特点，在全国选择有代表性的 100 个地区开展生态文明先行示范区建设，探索符合我国国情的生态文明建设模式。稳步扩大节能减排财政政策综合示范范围，结合新型城镇化建设，选择部分城市为平台，整合节能减排和新能源发展相关财政政策，围绕产业低碳化、交通清洁化、建筑绿色化、服务集约化、主要污染物减量化、可再生能源利用规模化等挖掘内需潜力，系统推进节能减排，带动经济转型升级，为跨区域、跨流域节能减排探索积累经验。通过先行先试，带动节能环保和循环经济工程投资和绿色消费，全面推动资源节约和环境保护，发挥典型带动和辐射效应，形成节能减排、生态文明的综合能力。

（九）加强节能环保宣传教育。加强生态文明理念和资源环境国情教育，把节能环保、生态文明纳入社会主义核心价值观宣传教育体系以及基础教育、高等教育、职业教育体系。加强舆论监督和引导，宣传先进事例，曝光反面典型，普及节能环保知识和方法，倡导绿色消费新风尚，形成文明、节约、绿色、低碳的生产方式、消费模式和生活习惯。

各地区、各部门要按照本意见的要求，进一步深化对加快发展节能环保产业重要意义的认识，切实加强组织领导和协调配合，明确任务分工，落实工作责任，扎实开展工作，确保各项任务措施落到实处，务求尽快取得实效。

国务院

2013 年 8 月 1 日

五、广东低碳发展的主要政策文件

广东省2014—2015年节能减排低碳发展行动方案

为加快推进生态文明建设，确保完成节能减排降碳“十二五”规划目标，根据《国务院办公厅关于印发2014—2015年节能减排低碳发展行动方案的通知》（国办发〔2014〕23号）精神，结合我省实际，制定本行动方案。

工作目标：2014—2015年，单位GDP能耗两年分别下降3.4%、2.32%，单位GDP二氧化碳排放量逐年下降3.5%以上。到2015年，化学需氧量、氨氮、二氧化硫、氮氧化物排放量分别控制在170.1万吨、20.39万吨、71.5万吨、109.9万吨以内。

一、大力推进产业结构调整

（一）严格淘汰落后和过剩产能。认真贯彻落实《国务院关于化解产能严重过剩矛盾的指导意见》（国发〔2013〕41号），严格按照企业投资项目准入负面清单做好项目管理，各地、各有关部门不得以任何名义、任何方式核准或备案产能严重过剩行业新增产能项目，依法依规全面清理违规在建和建成项目。加大淘汰落后和过剩产能力度，2014年淘汰落后和过剩产能炼钢250万吨、铜冶炼1.5万吨、水泥353万吨、造纸21万吨、制革60万标张、印染17504万米、铅蓄电池59万千伏安时，提前一年完成“十二五”各行业淘汰落后产能任务，为产业升级腾出空间。

（二）加快发展节能环保产业。认真落实《广东省人民政府办公厅关于促进节能环保产业发展的意见》（粤府办〔2014〕41号），积极推广工业节能技术装备、高效节能电器和新能源汽车等节能环保产品，推动LED绿色照明产业化；大力发展节能环保技术，加快节能环保技术模块化、产品化建设，促进环境监测技术与环保材料研发应用，推动节能环保产学研结合；加快培育节能环保市场，培育一批节能技术服务龙头单位，推广合同能源管理机制，推进污染集中治理领域第三方专业化运营。到2015年，节能环保产业总产值达到6000亿元。加强服务业和战略性新兴产业发展政策措施落实情况的督促检查，推动传统产业节能绿色化改造，到2015年服务业和战略性新兴产业增加值占GDP的比重分别达到48%和10%左右。

（三）调整优化能源消费结构。加强煤炭消费总量管理，制订全省控制煤炭消费总量实施方案，实施煤炭消费总量中长期控制目标责任管理，新建耗煤项目与煤炭消费总量控制挂钩，确保实现珠三角地区煤炭消费总量负增长目标。加快煤炭清洁高效利用，深入推进燃煤电厂污染减排能力建设，积极推进燃煤机组脱硫脱硝工程，有序开展燃煤发电机组“近零排放”示范工程建设并加强推广应用。大力增加清洁能源供应，扩大天然气利用规模，安全高效发展核电，大力发展可再生能源，到2015年，非化石能源占一次能源消费比重提高到20%。

（四）强化能评环评约束作用。严格实施项目能评和环评制度，新建高耗能、高排放项目能效水平和排污强度必须达到国内先进水平，把主要污染物排放总量指标作为环评审批的前置条件，对排放二氧化硫、氮氧化物的建设项目，珠三角地区实行现役源2倍削减量替代，其他地区实行现役源1.5倍削减量替代，对钢铁、有色、建材等高耗能行业新增产能实行能耗等量或减量置换。对未完成节能减排目标的地市，暂停该地市新增主要污染物排放项目的环评审批。推行能评对标管理制度，规范评估机构，优化审查流程。

二、加快建设节能减排降碳工程

（五）推进实施重点工程。实施电机能效提升计划和万台注塑机节能改造试点示范工程，推动全省电机产品升级换代，到2015年，累计推广高效电机、淘汰在用低效电机、实施电机系统节能技改1000万千瓦，形成节能能力157万吨标准煤，佛山、东莞市完成万台注塑机节能改造试点任务。实施园区循环化改造工程，到2015年，推动20个国家级或省级工业园区、产业基地实施循环化改造。实施清洁生产“十百千万工程”，到2015年，创建10个清洁生产示范园区、培育100个企业清洁生产技术中心、认定1000家省级清洁生产企业、开展10000人清洁生产培训。加快实施《广东省大气污染防治行动方案》，推进脱硫脱硝工程建设（具体任务附后），到2015年，完成26台合计629.5万千瓦燃煤机组脱硝改造，23台合计689.5万千瓦燃煤机组拆除烟气旁路，6255万吨熟料产能的新型干法水泥生产线安装脱硝设施。新建日处理能力308万吨的城镇污水处理设施，2015年底前珠三角地区城区基本实现污水收集管网全覆盖；规模化畜禽养殖场和养殖小区配套建设废弃物处理设施。

（六）加快燃煤锅炉更新改造。开展锅炉能源消耗和污染排放调查。实施燃煤锅炉节能环保综合提升工程，2014年淘汰1283台小锅炉，到2015年底淘汰落后锅炉3172台（具体任务附后）。全面推进燃煤锅炉除尘改造升级，10蒸吨/小时以上燃煤锅炉改燃清洁能源；20蒸吨/小时以上燃煤锅炉实施烟气脱硫，安装在线监测设备并与当地环保部门联网；35蒸吨/小时以上燃煤锅炉（不含循环流化床锅炉）实施烟气脱硫和低氮燃烧改造；65蒸吨/小时以上燃煤锅炉（不含循环流化床锅炉）实施烟气脱硫、脱硝工程并安装分布式控制系统。

（七）加大机动车减排力度。2014年10月1日起，在全省全面供应国Ⅴ车用汽油，2015年7月1日起，在全省全面供应国Ⅴ车用柴油。到2014年底，全省提前实施国家机动车第五阶段排放标准。2014年淘汰黄标车和老旧车56.1万辆（具体任务附后）。到2015年底，全省淘汰2005年前注册营运的黄标车，珠三角地区基本淘汰所有黄标车。加强机动车环保管理，强化新生产车辆环保监管。进一步扩大限行范围，到2015年底珠三角地区各市“黄标车”限行区面积占城市建成区面积的比例不低于40%，其他城市不低于30%。大力推进黄标车和无环保标志车辆电子执法，加快柴油车车用尿素供应体系建设。

（八）强化水污染防治。落实最严格水资源管理制度。实施《南粤水更清行动计划》，优先保护饮用水源地和水质良好江河湖库，重点治理劣Ⅴ类水体。继续推进重点流域水污染整治，严格水环境功能区管理。加强地下水污染防治，加大农村、农业面源污染防治力度，严格控制污水灌溉。强化造纸、印染等重点行业污染物排放控制。到2015年，重点行业单位工业增加值主要水污染物排放强度比2010年下降50%以上。

三、狠抓重点领域节能降碳

（九）加强工业节能降碳。重点推进能源管理体系试点建设，加快推动省市企业三级能源管理中心建设，逐步推进重点行业能效对标活动，力争到2015年全省高耗能行业全部开展能效对标。抓好国家低碳工业园区试点，推动传统产业节能低碳改造。持续开展万家企业节能低碳行动，推动建立企事业单位碳排放报告和核查制度，到2015年，单位工业增加值能耗比2010年下降21%，纳入国家万企名单的807家工业企业实现1454万吨标准煤节能量。

（十）推进建筑节能降碳。逐步推行绿色建筑标准，从2014年1月1日起，新建大型公共建筑、政府投资新建的公共建筑以及广州、深圳市新建的保障性住房全面执行绿色建筑标准；其余地区新建保障性住房执行绿色建筑标准的比例不低于25%。2014年全省力争新增绿色建筑评价标识面积1500万平方米，到“十二五”期末，全省累计建成绿色建筑4000万平方米以上，城镇新建建筑绿色建筑标准执行率达到20%。研究制订城市热岛效应技术指引，编制低碳生态城市建设专项规划、城市热岛改造计划，大力推动城市降温行动。严格执行工程建设节能强制性标准，提高设计、施工阶段建筑节能标准的执行率，力争到“十二五”期末执行率达到100%。在国家相关技术规范和标准的基础上，结合我省实际，完善我省绿色建筑规划、设计、施工、验收、运行管理、评价标识的技术规范和标准体系。积极推动可再生能源建筑规模化应用，继续推进国家、省级可再生能源建筑规模化应用示范工作。积极推广适合工业化生产的预制装配式混凝土、钢结构等建筑体系，加大对建筑部品生产的扶持力度，大力推动建筑工业化发展。

（十一）强化交通运输节能降碳。加快推进综合交通运输体系建设，充分发挥水、路、铁、空等各种运输方式的比较优势、组合效率和综合优势。深化“车船路港”千家企业低碳交通运输专项行动，逐步建立交通运输节能减排监测考核体系。大力推行公交优先战略，加快轨道交通建设，以创建“公交都市”为契机，推进深圳、广州市国家公交都市示范城市建设。加大对甩挂运输研究推广的扶持力度，积极做好甩挂运输的试点、示范站场建设工作，加快制定公路甩挂运输发展指导意见和实施方案，以绿色货运项目为抓手推进货运行业节能减排。加快推进新能源汽车在公交、出租、公务、环卫、邮政、物流等公共领域的规模化、商业化应用，鼓励企事业单位和个人使用新能源汽车，争取到2015年底，全省推广应用新能源汽车超4.5万辆，其中珠三角地区纯电动公交车保有量达4000辆。积极发展现代物流业，加快推进物流公共信息平台建设。积极推进智能交通工程，2014年实现全省高速公路“一张网”收费，积极推进高速公路不停车自动收费系统全国联网工作。充分利用网络信息技术加强交通需求管理，有效减少空驶率，降低单位运输产出的能耗与排放水平。实施绿色港口行动计划、绿色水运建设工程、大宗货物绿色运输北江示范项目，力争到2015年，英德水泥等大宗货物水路运输量占比提升到40%。实施绿色低碳公路建设工程，推行隧道“绿色照明工程”，推动高速公路生态景观林带示范工程建设。

（十二）抓好公共机构节能节水降碳。提高公共机构能源资源计量器具配备率，扩大能源审计试点范围，到2015年完成80家公共机构能源审计工作，逐步建立起全覆盖的公共机构节能考核办法。将公共机构合同能源管理服务纳入政府采购范围，到2015年，实施合同能源管理改造项目200个。开展节约型公共机构示范单位和节水型单位建设。到2015年，建成节约型高校40家、节约型示范医疗单位40个、节约型文化场馆示范单位8至10个、节约型体育场馆示范单位50个；实现公共机构人均用水量较2010年下降12%，省级公共机构节水器具使用率达到100%，50%以上省级机关建成节水型单位。

四、强化技术支撑

（十三）加强技术创新。以电力、钢铁、石油石化、化工、建材等行业和交通运输等领域为重点，加快节能减排共性技术及成套装备研发；支持建筑节能材料等关键技术攻关与新产品开发。鼓励建立以企业为主体、市场为导向、形式多样的产学研战略联盟，引导企业加大节能减排技术研发投入。

（十四）加快先进技术推广应用。完善省节能低碳环保技术、设备（产品）推广目录遴选、评定及推广机制，每年发布一批推广目录，向社会推广 20—30 项重点节能低碳环保技术、设备（产品）。鼓励企业积极采用先进适用技术进行节能改造，实现新增节能能力 350 万吨标准煤。在钢铁烧结机脱硫、水泥脱硝和畜禽规模养殖等领域加快推广应用成熟的污染治理技术。实施碳捕集、利用和封存（CCS）试验示范工程，推动部分电力、水泥新建项目开展预留碳捕集、封存装置示范。

五、加强政策扶持

（十五）完善价格政策。全面清理违规出台的高耗能企业优惠电价政策。严格落实差别电价和惩罚性电价政策，节能降碳目标完成进度滞后地区要进一步加大差别电价和惩罚性电价执行力度。落实电解铝企业阶梯电价政策和燃煤机组环保电价政策。完善污水处理费政策，督促各地将实际发生的污泥处置成本纳入污水处理费。改进污水处理收费计价方式，探索居民生活污水阶梯式计价制度，充分运用价格政策吸引社会资本投资污水处理产业，加快污水处理设施建设步伐。完善垃圾处理收费方式，提高收缴率。制定排污权有偿使用和交易价格政策。加大水资源费、排污费征收力度。

（十六）强化财税支持。各地要进一步加大对节能减排和低碳发展的资金支持力度，整合各领域节能减排资金，加强统筹安排，提高使用效率，努力促进资金投入与节能减排工作成效相匹配。严格落实合同能源管理项目所得税减免政策。

（十七）实施绿色金融政策。推动企业节能减排低碳发展信息逐步纳入征信系统，引导金融机构把企业节能减排低碳发展信息作为提供金融服务的重要依据。鼓励金融机构开展金融产品和信贷管理制度创新，建立信贷支持，加强对节能减排低碳发展的支持力度，简化贷款手续、完善服务，从严控制高能耗、高污染类项目信贷投放。鼓励金融机构发行“低碳金融债券”筹措资金，加强低碳信托基金的开发。建立节能减排低碳发展后备上市企业档案制度，将“新三板”挂牌企业奖励的发放与节能减排低碳发展指标进行挂钩。作出节能减排低碳发展承诺的企业优先支持在各区域性股权市场挂牌。支持符合节能减排低碳发展要求的企业或项目发行企业债、公司债、短期融资券等债务融资工具筹集发展资金。搭建节能减排低碳发展项目—资金对接平台，引导、撬动私募基金、风险投资加大对符合节能减排低碳发展要求的企业或项目的资金投入。

六、积极推行市场化节能减排机制

（十八）实施能效领跑者制度。继续推进水泥、玻璃、造纸等重点行业能效对标工作，适时扩大对标活动范围，评选能源利用效率最高的单位，公布全省重点行业能效领跑者单位名单，确定行业能效对标先进值、制定能效领跑者标准，编写行业能效现状及节能潜力分析报告。

（十九）建立碳排放权、节能量、排污权和水权交易制度。加快推进碳排放权试点工作，进一步完善碳排放管理和交易法规制度，逐步扩大碳排放管理和交易范围，建立推广碳排放交易普惠制度，推进建立林业碳汇抵减碳排放交易配额机制，推动开展碳排放权期货交易研究，加强与国内外碳排放交易市场的交流对接，探索研究省内碳排放权交易市场的互联互通。开展项目节能量交易试点机制调研，制定节能量交易工作实施方案，适时启动项目节能量交易。继续推进排污权有偿使用和交易试点工作，完善配套制度规范，建设排污权交易管理平台，开展二级市场交易。探索建立符合省情、制度健全、管理规范的水权交易机制，形成政府调控和市场调节相结合、运行良好的水权交易市场；重点在东江流域开展流域上下游水权交易国家试点，组建省级水权交易平台，合理制定水权交易规则与流程，建立水权交易信息化管理体系和监管体系。逐步探索开展掉期、远期等环境权益的金融衍生品创新。

（二十）推行能效标识、水效标识制度和节能低碳产品认证。根据国家节能和低碳产品认证制度，推动开展相关认证活动，鼓励使用认证产品。将产品能效作为质量监管的重点，严厉打击能效虚标行为。根据国家水效标识管理的有关办法，推进我省水效标识制度的贯彻实施和监督管理；鼓励和推广使用获得水效标识的用水产品。

（二十一）强化电力需求侧管理。积极实施国家首批电力需求侧管理城市综合试点项目，争取更多地市纳入国家扩大试点范围，充分发挥电力需求侧管理的综合优势。推进能效电厂试点工作。

七、加强监测预警和监督检查

（二十二）强化统计预警。推动重点用能单位按要求配备计量器具，年综合能耗 1 万吨标准煤以上重点用能单位建立并完善计量管理体系。年温室气体排放达到 13000 吨二氧化碳当量，或综合能耗 5000 吨标准煤以上的重点企事业单位要建立温室气体排放的监测核算报送制度，按要求报送应对气候变化主管部门。加强能源生产、流通、消费统计，建立健全建筑、交通运输能耗统计制度以及分地区单位生产总值能耗指标季度统计制度，完善统计核算与监测方法。加强分析预警，定期发布节能目标完成情况晴雨表和主要污染物排放数据公告，加强对节能减排降碳形势的监测分析和预警。

（二十三）加强运行监测。加快推进省市区域能源管理中心建设，推动我省国家万家企业开展能耗在线监测系统建设，力争 2015 年前建成省市区域能源管理中心平台、我省国家万家企业基本接入区域能源管理中心平台。进一步完善主要污染物排放在线监测系统，确保监测系统连续稳定运行，到 2015 年底，污染源自动监控数据有效传输率达到 75%，企业自行监测结果公布率达到 80%，污染源监督性监测结果公布率达到 95%。

（二十四）完善法规标准。出台我省节能监察管理办法，监察范围覆盖工业、商贸、建筑、交通、公共机构等重点领域。加强节能标准、建筑节能和绿色建筑相关产品标准制（修）订。制订高耗能领域能耗限额地方标准，出台 5 项重点耗能行业节能评价和监测等相关地方标准。提高重点行业排放标准，珠三角地区火电、钢铁、石化、水泥、有色金属冶炼、化工等行业及燃煤锅炉建设项目执行国家大气污染物特别排放限值，粤东、粤西地区的钢铁、石化等行业建设项目执行国家大气污染物特别排放限值，粤东、粤西和粤北地区的火电行业新建建设项目执行国家大气污染物特别排放限值，现有建设项目从2015年1月1日起执行烟尘特别排放限值。珠三角地区电镀、纺织染整、制浆造纸、合成革和人造革、化工、制糖等行业分别执行行业排放标准中水污染物特别排放限值。

（二十五）强化执法监察。加大对重点用能单位的执法检查力度，加强高耗能特种设备节能监管，严厉打击伪造或冒用节能低碳产品认证标志等行为，对违法违规行为严肃查处、限期整改并予以公开通报，依法处理企业相关负责人，对触犯刑法的依法追究刑事责任。严格落实碳排放管理主体的法律责任，对未履行碳排放配额清缴义务的企业，通过政府网站或者新闻媒体向社会公布名单，并按规定予以处罚。加强对电力、水泥、钢铁、石化、造纸、印染等重点行业排污企业和城镇生活污水处理厂的现场核查，定期开展畜禽养殖污染防治专项行动，严肃查处污染防治设施不正常运行、擅自停运及偷排污水行为。推进环境保护部门和公安部门联勤联动执法，强化环境行政执法与刑事司法衔接，有效打击环保违法行为。

八、落实目标责任

（二十六）强化各地政府责任。各地要严格控制本地区能源消费和煤炭消费总量。严格实施单位GDP能耗和二氧化碳排放强度降低目标责任考核，减排重点考核污染物控制目标、责任书项目落实、监测监控体系建设运行等情况。各地政府对本地区节能减排降碳工作负总责，政府主要负责人为本地区节能减排第一责任人。对考核不过关的地级以上市，省政府将约谈该市政府主要负责人，考核结果向社会公布。未完成节能减排降碳任务的地区，一律不能参加相关评奖、不得授予相关荣誉称号等。

（二十七）落实重点地区责任。各地级以上市要对年能源消费量300万吨标准煤以上县（市、区）实行重点管理，出台有力措施推动超额完成节能任务。珠三角地区要加大工作力度，在确保完成目标任务前提下多做贡献。深圳、东莞、韶关三个国家节能减排财政政策综合示范城市要按国家要求于2014年完成“十二五”节能目标或到2015年超额完成“十二五”节能目标的20%以上。低碳试点市（县、区）要提前完成“十二五”降碳目标。

（二十八）明确相关部门工作职责。各有关部门要按照职责分工，加强协调配合，多方齐抓共管，形成工作合力。省发展改革委负责省应对气候变化及节能减排工作领导小组日常工作，会同省经济和信息化委、环境保护厅等部门加强对各地和相关企业的指导，督促本方案各项措施落到实处。省相关部门要进一步加大工作力度，配合做好节能减排降碳工作。

（二十九）强化企业主体责任。企业要严格遵守节能环保法律法规及标准，加强内部管理，增加资金投入，及时公开节能环保信息，确保完成目标任务。国有企业要力争提前完成“十二五”节能目标。充分发挥行业协会在加强企业自律、树立行业标杆、制定技术规范、推广先进典型等方面的作用。

（三十）动员公众积极参与。深入开展省节能宣传月和全国低碳日系列活动，充分利用电视、广播、报刊、微博、网络、手机等各类媒体，广泛宣传节能减排低碳行为，大力弘扬生态文明理念，发动社会公众积极参与节能减排降碳活动。鼓励对政府和企业落实节能减排降碳责任进行社会监督。

广东省2015年度碳排放配额分配实施方案

为加快推进我省碳排放权交易试点工作，做好2015年度碳排放配额（以下简称配额）的分配和发放，根据《碳排放权交易管理暂行办法》（国家发展改革委第17号令）、《广东省碳排放管理试行办法》（省政府第197号令）、《印发广东省低碳试点工作实施方案的通知》（粤府函〔2012〕45号）的要求，结合我省实际，制定本方案。

一、总体要求

深入贯彻落实国家和省委、省政府关于全面深化改革、加快生态文明体制建设、推行资源有偿使用制度的精神和部署要求，加快推进我省碳排放权交易试点工作，发挥市场机制作用，促进完成“十二五”国家下达我省的温室气体排放控制目标。根据全国碳排放权交易市场建设工作情况和我省碳排放权交易试点工作部署，在总结评价2014年试点成效的基础上，合理确定2015年纳入碳排放管理和交易范围的行业企业，不断完善配额分配发放机制，推动我省碳排放权交易试点工作更加健康、有序和可持续地开展下去，完成国家和省委、省政府部署的工作任务。

二、纳入碳排放管理和交易的企业

2015年纳入碳排放管理和交易范围的行业企业分别是电力、钢铁、石化和水泥四个行业企业。

（一）控排企业

本省行政区域内（深圳市除外，下同）电力、钢铁、石化和水泥四个行业年排放 2 万吨二氧化碳（或年综合能源消费量 1 万吨标准煤）及以上的企业，共 186 家。

（二）新建项目企业

本省行政区域内电力、钢铁、石化和水泥四个行业已列入国家和省相关规划，并有望于 2015—2016 年建成投产且预计年排放 2 万吨二氧化碳（或年综合能源消费量 1 万吨标准煤）及以上的新建（含扩建、改建）项目企业，共 31 家。

以上控排企业、新建项目企业的具体名单附后，对名单实行动态管理。根据全国碳排放权交易市场建设进展和我省试点推进情况，适时扩大碳排放管理和交易范围，具体行业企业名单和配额方案另行制定公布。

三、配额总量

根据广东省“十二五”控制温室气体排放总体目标、合理控制能源消费总量目标，以及国家和本省的产业政策、行业发展规划和经济发展形势预测，确定 2015 年度配额总量约 4.08 亿吨，其中，控排企业配额 3.7 亿吨，储备配额 0.38 亿吨，储备配额包括新建项目企业配额和市场调节配额。

四、配额分配方法

2015 年度企业配额分配主要采用基准线法和历史排放法。

（一）基准线法

电力行业的燃煤燃气纯发电机组和燃煤热电联产机组、水泥行业的普通水泥熟料生产和粉磨、钢铁行业长流程企业使用基准线法分配配额，先按 2014 年产量发放预配额，再按 2015 年生产情况对产量进行修正后核定最终的配额，并对预发配额进行多退少补。计算公式为：

1. 控排企业

预发配额 =2014 年实际产量 × 基准值 × 年度下降系数

核定配额 = 预发配额 × 产量修正因子

2. 新建项目企业

配额 = 设计产能 × 基准值

（二）历史排放法

电力行业的燃气热电联产机组和资源综合利用发电机组（使用煤矸石、油页岩等燃料）、水泥行业的矿山开采、微粉粉磨和特种水泥（白水泥等）生产、钢铁行业短流程企业和其他钢铁企业以及石化行业企业使用历史排放法分配配额。计算公式为：

1. 控排企业

配额 = 历史平均碳排放量 × 年度下降系数

2. 新建项目企业

配额 = ∑（预计各能源品种的年综合消费量 × 各能源品种相应的碳排放折算系数）

控排企业的具体计算方法详见附件 3。新建项目企业按历史排放法折算碳排放的各能源品种取值范围与控排企业的一致。

五、配额发放

2015 年度配额实行部分免费发放和部分有偿发放，其中，电力企业的免费配额比例为 95%，钢铁、石化和水泥企业的免费配额比例为 97%。配额有偿发放以竞价形式发放，控排企业可自主决定是否购买，新建项目企业须在新建项目竣工验收前购足有偿配额。

（一）控排企业配额发放

2015年7月10日至2015年7月20日，控排企业在配额注册登记系统获得免费配额。按基准线法分配配额的控排企业，先发预发配额的免费部分，待省发展改革委核定企业配额后，再通过配额注册登记系统对企业配额差值实行多退少补。

（二）新建项目企业配额发放

新建项目企业应按照《广东省发展改革委关于碳排放配额管理的实施细则》规定的程序和要求购买有偿配额，可从竞价发放平台购买，也可从市场交易平台购买。新建项目企业购买足额有偿配额并正式转为控排企业管理后，省发展改革委通过配额注册登记系统向其发放免费配额。

（三）配额有偿发放的方式

1. 发放数量：2015年企业有偿配额计划发放200万吨，原则上分四期竞价发放。当市场出现配额紧缺或价格异常波动的情况下，省发展改革委可动用市场调节配额增加配额有偿发放的数量及次数。

2. 发放时间：从2015年9月起至2016年6月，原则上每季度最后一个月的第一个星期安排一期竞价发放，具体时间另行公告。

3. 发放对象：控排企业、新建项目企业和投资机构。

4. 发放底价：不设底价。

5. 发放平台：符合条件的竞价发放平台。

6. 发放流程：省发展改革委委托竞价发放平台负责组织配额有偿竞价发放工作。企业提交竞价购买配额申请、缴纳保证金并按规定缴纳购买资金后，省发展改革委通过配额注册登记系统完成配额的交割。

六、其他事项

（一）企业因生产经营、生产工艺改变造成碳排放量发生重大变化的，应及时向省发展改革委报告，并相应修改监测计划，省发展改革委将会同上述企业所在地级以上市发展改革部门确认相关情况后，再按程序对企业配额作出调整。

（二）企业因经济形势变化、行业发展、政策要求等共性原因造成碳排放量发生重大变化的，省发展改革委委托行业配额技术评估小组进行分析评估，经充分论证后，再制定统一可行的配额调整方案。

（三）企业的碳排放信息报告与核查、配额清缴履约、使用自愿减排量抵消排放等工作按照《广东省碳排放管理试行办法》、《广东省发展改革委关于企业碳排放信息报告与核查的实施细则》、《广东省发展改革委关于碳排放配额管理的实施细则》等文件的规定执行。

广东省碳排放管理试行办法

第一章 总则

第一条 为实现温室气体排放控制目标，发挥市场机制作用，规范碳排放管理活动，结合本省实际，制定本办法。

第二条 在本省行政区域内的碳排放信息报告与核查，配额的发放、清缴和交易等管理活动，适用本办法。

第三条 碳排放管理应当遵循公开、公平和诚信的原则，坚持政府引导与市场运作相结合。

第四条 省发展改革部门负责全省碳排放管理的组织实施、综合协调和监督工作。

各地级以上市人民政府负责指导和支持本行政辖区内企业配合碳排放管理相关工作。

各地级以上市发展改革部门负责组织企业碳排放信息报告与核查工作。

省经济和信息化、财政、住房城乡建设、交通运输、统计、价格、质监、金融等部门按照各自职责做好碳排放管理相关工作。

第五条 鼓励开发林业碳汇等温室气体自愿减排项目，引导企业和单位采取节能降碳措施。提高公众参与意识，推动全社会低碳节能行动。

第二章 碳排放信息报告与核查

第六条 本省实行碳排放信息报告和核查制度。

年排放二氧化碳 1 万吨及以上的工业行业企业，年排放二氧化碳 5000 吨以上的宾馆、饭店、金融、商贸、公共机构等单位为控制排放企业和单位（以下简称控排企业和单位）；年排放二氧化碳 5000 吨以上 1 万吨以下的工业行业企业为要求报告的企业（以下简称报告企业）。

交通运输领域纳入控排企业和单位的标准与范围由省发展改革部门会同交通运输等部门提出。根据碳排放管理工作进展情况，分批纳入信息报告与核查范围。

第七条　控排企业和单位、报告企业应当按规定编制上一年度碳排放信息报告，报省发展改革部门。

控排企业和单位应当委托核查机构核查碳排放信息报告，配合核查机构活动，并承担核查费用。

对企业和单位碳排放信息报告与核查报告中认定的年度碳排放量相差 10% 或者 10 万吨以上的，省发展改革部门应当进行复查。

省、地级以上市发展改革部门对企业碳排放信息报告进行抽查，所需费用列入同级财政预算。

第八条　在本省区域内承担碳排放信息核查业务的专业机构，应当具有与开展核查业务相应的资质，并在本省境内有开展业务活动的固定场所和必要设施。

从事核查专业服务的机构及其工作人员应当依法、独立、公正地开展碳排放核查业务，对所出具的核查报告的规范性、真实性和准确性负责，并依法履行保密义务，承担法律责任。

第九条　碳排放核查收费标准由省价格主管部门制定。

第三章　配额发放管理

第十条　本省实行碳排放配额（以下简称配额）管理制度。控排企业和单位、新建（含扩建、改建）年排放二氧化碳 1 万吨以上项目的企业（以下简称新建项目企业）纳入配额管理；其他排放企业和单位经省发展改革部门同意可以申请纳入配额管理。

第十一条　本省配额发放总量由省人民政府按照国家控制温室气体排放总体目标，结合本省重点行业发展规划和合理控制能源消费总量目标予以确定，并定期向社会公布。

配额发放总量由控排企业和单位的配额加上储备配额构成，储备配额包括新建项目企业配额和市场调节配额。

第十二条　省发展改革部门应当制定本省配额分配实施方案，明确配额分配的原则、方法以及流程等事项，经配额分配评审委员会评审，并报省人民政府批准后公布。

配额分配评审委员会，由省发展改革部门和省相关行业主管部门，技术、经济及低碳、能源等方面的专家，行业协会、企业代表组成，其中专家不得少于成员总数的三分之二。

第十三条　控排企业和单位的年度配额，由省发展改革部门根据行业基准水平、减排潜力和企业历史排放水平，采用基准线法、历史排放法等方法确定。

第十四条　控排企业和单位的配额实行部分免费发放和部分有偿发放，并逐步降低免费配额比例。

每年 7 月 1 日，由省发展改革部门按照控排企业和单位配额总量的一定比例，发放年度免费配额。

第十五条　控排企业和单位发生合并的，其配额及相应的权利和义务由合并后的企业享有和承担；控排企业和单位发生分立的，应当制定配额分拆方案，并及时报省、市发展改革部门备案。

第十六条　因生产品种、经营服务项目改变，设备检修或者其他原因等停产停业，生产经营状况发生重大变化的控排企业和单位，应当向省发展改革部门提交配额变更申请材料，重新核定配额。

第十七条　控排企业和单位注销、停止生产经营或者迁出本省的，应当在完成关停或者迁出手续前 1 个月内提交碳排放信息报告和核查报告，并按要求提交配额。

第十八条　每年 6 月 20 日前，控排企业和单位应当根据上年度实际碳排放量，完成配额清缴工作，并由省发展改革部门注销。企业年度剩余配额可以在后续年度使用，也可以用于配额交易。

第十九条　控排企业和单位可以使用中国核证自愿减排量作为清缴配额，抵消本企业实际碳排放量。但用于清缴的中国核证自愿减排量，不得超过本企业上年度实际碳排放量的 10%，且其中 70% 以上应当是本省温室气体自愿减排项目产生。

控排企业和单位在其排放边界范围内产生的国家核证自愿减排量，不得用于抵消本省控排企业和单位的碳排放。1 吨二氧化碳当量的中国核证自愿减排量可抵消 1 吨碳排放量。

第二十条　新建项目企业的配额由省发展改革部门根据地级以上市发展改革部门审核的碳排放评估结果核定。新建项目企业按照要求足额购买有偿配额后，方可获得免费配额。

第二十一条　省发展改革部门采取竞价方式，每年定期在省人民政府确定的平台发放有偿配额。竞价底价由省发展改革部门会同价格主管部门确定。

竞价发放的配额，由现有控排企业和单位、新建项目企业的有偿发放配额加上市场调节配额组成。

第二十二条　本省实行配额登记管理。配额的分配、变更、清缴、注销等应依法在配额登记系统登记，并自登记日起生效。

第四章　配额交易管理

第二十三条　本省实行配额交易制度。交易主体为控排企业和单位、新建项目企业、符合规定的其他组织和个人。

第二十四条　交易平台为省人民政府指定的碳排放交易所（以下简称交易所）。交易所应当履行以下职责：

（一）制订交易规则。

（二）提供交易场所、系统设施和服务，组织交易活动。

（三）建立资金结算制度，依法进行交易结算、清算以及资金监管。

（四）建立交易信息管理制度，公布交易行情、交易价格、交易量等信息，及时披露可能导致市场重大变动的相关信息。

（五）建立交易风险管理制度，对交易活动进行风险控制和监督管理。

（六）法律法规规定的其他职责。

交易规则应当报省发展改革部门、省金融主管部门审核后发布。

第二十五条　配额交易采取公开竞价、协议转让等国家法律法规、标准和规定允许的方式进行。

第二十六条　配额交易价格由交易参与方根据市场供需关系确定，任何单位和个人不得采取欺诈、恶意串通或者其他方式，操纵交易价格。

第二十七条　交易参与方应当按照规定缴纳交易手续费。交易手续费收费标准由交易所提出，报省价格主管部门核定后执行。

第二十八条　本省探索建立跨区域碳排放交易市场，鼓励其他区域企业参与本省碳排放权交易。

第五章　监督管理

第二十九条　省发展改革部门应当定期通过政府网站或者新闻媒体向社会公布控排企业和单位、报告企业履行本办法的情况。

省发展改革部门应当向社会公开核查机构名录，并加强对核查机构及其核查工作的监督管理。

第三十条　本省建立企业碳排放信息报告与核查系统和碳排放配额交易系统。控排企业和单位、报告企业应当按照要求在相应系统中开立账户和报送有关数据。

第三十一条　控排企业和单位对年度实际碳排放量核定、配额分配等有异议的，可依法向省发展改革部门提请复核。对年度实际碳排放量核定有异议的，省发展改革委部门应当委托核查机构进行复查；对配额分配有异议的，省发展改革部门应当进行核实，并在20日内做出书面答复。

第三十二条　省发展改革部门应当建立控排企业和单位、核查机构以及交易所信用档案，及时记录、整合、发布碳排放管理和交易的相关信用信息。

第三十三条　同等条件下，支持已履行责任的企业优先申报国家支持低碳发展、节能减排、可再生能源发展、循环经济发展等领域的有关资金项目，优先享受省财政低碳发展、节能减排、循环经济发展等有关专项资金扶持。

第三十四条　鼓励金融机构探索开展碳排放交易产品的融资服务，为纳入配额管理的单位提供与节能减碳项目相关的融资支持。

第三十五条　配额有偿分配收入，实行收支两条线，纳入财政管理。

第六章　法律责任

第三十六条　违反本办法第七条规定，控排企业和单位、报告企业有下列行为之一的，由省发展改革部门责令限期改正；逾期未改正的，并处罚款：

（一）虚报、瞒报或者拒绝履行碳排放报告义务的，处 1 万元以上 3 万元以下罚款。

（二）阻碍核查机构现场核查，拒绝按规定提交相关证据的，处 1 万元以上 3 万元以下罚款；情节严重的，处 5 万元罚款。

第三十七条　违反本办法第十八条规定，未足额清缴配额的企业，由省发展改革部门责令履行清缴义务；拒不履行清缴义务的，在下一年度配额中扣除未足额清缴部分 2 倍配额，并处 5 万元罚款。

第三十八条　交易所有下列行为之一的，由省发展改革部门责令改正，并处 1 万元以上 5 万元以下罚款：

（一）未按照规定公布交易信息的；

（二）未建立并执行风险管理制度的。

第三十九条　从事核查的专业机构违反本办法第八条第二款规定，有下列情形之一的，由省发展改革部门责令限期改正，并处 3 万元以上 5 万元以下罚款：

（一）出具虚假、不实核查报告的；

（二）未经许可擅自使用或者发布被核查单位的商业秘密和碳排放信息的。

第四十条　发展改革部门、相关管理部门及其工作人员，违反本办法规定，有下列行为之一的，由其上级主管部门或者监察机关责令改正并通报批评；情节严重的，对负有责任的主管人员和其他责任人员，由任免机关或者监察机关按照管理权限给予处分；涉嫌犯罪的，移送司法机关依法追究刑事责任：

（一）在配额分配、碳排放核查、碳排放量审定、核查机构管理等工作中，谋取不正当利益的；

（二）对发现的违法行为不依法纠正、查处的；

（三）违规泄露与配额交易相关的保密信息，造成严重影响的；

（四）其他滥用职权、玩忽职守、徇私舞弊的违法行为。

第七章　附则

第四十一条　企业碳排放信息报告核查、配额分配、金融服务支持等具体规定由省发展改革、金融部门依据本办法另行制定。

第四十二条　本办法下列用语的含义：

（一）碳排放配额，是指政府分配给企业用于生产、经营的二氧化碳排放的量化指标。1 吨配额等于 1 吨二氧化碳的排放量。

（二）新建项目配额，是指发展改革部门根据新建项目碳排放评估报告核定新建项目建成后预计年度碳排放量，并据此发放的配额。

（三）市场调节配额，是指政府为应对碳排放市场波动及经济形势变化，用于调节碳市场价格，预留的部分碳排放配额，其数量为现有控排企业和单位配额总量的 5%。

（四）中国核证自愿减排量，是指国家发展改革委根据《温室气体自愿减排交易管理暂行办法》备案的温室气体自愿减排项目所产生的核证减排量。

第四十三条　本办法自 2014 年 3 月 1 日起施行。

广州碳排放权交易中心碳排放权交易风险控制管理细则

第一章　总则

第一条　为规范碳排放权交易行为，维护碳市场秩序，保护交易参与人合法权益，根据国家有关法律、法规、规章和《广东省碳排放管理试行办法》及《广州碳排放权交易所（中心）碳排放配额交易规则》，制定本细则。

第二条　广碳所应依据规避风险、分级控制、稳定市场和活跃交易的原则按照本细则规定严格执行风险控制制度。

第三条　广碳所交易参与人及会员进行碳排放权交易，应当遵守本细则的规定。

第四条　综合会员与经纪会员应当对其代理参与交易的客户交易风险进行管理。

第五条　广碳所风险控制管理体系包括涨跌幅限制制度、配额持有量限制制度、结算风险防控制度、不良信用记录制度、应急管理制度、风险警示制度和其他风险控制措施。

第二章　涨跌幅限制制度

第六条　广碳所对挂牌竞价交易、挂牌点选交易和配额协议转让交易实行价格涨跌幅限制。挂牌竞价和挂牌点选交易的成交价格应在开盘价 ±10% 区间内，配额协议转让交易的成交价格应在开盘价 ±30% 区间内。如交易主管部门另有规定的，从其规定。

第七条　单向竞价保留价须在开盘价 ±10% 区间内。

第三章　配额持有量限制制度

第八条　广碳所配额交易实行配额持有量限制制度，即广碳所按照交易主管部门的相关规定与配额注册登记系统的相关要求对交易参与人的配额持有量进行限制并采取相应管理措施的制度。

第九条　交易参与人的配额持有量应符合交易主管部门的相关要求，广碳所可根据市场需要，在交易主管部门批准的情况下调整配额持有量限制。

第十条　交易参与人的交易违反持有量限制制度时，广碳所有权限制其交易，并要求会员或会员客户调整持有量以满足持有量限制制度。

第四章　结算风险防控制度

第十一条　广碳所实行结算风险防控制度，按照分级管理的原则进行风险防控。广碳所对会员、会员对客户的结算资金需实施分账管理，广碳所对会员进行结算风险管理、综合会员和经纪会员对客户进行结算风险管理。

第十二条　广碳所设立结算部门负责对会员的结算工作，综合会员和经纪会员须有专职的部门或人员负责对客户的结算工作，各级结算部门应承担风险控制职责，并对各级结算工作的数据、凭证、账册等信息严格保管。

第十三条　结算银行应建立内部风险控制部门，按照相关要求履行对交易资金的监督职责，对会员擅自挪用客户资金等违反广碳所规定的行为及时报告。

第五章　不良信用记录制度

第十五条　广碳所建立交易参与人的不良信用记录制度，将出现违反相关法律、法规及以下交易行为的交易参与人列入不良交易信用记录并进行严格管理：

（一）属于广碳所认定的违规违约行为；

（二）违反本细则风险控制制度的行为；

（三）违反广碳所其他相关细则规定的行为。

第十六条　广碳所对被列入不良信用记录的交易参与人可采取以下措施：

（一）广碳所有权向主管部门报告；

（二）情节严重或造成损失的，广碳所有权将会员或会员客户的违规违约行为向社会进行公布；

（三）多次被列入不良信用记录的会员，广碳所有权中止或终止会员或会员客户的会员资格或相关业务资格；

（四）广碳所规定的其他措施。

第六章　应急管理制度

第十七条　广碳所实行应急事件的管理制度，应急事件包括交易异常情况、意外事件和不可抗力等其他应急处置事项。

（一）交易异常情况是指因系统技术故障、非法侵入等原因导致或可能导致广碳所碳排放权交易全部或者部分不能正常进行的情形，包括无法正常开始交易、无法连续交易、交易结果异常、交易无法正常结束等情形；

（二）意外事件是指广碳所交易市场所在地发生火灾或电力供应出现故障等情形；

（三）不可抗力是指广碳所交易市场所在地或全国其他部分区域出现或据灾情预警可能出现严重自然灾害、重大公共卫生事件或社会安全事件等情形。

第十八条　发生应急事件后，广碳所成立应急事件领导小组，按应急管理相关制度的规定及时处理紧急情况，并及时报告主管部门。

第十九条　应急事件处理完毕后，进一步检查潜在的隐患并及时处理。广碳所建立应急事件档案，对每次发生的应急事件进行相关记录，包括时间、事件发生原因和经过、处置情况、造成的损失和影响。

第二十条 为防止应急事件对交易产生重大影响，广碳所应采取包括系统软硬件维护、数据灾备、应急演练等防范措施。

第七章 风险警示制度

第二十一条 广碳所实行风险警示制度。广碳所认为必要的，可以单独或者同时采取要求交易参与人报告情况、谈话提醒、书面警示、发布风险警示公告等措施中的一种或者多种，以警示和化解风险。

第二十二条 出现下列情形之一的，广碳所有权约见交易参与人的高级管理人员或者客户谈话提醒风险，或者要求交易参与人报告情况：

（一）交易价格出现异常；

（二）交易参与人交易异常；

（三）交易参与人资金异常；

（四）交易参与人涉嫌违规、违约；

（五）广碳所接到涉及交易参与人的投诉；

（六）交易参与人涉及司法调查；

（七）广碳所认定的其他情况。

第二十三条 广碳所实施谈话提醒，应当至少提前一天以书面形式将谈话时间、地点、要求等事项通知相关交易参与人，广碳所工作人员应当对谈话的有关内容进行详细记录并予以保密。

谈话提醒涉及到综合会员和经纪会员客户的，客户应当亲自参加谈话提醒，并由会员指定人员陪同；谈话对象确因特殊情况不能参加的，应当事先报告广碳所，经广碳所同意后可以书面委托有关人员代理。谈话对象应当如实陈述、不得隐瞒事实。

第二十四条 广碳所通过情况报告和谈话，发现会员或会员客户有违规嫌疑及有较大风险的，有权对会员或会员客户发出《风险警示函》。

第二十五条 发生下列情形之一的，广碳所有权发出风险警示公告，向全体会员和客户警示风险：

（一）交易价格出现异常；

（二）交易参与人涉嫌违规、违约；

（三）重大政策调整；

（四）广碳所认定的其他情形。

第八章　其他风险控制措施

第二十六条　广碳所定期对交易、交易参与人、指定结算银行遵守交易规则及其他实施细则和落实情况进行检查。

第二十七条　广碳所定期按照相关规定对交易、交易参与人、指定结算银行的交易风险控制情况形成报告，按要求上报主管部门。

第二十八条　广碳所定期对交易参与人、结算银行及广碳所工作人员进行有关国家政策法规、交易规则、从业准则、上岗资格、操作规范等培训。

第九章附则

第二十九条　本细则由广碳所负责修订和解释。

第三十条　本细则自发布之日起施行。

广州碳排放权交易中心

2015 年 11 月 12 日

六、其他省（市、区）低碳发展的政策文件

北京市碳排放权交易核查机构管理办法（试行）

第一条　为保障本市碳排放权交易的有序运行，确保核查工作科学合理、高效公正，根据国家及本市相关规定制定本办法。

第二条　本办法所指碳排放权交易核查机构，是指对参与本市碳排放权交易的重点排放单位提交的二氧化碳排放报告进行真实性、准确性核实查证的服务机构。核查行业领域包括：热力生产和供应、火力发电、水泥制造、石化生产、服务业、其他工业等。

第三条　本办法适用于在本市行政区域内碳排放权交易核查机构及人员的活动，以及对核查机构、人员的管理。

第四条　市发展改革委对本市行政区域内开展核查活动的核查机构及核查人员（以下简称核查员）进行备案、监督和管理。

第五条　每年1月1日至2月28日，市主管部门受理核查机构与核查员的备案申请及核查行业领域变更申请。

第六条　申请备案的核查机构应符合以下条件：

（一）在本市行政区域内注册，具有独立法人资格，注册资金在300万人民币以上，近两年法人年检均合格。

（二）拥有固定办公场所及核查工作办公条件，具有良好的从业信誉和健全的财务会计制度。

（三）经清洁发展机制（CDM）执行理事会批准的指定经营实体，或经国家发展和改革委员会备案的温室气体自愿减排项目审定与核证机构，或经国家认证认可监督管理委员会备案的温室气体核查机构，或经国家及北京市推荐的节能量审核机构；且近三年在国内完成的CDM或自愿减排项目的审定与核查、ISO14064企业温室气体核查、节能量审核等领域项

目总计不少于10个。

（四）对无上述（三）款规定的核查或审核经历的特定行业机构，应在温室气体减排领域内独立完成至少2个国家级课题或本市市级课题，或自主开发至少3个经国家主管部门备案的自愿减排项目方法学。

（五）具备健全的核查工作相关内部质量管理制度，包括：明确管理层和核查人员的任务、职责和权限；明确至少一名高级管理人员作为核查工作负责人；明确保密管理、核查人员管理、核查活动管理、核查文件管理、申诉、投诉和争议处理、不符合及整改措施处理等相关规定。

（六）拥有3名（含）以上具有本市备案资质的核查员。

第七条　申请备案的核查员应符合以下条件：

（一）中华人民共和国公民，是核查机构的专职工作人员，且年龄不超过60周岁；

（二）具有大学本科及以上学历；

（三）具有中级及以上的专业技术职称或相关技术能力；

（四）在温室气体核算、CDM项目审定与核查、自愿减排项目审定与核查、ISO14064企业温室气体核查、节能量审计中的一个或多个领域具有三年（含）以上的咨询或审核经验，并独立主持项目累计不少于5个；

（五）个人信用良好，无任何违法违规从业记录。

第八条　核查机构申请备案时，应当提交核查机构和核查员的申请材料并加盖公章。

（一）核查机构的材料包括：

1. 基本信息及申请的核查行业领域（附件1）；

2. 法人营业执照、组织机构代码和税务登记证副本复印件，法定代表人身份证复印件；

3. 最近两个年度经审计的财务报表；

4. 本办法第六条第三、四项的证明文件；

5. 近三年相关可核实的业绩清单（如委托核查方出具的证明材料等）；

6. 组织结构、人员职责说明，核查员信息（见附件1），内部质量管理制度；

7. 符合性声明，包括所从事的业务符合中华人民共和国有关法律法规的声明、不从事与核查工作有利益冲突的活动的声明、保密承诺声明等，申报材料真实性声明。

（二）核查员的材料包括：

1. 核查员备案申请表及申请的核查行业领域（见附件 2）；

2. 身份证复印件；

3. 最高学历学位证书复印件；

4. 职称证书或相关技术能力资格证明文件；

5. 所申请核查行业领域的相关工作经历及可核实的业绩证明（如委托核查方出具的证明材料等）。

第九条　市主管部门负责审查核查机构提交的申请材料，经公示后发布核查机构和核查员的备案名单。

第十条　核查机构备案后，当法定代表人、工作场所等情况发生变更时，应当自发生变更之日起 20 日内向市主管部门报告。

第十一条　核查机构和核查员应在备案的核查行业领域内按照第三方核查程序指南（见附件 3）和第三方核查报告编写指南（见附件 4）的相关规定开展核查工作。备案的核查员每年需接受不低于 15 个学时的培训。

第十二条　核查机构应按照其内部质量管理制度规定开展核查活动。并于每年 6 月 30 日前向市主管部门提交核查机构年度工作报告（见附件 5）。市主管部门通过现场检查、不定期抽查等方式对备案的核查机构实施动态管理。

第十三条　核查机构应当接受社会监督，存在以下行为之一的，市主管部门对其进行通报，情节严重的，取消其备案资格，三年之内不受理其备案申请。

（一）在未经备案行业领域开展核查业务；

（二）未按规定的核查程序和组织要求进行核查；

（三）提供利益冲突的双重服务；

（四）因过失行为造成核查报告数据错误；

（五）违反保密规定泄露委托方商业机密或相关信息；

（六）未按时提交核查工作年度报告；

（七）核查报告合格率连续两年低于80%；

（八）其他违反本办法或相关规定的行为。

第十四条　核查员存在以下行为之一的，市主管部门取消其备案资格，两年内不受理其备案申请，并通告其所属核查机构。

（一）未按规定的核查程序开展核查工作；

（二）在两家或以上核查机构同时担任核查员；

（三）违反保密规定泄露委托方商业机密或相关信息；

（四）其他违反本办法或相关规定的行为。

第十五条　本办法自2013年11月20日起施行，有效期3年。

北京市碳排放权抵消管理办法（试行）

第一条 为丰富本市碳排放权履约方式，规范重点排放单位使用经审定的碳减排量履行年度碳排放控制责任的行为，依据市人大常委会《关于北京市在严格控制碳排放总量前提下开展碳排放权交易试点工作的决定》、市人民政府《关于印发〈北京市碳排放权交易管理办法（试行）〉的通知》（京政发〔2014〕14号），制定本办法。

第二条 本办法适用于重点排放单位使用经审定的碳减排量抵消其部分碳排放量的活动。

第三条 市发展改革委负责本市碳排放权抵消相关工作的组织实施、综合协调与监督管理。

市园林绿化局负责本市林业碳汇项目的综合协调与监督管理。

第四条 重点排放单位可使用的经审定的碳减排量包括核证自愿减排量、节能项目碳减排量、林业碳汇项目碳减排量。1吨二氧化碳当量的经审定的碳减排量可抵消1吨二氧化碳排放量。

第五条 重点排放单位用于抵消的经审定的碳减排量不高于其当年核发碳排放配额量的5%。

第六条 重点排放单位可用于抵消的核证自愿减排量应同时满足如下要求：

（一）2013年1月1日后实际产生的减排量；

（二）京外项目产生的核证自愿减排量不得超过其当年核发配额量的2.5%。优先使用河北省、天津市等与本市签署应对气候变化、生态建设、大气污染治理等相关合作协议地区的核证自愿减排量；

（三）非来自减排氢氟碳化物（HFCs）、全氟化碳（PFCs）、氧化亚氮（N_2O）、六氟化硫（SF_6）气体的项目及水电项目的减排量；

（四）非来自本市行政辖区内重点排放单位固定设施的减排量。

第七条　重点排放单位可用于抵消的节能项目碳减排量应同时满足如下要求：

（一）来自本市行政辖区内 2013 年 1 月 1 日后签订合同的合同能源管理项目或 2013 年 1 月 1 日后启动实施的节能技改项目；

（二）须是实际产生了碳减排量的节能项目；

（三）碳减排量按照节能项目连续稳定运行 1 年间实际产生的碳减排量进行核算；

（四）重点排放单位实施的节能项目产生的碳减排量除外；

（五）未完成国家、本市或所在区县上年度的节能目标的单位实施的节能项目产生的碳减排量除外；

（六）试点期节能项目类型包括但不限于锅炉（窑炉）改造、余热余压利用、电机系统节能、能量系统优化、绿色照明改造、建筑节能改造等，且采用的技术、工艺、产品先进适用，暂不考虑外购热力相关的节能项目。

第八条　重点排放单位可用于抵消的林业碳汇项目碳减排量应同时满足以下要求：

（一）来自本市辖区内的碳汇造林项目和森林经营碳汇项目；

（二）碳汇造林项目用地为 2005 年 2 月 16 日以来的无林地；

（三）森林经营碳汇项目于 2005 年 2 月 16 日之后开始实施；

（四）项目业主应具备所有地块的土地所有权或使用权的证据，如区（县）人民政府核发的土地权属证书或其他有效的证明材料；

（五）项目应取得市园林绿化局初审同意的意见。

第九条　核证自愿减排量按照经备案的国家温室气体自愿减排方法学进行计算，并按照《温室气体自愿减排交易管理暂行办法》、《温室气体自愿减排项目审定与核证指南》的相关规定进行申报、审定和核证。

第十条　用于抵消且符合条件的节能项目需向市发展改革委申报，申报材料包括：

（一）节能项目概况说明；

（二）企业的营业执照复印件；

（三）由节能量审核机构出具的节能量审核报告；

（四）由市发展改革委备案的碳排放权交易第三方核查机构出具的项目碳减排量核证报告。

项目节能量审核依据为《节能量审核报告编制指南》（工业、非工业）；项目碳减排量核证依据为《关于开展碳排放权交易试点工作的通知》（京发改规〔2013〕5号）。节能项目的碳减排量按照如下公式计算：

$$碳减排量（tCO_2）=\sum_i 各种能源节能量（tce）\times 转换系数（tCO_2/tce）$$

第十一条　用于抵消且符合条件的林业碳汇项目需由市园林绿化局初审后向市发展改革委申报，申报材料包括：

（一）项目备案申请函、申请表，市园林绿化局初审同意的意见；

（二）项目概况说明；

（三）企业的营业执照复印件；

（四）项目可研报告审批文件、项目核准文件或项目备案文件；

（五）项目环评审批文件；

（六）项目节能评估和审查意见；

（七）项目开工时间证明文件；

（八）采用经国家主管部门备案的方法学编制的项目设计文件；

（九）按照《温室气体自愿减排项目审定与核证指南》的相关规定出具的项目审定报告、监测报告、核证报告。

第十二条　市发展改革委组织专家对节能项目和林业碳汇项目的申报材料进行评审，并在市发展改革委网站上对通过专家评审的项目碳减排量核证报告公示5个工作日。市发展改革委对公示无异议的项目碳减排量进行确认。市发展改革委可按照一定比例对项目碳减排量核证报告进行抽查。

第十三条　市发展改革委确认项目碳减排量后，用于抵消碳排放量的节能项目业主应在本市碳排放权注册登记簿中开设账户。市发展改革委向所属项目账户签发经核证的减排量。

市发展改革委确认项目碳减排量后，用于抵消碳排放量的林业碳汇项目业主应在本市碳排放权注册登记簿中开设账户，并按照《温室气体自愿减排交易管理暂行办法》相关要求向国家发展改革委申请项目备案。市发展改革委向所属项目账户预签发 60% 的经核证的减排量。

第十四条　本市林业碳汇项目在获得国家发展改革委备案的核证自愿减排量后，项目业主应在 10 个工作日内申请在国家碳排放权交易注册登记系统中，将与预签发减排量等量的核证自愿减排量从其项目减排账户转移到其在本市的抵消账户。

第十五条　核证自愿减排量信息可在中国自愿减排交易信息平台查询。节能项目碳减排量信息在北京环境交易所有限公司网站发布。本市林业碳汇项目碳减排量信息在北京环境交易所有限公司和本市林业碳汇工作办公室网站发布。

第十六条　用于抵消的核证自愿减排量按照国家发展改革委相关要求在指定的交易平台上进行交易；用于抵消的节能项目碳排放量、本市林业碳汇项目碳减排量可在本市碳排放权交易平台上进行交易。

第十七条　重点排放单位在使用核证自愿减排量抵消其排放量时，应向市发展改革委提交抵消申请及相关材料，市发展改革委在收到申请后 5 个工作日内完成审核，符合条件的允许抵消。

第十八条　抵消过程中相关机构和人员违反法律法规及政策的，依法追究相关责任。

第十九条　本办法涉及的术语具有如下含义：

林业碳汇是指通过实施造林、再造林和森林管理、减少毁林等活动，吸收大气中的二氧化碳并与碳汇交易相结合的过程、活动或机制。

转换系数是指将用于抵消碳排放量的节能项目的节能量（标煤量）转换为碳减排量的系数。

分品种化石燃料节能量的转换系数为：标煤的热值（kJ/kgce）× 化石燃料单位热值含碳量（tC/TJ）× 化石燃料碳氧化率 $\times 44/12\times 10^{-6}$，具体参数的确定参考《北京市企业（单位）二氧化碳排放核算和报告指南》；

对于热力节能量，如果节能形式对应的是化石燃料的节约量，则转换系数采用分品种化石燃料节能量的转换系数；如果节能形式对应的是热量的节约量，则转换系数为标煤的热值（kJ/kgce）× 热力供应的二氧化碳排放因子（tCO_2/GJ）$\times 10^{-3}$，热力供应的排放二氧化碳排放因子参考国家发展改革委公布的最新数据。

电力节能量的转换系数为电力消耗间接排放系数 / 电力折标煤系数。

第二十条　本办法自公布之日起施行。在碳排放权交易试点期间有效。

北京市碳排放权交易公开市场操作管理办法（试行）

第一章　总则

第一条　为维护本市碳排放权交易市场秩序，避免市场过度波动，激励企业的减碳行动，规范公开市场操作，根据市人大常委会《关于北京市在严格控制碳排放总量前提下开展碳排放权交易试点工作的决定》，制定本办法（以下称“本办法”）。

第二条　本办法适用于本市碳排放权交易的公开市场操作活动。

第三条　市发展改革委负责公开市场操作相关工作的组织实施、综合协调与监督管理。

市金融局是本市碳排放权交易场所（以下简称交易场所）的监管部门，负责公开市场操作中交易行为的监督管理。

市应对气候变化研究中心是本市碳排放配额的回购机构，负责执行市发展改革委下达的配额回购指令。

第二章　公开市场操作方式

第四条　公开市场操作指市发展改革委通过配额拍卖、配额回购等方式调节市场的活动。

第五条　配额拍卖指市发展改革委以公开竞价的方式出售碳排放配额。

第六条　配额回购指市发展改革委在配额市场价格过低时利用本市相关财政专项资金购买碳排放配额。

第七条　市发展改革委在本市碳排放权注册登记簿中设立配额储备账户，存储用于拍卖的配额以及回购转入的配额。

第八条　市发展改革委会同财政等有关部门协商确定公开市场操作涉及资金的管理和使用。

第三章　配额拍卖

第九条　配额拍卖应遵守《中华人民共和国拍卖法》和商务部《拍卖管理办法》等相关规定，遵循公开、公平、公正的原则。

第一节　拍卖当事人

第十条　市发展改革委委托符合拍卖资质要求的企业法人作为本市配额拍卖的拍卖人，拍卖人应按照市发展改革委的要求实施配额拍卖。

第十一条　竞买人是指参加配额竞买的重点排放单位及其他自愿参与交易的单位。

第十二条　买受人是指竞买价格不低于拍卖结算价格的竞买人。

第二节　拍卖形式

第十三条　本市配额拍卖的标的物为各年度的配额现货。

第十四条　本市配额拍卖分为定期拍卖和临时拍卖，均应按本办法规定的形式和流程要求进行。

定期拍卖的时间由市发展改革委确定并公布，不受配额市场价格约束。

配额的日加权平均价格连续 10 个交易日高于 150 元 / 吨时，市发展改革委可组织临时拍卖。

第十五条　交易场所应连续跟踪配额的交易价格。当配额的日加权平均价格连续 10 个交易日高于 150 元 / 吨时，应在 1 个工作日内向市发展改革委报告，并提交相关信息。

第十六条　市发展改革委可预留不超过年度配额总量的 5% 用于拍卖。每次拍卖的配额数量由市发展改革委根据市场情况决定。

第十七条　本市配额拍卖采取单轮封闭竞买的形式。每个竞买人可提交多份竞买书，每份竞买书均应注明竞买配额的数量及竞买价格等内容。竞买数量应为100吨配额的整数倍，竞买价格应为0.1元人民币的整数倍，每份竞买书只能注明一个竞买价格。

第十八条　每次拍卖前，市发展改革委应根据市场情况设定保留价格。竞买人提交的竞买价格不得低于保留价格，否则竞买书无效。

第十九条　每次拍卖中，单个履约单位可申请竞买的配额数量不得超过该次拍卖总量的15%，单个非履约单位可申请竞买的配额数量不得超过该次拍卖总量的5%。

第二十条　竞买人应以拍卖人要求的方式为其所有竞买书提交担保。每份竞买书的担保金额等于该竞买书中竞买价格和竞买数量的乘积。

第二十一条　本市配额拍卖采用统一价格结算。按竞买价格由高到低的顺序对所有竞买书的竞买数量进行累加，累计数量达到拍卖数量时的最低竞买价格为结算价格。

第二十二条　所有买受人按照竞买价格由高到低的优先顺序获得配额。当所有买受人累计竞买数量大于拍卖数量时，竞买价格等于结算价格的竞买人在该价格下可获得的配额数量，为剩余配额数量与其在该价格的竞买数量占该价格总竞买数量比例的乘积，并向下取整。

第二十三条　拍卖人可按结算金额的一定比例向买受人收取佣金，佣金比例由拍卖人根据相关法律法规确定。

第三节　拍卖流程

第二十四条　经市发展改革委批准，拍卖人应于拍卖日前7个工作日发布拍卖公告。

第二十五条　拍卖公告应载明下列事项：

（1）拍卖时间安排；

（2）拍卖的配额数量；

（3）对竞买人的资格要求，包括注册或者注册信息变更等；

（4）配额拍卖的保留价格；

（5）竞买限制；

（6）竞买书的内容、格式等；

（7）竞买书担保的形式；

（8）其他事项。

第二十六条 拍卖公告通过市发展改革委和拍卖人网站等方式发布。

第二十七条 竞买人应于拍卖日前5个工作日按拍卖公告的要求完成注册或者注册信息变更，以获得竞买资格。

第二十八条 竞买人注册时需向拍卖人提交加盖公章的如下纸质材料：

（1）竞买资格申请表；

（2）营业执照（副本）或法人证书（副本）复印件；

（3）税务登记证（副本）复印件；

（4）组织机构代码证（副本）复印件；

（5）拍卖人要求的其他材料。

第二十九条 竞买人的注册信息应与其在本市碳排放权注册登记簿的相关信息保持一致。

第三十条 拍卖人应审核竞买人信息，并于拍卖日前3个工作日向所有竞买人通知审核结果。竞买人通过审核后，如注册信息未发生变化，参与后续拍卖不需要重新注册。

第三十一条 合格竞买人应于拍卖日前1个工作日提交按照要求密封的竞买文件，包括竞买书和担保金等。

第三十二条 拍卖人在拍卖日开启并审核所有的竞买文件，于当日确定结算价格、买受人及其购买数量，在其网站公布。整个过程须经公证部门公证，并公开进行。

第三十三条 竞买人可于中标信息公布后1个工作日内向拍卖人申请进行中标信息的复核；收到复核申请后，拍卖人应于1个工作日内完成对中标信息的复核，并将结果告知申请人。之前公布的中标信息有误的，拍卖人应公布复核后的中标信息。

第三十四条 拍卖日后3个工作日内，拍卖人将中标配额转移到买受人在本市碳排放权注册登记簿的账户中，并退还买受人提交的担保金额与中标结算金额的差额，以及未中标竞买人的所有担保金。

第三十五条　未拍出的配额留在配额储备账户中，用于后续拍卖。每年履约期结束后，该账户中剩余的该年度配额应全部注销。

第四章　配额回购

第三十六条　碳排放权交易市场的配额日加权平均价格连续 10 个交易日低于 20 元 / 吨时，市发展改革委可组织配额回购。

第三十七条　交易场所应连续跟踪配额的交易价格，当配额日加权平均价格连续 10 个交易日低于 20 元 / 吨时，应在 1 个工作日内向市发展改革委报告，并提交相关信息。

第三十八条　收到交易场所报告后，市发展改革委与市财政和金融监管等部门协商，确定是否进行配额回购、配额回购的数量、价格和方式等，并向市应对气候变化研究中心下达回购指令。

第三十九条　市应对气候变化研究中心在收到回购指令后，按照指令要求在市场上进行配额回购。

第五章　附则

第四十条　拍卖过程中相关机构和人员违反法律法规规章及规定的，依法追究法律责任。

第四十一条　承担碳排放权交易公开市场操作监管职责的行政部门及其工作人员，不履行本办法规定职责的，滥用职权、玩忽职守的，利用职务便利牟取不正当利益的，或者泄露所知悉的有关单位和个人的商业秘密的，依法追究法律责任。

第四十二条　碳排放权交易市场出现其他特殊情况时，市发展改革委可会同有关部门协商解决。

第四十三条　本办法适用于碳排放权交易试点工作。自公布之日起施行。

北京市碳排放权交易试点配额核定方法（试行）

为科学合理地核定企业（单位）二氧化碳排放配额，满足碳排放权交易市场建设的需要，推动实现北京市“十二五”低碳发展目标，制定本方法。

一、基本定义

1. 二氧化碳排放配额

二氧化碳排放配额（以下简称“配额”），是指排放单位在特定区域、特定时期内可以合法排放二氧化碳的总量限额，代表的是各企业（单位）在相应履约年度的二氧化碳排放权利，是碳排放权市场交易的主要标的物。以吨为单位，精确到个位。

2. 二氧化碳排放控制系数

二氧化碳排放控制系数（以下简称“控排系数”），是市主管部门依据全市“十二五”GDP 平均增速目标、各相关行业碳强度下降目标、各行业碳排放历史平均水平和年均增幅，综合测算确定的，用于核定企业（单位）既有设施排放配额的参数。既有设施是指 2013 年 1 月 1 日之前投入运行的固定设施。

3. 新增二氧化碳排放

2013 年 1 月 1 日之后新成立且符合重点排放单位条件的二氧化碳排放；既有法人单位因新增固定设施而成为重点排放单位的二氧化碳排放；既有供热、火力发电企业（单位）在 2013 年 1 月 1 日之后新投运的供热或热电联产机组产生的二氧化碳排放；交易体系内的制造业、其他工业和服务业单位新增固定设施产生的二氧化碳排放。

4. 行业二氧化碳排放强度先进值

行业二氧化碳排放强度先进值是市主管部门在参照国内外同一行业、同类产品的先进碳排放水平，结合本市相关行业实际情况下综合确定的。用于核定企业（单位）新增固定设施排放配额的参数。如单位产品二氧化碳排放量、单位产值二氧化碳排放量、单位建筑面积二氧化碳排放量等。

5. 二氧化碳排放配额核定年份

本办法二氧化碳排放配额核定年份是2013年、2014年和2015年。

二、企业（单位）二氧化碳排放配额总量

企业（单位）年度二氧化碳排放配额总量包括既有设施配额、新增设施配额、配额调整量三部分。计算公式为：

$$T = A + N + \Delta$$

式中：

T为企业（单位）年度二氧化碳排放配额总量，单位为吨二氧化碳（t-CO_2）；

A为企业（单位）既有设施二氧化碳排放配额，单位为吨二氧化碳（t-CO_2）；

N为企业（单位）新增设施二氧化碳排放配额，单位为吨二氧化碳（t-CO_2）；

Δ为企业（单位）配额调整量，单位为吨二氧化碳（t-CO_2）。

三、企业（单位）既有设施二氧化碳排放配额核定方法

1. 基于历史排放总量的配额核定方法

本方法适用于2013年1月1日之前投运的制造业、其他工业和服务

业企业（单位）。配额核定公式如下：

$A = E \star f$

式中：

A 为企业（单位）既有设施二氧化碳排放配额，单位为吨二氧化碳（$t-CO_2$）；

E 为企业（单位）2009 年、2010 年、2011 年、2012 年二氧化碳排放总量平均值，单位为吨二氧化碳（$t-CO_2$）；

f 为控排系数，取值见附件。

2. 基于历史排放强度的配额核定方法

本方法适用于供热企业（单位）和火力发电企业在 2013 年 1 月 1 日之前已投入运行的排放设施（机组）。配额核定公式如下：

$A = (P_{电} * I_{电} + P_{热} * I_{热}) * f$

式中：

A 为企业排放设施的二氧化碳排放配额，单位为吨二氧化碳（$t-CO_2$）；

$P_{电}$为核定年份设施的供电量，单位为兆瓦时（MWh）；

$P_{热}$为核定年份设施的供热量，单位为吉焦（GJ），若相关单位不能提供经过第三方核查的供热量计量数据，则由市主管部门按照北京市不同燃料供热设施的效率情况进行核定；

$I_{电}$为 2009 年、2010 年、2011 年、2012 年设施供电二氧化碳排放强度的平均值，单位为吨二氧化碳每兆瓦时（$t-CO_2/MWh$）；

$I_{热}$为 2009 年、2010 年、2011 年、2012 年设施供热二氧化碳排放强度的平均值，单位为吨二氧化碳每吉焦（$t-CO_2/GJ$）；

f 为控排系数，取值见附件。

四、企业（单位）新增设施二氧化碳排放配额核定方法

新增设施二氧化碳排放配额按所属行业的二氧化碳排放强度先进值进行核定。新增设施二氧化碳排放配额核定公式如下：

N = Q * B

式中：

N 为新增设施二氧化碳排放配额，单位为吨二氧化碳（t-CO_2）；

Q 为新增设施二氧化碳排放对应的活动水平，包括主要产品的产量/产值/建筑面积等；

B 为新增设施二氧化碳排放所属行业的二氧化碳排放强度先进值，取值另行公布。

五、企业（单位）二氧化碳排放配额调整

已按照本办法完成了配额核定的重点排放单位，如果提出了配额变更申请，市主管部门对有关情况进行核实，确有必要的，在次年履约期前参考第三方核查机构的审定结论，对排放配额进行相应调整，多退少补。

六、企业（单位）二氧化碳排放配额发放流程

对企业（单位）的配额按照“分别核定、分别发放”的原则核定发放。每年 6 月 30 日前，发放企业（单位）本年度既有设施二氧化碳排放配额；次年履约期前，在完成企业（单位）二氧化碳排放核查后，核定并发放企业（单位）新增二氧化碳排放配额；次年履约期前，在审定企业（单位）提出的配额变更申请后，核定发放配额调整量。

七、其他事项

“十二五”期间已率先采取了节能减碳措施、成效显著的企业（单

位），可向市主管部门提出配额奖励申请，具体办法另行制定。

附件：各行业年度控排系数

各行业年度控排系数

	2013 年	2014 年	2015 年
制造业和其他工业企业	98%	96%	94%
服务业企业（单位）	99%	97%	96%
火力发电企业的燃气设施	100%	100%	100%
火力发电企业的燃煤设施	99.9%	99.7%	99.5%
供热企业（单位）的燃气设施	100%	100%	100%
供热企业（单位）的燃煤设施	99.8%	99.5%	99.0%

湖北省2014—2015年节能减排低碳发展实施方案

加强节能减排，推进低碳发展，是生态文明建设的重要内容。为全面完成“十二五”节能减排降碳目标，促进全省经济发展竞进提质、升级增效，根据《国务院办公厅关于印发2014—2015年节能减排低碳发展行动方案的通知》（国办发〔2014〕23号）精神，结合我省实际，制定本实施方案。

工作目标：2014年，全省单位GDP能耗、单位GDP二氧化碳排放量、化学需氧量、二氧化硫、氨氮、氮氧化物排放量分别下降3%、3.4%、1.5%、1%、2%、3%以上。2015年，单位GDP能耗、单位GDP二氧化碳排放量全面完成“十二五”目标，化学需氧量、二氧化硫、氨氮、氮氧化物排放量完成国家下达的“十二五”及年度总量控制目标。

一、大力推进产业结构调整

（一）积极化解产能过剩矛盾。认真贯彻落实《省人民政府关于化解产能过剩矛盾的实施意见》（鄂政发〔2014〕20号），各地、各部门不得以任何名义、任何方式核准或备案产能过剩行业新增产能项目，清理整顿建成违规产能，妥善处理在建违规项目。加大淘汰落后产能力度，在按时完成国家下达的产能过剩行业淘汰落后年度目标任务的基础上，2014年底前全面关停拆除规模90平方米以下烧结机和产能5万吨以下小合成氨企业；2015年底前再淘汰落后炼铁产能50万吨、炼钢500万吨、水泥（熟料及粉磨能力）500万吨，普通平板玻璃260万重量箱。（省经信委、省发展改革委、省环保厅、省国土资源厅负责）

（二）加快发展低能耗低排放产业。加强对服务业和战略性新兴产业相关政策措施落实情况的督促检查，力争到2015年服务业占GDP的比重达到43%，战略性新兴产业总产值突破1万亿元。贯彻落实国家和省关于加快发展节能环保产业的政策、规划，组织实施一批节能环保和资源循环利用重大技术装备产业化工程，完善节能服务公司扶持政策准入条件，实行节能服务产业负面清单管理，积极培育“节能医生”、节能量审核、节能低碳认证、碳排放核查等第三方机构，在污染减排重点领域加快推行环境污染第三方治理。到2015年，节能环保产业总产值达到1700亿元。（省发展改革委、省经信委、省财政厅、省环保厅负责）

（三）调整优化能源消费结构。实行煤炭消费目标责任管理，控制煤炭消费总量，降低煤炭消费比重。产能过剩行业新上耗煤项目，要严格实行煤炭消耗等量或减量替代政策。加快推进煤炭清洁高效利用，在大气污染防治重点区域市州级以上城市大力推广使用型煤、清洁优质煤及清洁能源，限制销售灰分高于16%、硫分高于1%的散煤。增加天然气供应，优化天然气使用方式，新增天然气优先用于居民生活或替代燃煤。大力发展太阳能、风能、生物质能、地热能等新能源。到2015年，全省能源消费中煤炭、石油、天然气、非化石能源占比分别由2010年的64%、17%、1%、18%调整优化为62%、17.5%、3%、17.5%。（省能源局、省发展改革委、省经信委、省财政厅、省环保厅负责）

（四）强化能评环评约束作用。严格实施项目能评和环评制度，新建高耗能、高排放项目能效水平和排污强度必须达到国内先进水平，把主要污染物排放总量指标作为环评审批的前置条件，对钢铁、有色、建材、石油石化、化工等高耗能行业新增产能实行能耗等量或减量置换。对未完成节能减排目标的地区，暂停该地区新建高耗能项目的能评审查和新增主要污染物排放项目的环评审批。完善能评管理制度，规范评估机构，优化审查流程。（省发展改革委、省环保厅负责）

二、加快建设节能减排降碳工程

（五）推进实施重点工程。大力实施节能技术改造工程，运用余热余压利用、能量系统优化、电机系统节能等成熟技术改造工程设备。加快实施节能技术装备产业化示范工程，推广应用低品位余热利用、半导体照明、稀土永磁电机等先进技术装备。实施合同能源管理工程、污水垃圾无害化处理工程，全面推进脱硫脱硝工程建设（具体任务附后）。完成1159.2 万千瓦燃煤机组脱硝改造并同步拆除烟气旁路，2014 年底前未达到国家标准要求的燃煤机组必须完成脱硫除尘系统升级改造。2014 年底前，1779 平方米钢铁烧结机安装脱硫设施，并实现全烟气收集。2015 年7 月前，4566 万吨熟料产能的新型干法水泥生产线完成低氮燃烧改造并安装脱硝设施，其中，生产能力 4000 吨 / 日及以上新型干法水泥熟料生产线必须在 2014 年底前建成投运脱硝设施。加快平板玻璃企业脱硝设施建设，确保达到排放新标准要求。到 2015 年底分别新增二氧化硫、氮氧化物减排能力 5.8 万吨、10.2 万吨以上。全省新建日处理能力 90 万吨的城镇污水处理设施，加强配套污水管网建设，加快对氨氮、总磷排放不达标的现有污水处理设施改造。到 2015 年，基本实现所有县和重点建制镇具备污水处理能力，全省城镇生活污水处理率达到 85% 以上，污水处理厂负荷率达到 75% 以上，县城以上生活垃圾无害化处理率达到 85% 以上，50% 设区城市实现餐厨废弃物资源化利用和无害化处理，全部垃圾厂（场）的垃圾渗透滤液实现无害化处理。加快划定畜禽养殖禁养区和限养区，实施规模化畜禽养殖场污染治理工程，规模化畜禽养殖场和养殖小区配套建设废弃物处理设施的比例达到 65% 以上。实施农作物秸秆综合利用工程，到 2015 年，农作物秸秆综合利用率力争超过 80%。加快推进有机肥集中处置设施建设，提升污染物去除效率。到 2015 年底分别新增化学需氧量、氨氮减排能力 8.4 万吨、1 万吨以上。加强生态工程建设，增加碳汇。（省发展改革委、省经信委、省财政厅、省环保厅、省住建厅、省农业厅、省林业厅、省能源局负责）

（六）加快更新改造燃煤锅炉。开展锅炉能源消耗和污染排放调查。实施燃煤锅炉节能环保综合提升工程，到 2015 年底淘汰落后锅炉容量4255 蒸吨（具体任务附后）。积极推进集中供热，在集中供热管网覆盖的区域，按期关停燃煤小锅炉、燃煤小机组；在供热管网不能覆盖的地区，改用电、新能源或洁净煤，推广高效节能环保锅炉。全面推进燃煤锅炉除尘升级改造，对容量 20 蒸吨 / 小时及以上燃煤锅炉全面实施脱硫改造。（省发展改革委、省质监局、省经信委、省财政厅、省环保厅、省能源局、

省机关事务管理局负责）

（七）加大机动车减排力度。2014 年底前，淘汰黄标车和老旧车 21.36 万辆（具体任务附后），在全省供应国四标准车用柴油。到 2015 年底，全省基本淘汰 2005 年前注册营运的黄标车，武汉市力争全面供应国五标准车用汽油和柴油。全面推行机动车环保检验合格标志管理，推进机动车环保检验机构委托工作，2014 年底前实现社会化的环保检验机构在市州级以上城市全覆盖。加强机动车环保管理，严格省外机动车转入要求。推行黄标车限行措施，逐步扩大限行范围。（省环保厅、省公安厅、省发展改革委、省财政厅、省交通运输厅、省商务厅、省质监局、省能源局负责）

（八）强化水污染防治。落实最严格水资源管理制度。编制实施水污染防治行动计划，重点保护饮用水水源地、水质较好湖泊，重点治理劣五类等污染严重水体。继续推进重点流域水污染防治，严格水功能区管理，重要江河湖泊水功能区水质达标率达到 78%。加强地下水污染防治，大力开展生态农业建设，加大农村、农业面源污染防治力度，严格控制污水灌溉，农田灌溉水有效利用系数达到 0.496。强化重点行业污染物排放控制，到 2015 年，造纸、印染、化工等重点行业单位工业增加值主要水污染物排放量下降 30%。（省环保厅、省发展改革委、省经信委、省水利厅、省农业厅负责）

三、狠抓重点领域节能降碳

（九）加强工业节能降碳。实施工业能效提升计划，在重点耗能行业全面推行能效对标，推动工业企业能源管控中心建设；开展工业绿色发展专项行动，加快推进武汉青山经济开发区、孝感高新技术产业开发区、黄石经济技术开发区黄金山工业园等低碳工业园区试点，到 2015 年，规模以上工业企业单位增加值能耗比 2010 年降低 21% 以上。持续开展万家企业节能低碳行动，推动建立能源管理体系；制定重点行业企业温室气体排放核算与报告指南，推动建立企事业单位碳排放报告制度；强化节能降碳目标责任评价考核，落实奖惩制度。到 2015 年底，万家企业实现节能量

1000 万吨标准煤。（省发展改革委、省经信委、省统计局负责）

（十）推进建筑节能降碳。深入开展绿色建筑行动，政府投资的公益性建筑、大型公共建筑，以及武汉全市域和襄阳、宜昌中心城区的保障性住房执行绿色建筑标准。到 2015 年，城镇新建建筑绿色建筑标准执行率达到 20%，新增绿色建筑 1000 万平方米以上。以住宅为重点，以建筑工业化为核心，加大对建筑部品生产的扶持力度，推进建筑产业现代化。（省住建厅、省发展改革委、省财政厅负责）

（十一）强化交通运输节能降碳。加快推进综合交通运输体系建设，积极推进武汉、十堰绿色循环低碳交通运输体系建设试点，深化"车船路港"千家企业低碳交通运输专项行动。实施高速公路不停车自动交费系统联网工程。加大新能源汽车推广应用力度。继续推行甩挂运输，开展城市绿色货运配送示范行动。积极发展现代物流业，加快物流公共信息平台建设。大力发展城市公共交通，推进武汉"公交都市"创建活动。公路、水路运输和港口形成节能能力 45 万吨标准煤以上，到 2015 年，营运货车单位运输周转量能耗比 2013 年降低 4% 以上。（省交通运输厅、省发展改革委、省经信委、省科技厅、省财政厅、省商务厅负责）

（十二）抓好公共机构节能降碳。完善公共机构能源审计及考核办法。推进公共机构实施合同能源管理项目，将公共机构合同能源管理服务纳入政府采购范围。开展节约型公共机构示范单位建设，将 40% 以上的省直机关本级办公区建成节约型办公区。2014—2015 年，全省公共机构单位建筑面积能耗年均降低 2.2%，力争超额完成"十二五"时期降低 12% 的目标。（省机关事务管理局、省发展改革委、省财政厅负责）

四、强化技术支撑

（十三）加强技术创新。实施节能减排科技专项行动和重点行业低碳技术创新示范工程，以电力、钢铁、石油石化、化工、建材等行业和交通运输等领域为重点，加快节能减排共性关键技术及成套装备研发生产。在能耗高、节能减排潜力大的地区，实施一批能源分质梯级利用、污染物防治和安全处置等综合示范科技研发项目。实施水体污染治理与控制重大科技专项，突破化工、印染、医药等行业源头控制及清洁生产关键技术瓶颈。鼓励建立以企业为主体、市场为导向、多种形式的产学研战略联盟，引导企业加大节能减排技术研发投入。（省科技厅、省发展改革委、省经信委、省环保厅负责）

（十四）加快先进技术推广应用。完善节能低碳技术遴选、评定及推广机制，以发布目录、召开推广会等方式向社会推广一批重大节能低碳技术及装备，鼓励企业积极采用先进适用技术进行节能改造。在钢铁烧结机脱硫、水泥脱硝和畜禽规模养殖等领域，加快推广应用成熟的污染治理技术。加快推进二氧化碳捕集、利用和封存技术研发及产业发展。（省发展改革委、省经信委、省科技厅、省环保厅负责）

五、进一步加强政策扶持

（十五）完善价格政策。严格清理地方违规出台的高耗能企业优惠电价政策。落实差别电价和惩罚性电价政策，节能目标完成进度滞后地区要进一步加大差别电价和惩罚性电价执行力度。对电解铝企业实行阶梯电价政策，并逐步扩大到其他高耗能行业和产能过剩行业。落实燃煤机组环保电价政策。完善污水处理费政策，研究将污泥处理费用纳入污水处理成本。完善垃圾处理收费方式，提高收缴率。（省物价局、省发展改革委、省经信委、省财政厅、省环保厅、省住建厅、省电力公司负责）

（十六）强化财税支持。各市（州）、县（市、区）人民政府要加大对节能减排的资金支持力度，整合各领域节能减排资金，加强统筹安排，提高使用效率，努力促进资金投入与节能减排工作成效相匹配。严格落实合同能源管理项目所得税减免政策。按照国家统一部署，做好煤炭等资源税从价计征改革、环境保护费改税、清理取消有关收费基金等工作。（省财政厅、省国税局、省地税局、省发展改革委、省环保厅、省物价局负责）

（十七）推进绿色融资。银行业金融机构要加快金融产品和业务创新，加大对节能减排降碳项目的支持力度。支持符合条件的企业上市、发行非金融企业债务融资工具、企业债券等，拓宽融资渠道。将节能减排降碳指标作为债务融资工具发行后备企业筛选的重要指标，对高污染、高耗能企业融资进行限制。建立节能减排与金融监管部门及金融机构信息共享联动机制，促进节能减排信息在金融机构中实现共享，作为综合授信和融资支持的重要依据。积极引导多元投资主体和各类社会资金进入节能减排降碳领域。（人行武汉分行、湖北银监局、湖北证监局、省政府金融办、省发展改革委、省环保厅负责）

六、积极推行市场化节能减排机制

（十八）实施能效领跑者制度。定期公布能源利用效率最高的空调、冰箱等量大面广终端用能产品目录，单位产品能耗最低的乙烯、粗钢、电解铝、平板玻璃等高耗能产品生产企业名单，以及能源利用效率最高的机关、学校、医院等公共机构名单，对能效领跑者给予政策扶持，引导生产、购买、使用高效节能产品。（省发展改革委、省经信委、省财政厅、省质监局、省机关事务管理局负责）

（十九）建立碳排放权、节能量和排污权交易制度。稳步推进碳排放权交易试点，研究建立中部区域碳排放权交易市场。积极探索和培育节能量交易市场，加快制定节能量交易工作实施方案，依托现有交易平台适时启动项目节能量交易。继续推进排污权有偿使用和交易试点，编制《湖北省排污权交易试点工作实施方案（2014—2020 年）》，修订完善排污权交易管理配套实施细则，开展主要污染物初始排污权分配技术研究，启动排污权抵押贷款试点工作。（省发展改革委、省环保厅、省财政厅负责）

（二十）推行能效标识和节能低碳产品认证。支持省内企业申报能效标识产品、节能低碳产品认证，强化对认证结果的采信。将产品能效作为质量监管的重点，严厉打击能效虚标行为。（省质监局、省发展改革委负责）

（二十一）强化电力需求侧管理。落实电力需求侧管理办法，完善配套政策，严格目标责任考核。建设省级电力需求侧管理平台，推广电能服务，推进电力需求侧管理城市综合试点。电网企业要确保完成年度电力电量节约指标，并对平台建设及试点工作给予支持和配合。电力用户要积极采用节电技术产品，优化用电方式，提高电能利用效率。通过推行电力需求侧管理机制，2014—2015年节约电量7.87亿千瓦时，节约电力20.73万千瓦。（省经信委、省能源局、省电力公司负责）

七、加强监测预警和监督检查

（二十二）强化统计分析。加强能源消耗、温室气体排放和污染物排放计量与统计能力建设，进一步完善节能减排降碳的计量、统计、监测、核查体系，确保相关指标数据准确。定期发布节能目标完成情况和主要污染物排放数据公告。（省统计局、省质监局、省发展改革委、省环保厅负责）

（二十三）加强监测预警。加快推进重点用能单位能耗在线监测系统建设，2014年完成试点，2015年基本建成。进一步完善主要污染物排放在线监测系统，确保监测系统连续稳定运行，2014年底前，国控、省控重点污染源全部建成在线监控装置，并将其运行情况纳入企业环保信用等级评定体系；到2015年底，污染源自动监控数据有效传输率达到75%，企业自行监测结果公布率达到80%，污染源监督性监测结果公布率达到95%。各地要研究制定确保完成节能减排降碳目标的预警调控方案，根据形势适时启动。（省发展改革委、省环保厅负责）

（二十四）完善法规标准。根据国家法律法规和我省发展需要，抓紧制订和修改完善节能减排、环境保护、低碳发展方面的地方性法规和政府规章。2015年底前出台《湖北省机动车排气污染防治管理办法》。研究制订地方强制性能耗限额标准、重点行业污染物排放标准，落实重点区域大气污染物排放特别限值要求。（省政府法制办、省质监局、省发展改革委、省环保厅负责）

（二十五）强化执法监察。加强节能监察能力建设，到2015年基本建成省、市、县三级节能监察体系。2014年下半年，各地节能主管部门要针对万家重点用能企业开展专项监察。环保部门要持续开展专项执法，公布违法排污企业名单，发布重点企业污染物排放信息，对违法违规行为进行公开通报或挂牌督办。依法查处违法用能排污单位和相关责任人。实行节能减排执法责任制，对行政不作为、执法不严等行为，严肃追究有关主

管部门和执法机构负责人的责任。（省发展改革委、省环保厅、省监察厅负责）

八、落实目标责任

（二十六）强化地方政府责任。各地要严格控制本地区能源消费增长。严格实施单位GDP能耗和二氧化碳排放强度降低目标责任考核，减排重点考核污染物控制目标、责任书项目落实、监测监控体系建设运行等情况。各市（州）、县（市、区）人民政府对本行政区域内节能减排降碳工作负总责，主要领导是第一责任人。对未完成年度目标任务的地区，必要时请省政府领导同志约谈市（州）人民政府主要负责人，有关部门按规定进行问责，相关负责人在考核结果公布后的一年内不得评选优秀和提拔重用，考核结果向社会公布。对超额完成“十二五”目标任务的地区，按照省有关规定，根据贡献大小给予适当奖励。（省发展改革委、省环保厅、省委组织部、省监察厅、省财政厅、省人社厅负责）

（二十七）落实重点地区责任。“十二五”节能减排降碳目标任务完成进度滞后的地区，要专题研究部署推进措施，确保完成刚性任务。电力、钢铁、水泥、平板玻璃、城镇污水治理等重点减排工程比较集中的地区，要加强检查督办，保证工程进度。年能源消费量2000万吨标准煤以上的市（州）、300万吨标准煤以上的县（市、区）和排放量较大的地区，要研究出台具体措施，在确保完成目标任务的前提下，为全省节能减排降碳多作贡献。荆门市作为国家节能减排财政政策综合示范城市，宜昌市、十堰市、神农架林区作为国家生态文明先行示范区要争取提前一年完成“十二五”节能目标，或到2015年超额完成目标的20%以上。低碳试点城市要提前完成“十二五”降碳目标。（省发展改革委、省环保厅、省财政厅负责）

（二十八）明确相关部门工作责任。省政府各有关部门要按照职责分工，加强协调配合，多方齐抓共管，形成工作合力。省发展改革委要履行好省节能减排（应对气候变化）工作领导小组办公室的职责，会同省环保厅等有关部门加强对地方和企业的监督指导，密切跟踪工作进展，督促实施方案各项措施落到实处。省环保厅等要全面加强监管，其他各相关部门也要抓紧行动，共同做好节能减排降碳工作。（省发展改革委、省环保厅等部门负责）

（二十九）强化企业主体责任。企业要严格遵守节能环保法律法规及标准，加强内部管理，增加资金投入，及时公开节能环保信息，确保完成目标任务。省属企业要积极发挥表率作用，把节能减排任务完成情况作为企业绩效和负责人业绩考核的重要内容。国有企业要力争提前完成“十二五”节能目标。充分发挥行业协会在加强企业自律、树立行业标杆、制定技术规范、推广先进典型等方面的作用。（省发展改革委、省环保厅、省经信委、省国资委负责）

（三十）动员公众积极参与。采取形式多样的宣传教育活动，调动社会公众参与节能减排的积极性。鼓励对政府和企业落实节能减排降碳责任进行社会监督。（省委宣传部、省发展改革委、省环保厅负责）

附件：1. 2014—2015 年各地区燃煤锅炉淘汰任务

2. 2014—2015 年各地区主要大气污染物减排工程任务

3. 2014 年各地区黄标车及老旧车辆淘汰任务

湖北省碳排放权管理和交易暂行办法

第一章 总则

第一条 为了加强碳排放权交易市场建设，规范碳排放权管理活动，有效控制温室气体排放，推进资源节约、环境友好型社会建设，根据有关法律、法规和国家规定，结合本省实际，制定本办法。

第二条 本办法适用于本省行政区域内碳排放权管理及其交易活动。

第三条 本省实行碳排放总量控制下的碳排放权交易。碳排放权管理及其交易遵循公开、公平、公正和诚信原则。

第四条 省发展和改革委员会是本省碳排放权管理的主管部门（以下简称“主管部门”），负责碳排放总量控制、配额管理、交易、碳排放报告与核查等工作的综合协调、组织实施和监督管理。

经济和信息化、财政、国资、统计、物价、质监、金融等有关部门在其职权范围内履行相关职责。

第五条 依照国家和省有关规定，对本省行政区域内年综合能源消费量 6 万吨标准煤及以上的工业企业，实行碳排放配额管理。

纳入碳排放配额管理的企业应当依照本办法的规定履行碳排放控制义务、参与碳排放权交易。

第六条 碳排放权交易机构由省政府确定。

第七条 第三方核查机构是对企业碳排放量进行核对、审查的法人机构，由主管部门实行备案管理。

第八条 主管部门建立碳排放权注册登记系统，用于管理碳排放配额的发放、持有、变更、缴还、注销和中国核证自愿减排量（CCER）的录入，并定期发布相关信息。

第九条 从事碳排放权管理及其交易活动的部门、机构和人员，对碳排放权交易主体的商业和技术秘密负有保密义务。

第十条　县级以上人民政府应当加强对碳减排工作的领导。主管部门应当广泛开展对碳排放权管理的宣传培训和教育引导，认真听取并采纳企业对碳排放权管理和交易的合理意见、建议，定期评估碳排放权管理工作。

第二章　碳排放配额分配和管理

第十一条　在碳排放约束性目标范围内，主管部门根据本省经济增长和产业结构优化等因素设定年度碳排放配额总量、制定碳排放配额分配方案，并报省政府审定。

碳排放配额总量包括企业年度碳排放初始配额、企业新增预留配额和政府预留配额。

第十二条　主管部门在设定年度碳排放配额总量、起草碳排放配额分配方案过程中，应当广泛听取有关机关、企业、专家及社会公众的意见。听取意见可以采取论证会、听证会等多种形式。

第十三条　每年6月份最后一个工作日前，主管部门根据企业历史排放水平等因素核定企业年度碳排放初始配额，通过注册登记系统予以发放。

第十四条　企业新增预留配额主要用于企业新增产能和产量变化。

第十五条　政府预留配额一般不超过碳排放配额总量的10%，主要用于市场调控和价格发现。其中，用于价格发现的不超过政府预留配额的30%。

价格发现采用公开竞价的方式，竞价收益用于支持企业碳减排、碳市场调控、碳交易市场建设等。

第十六条　企业年度碳排放初始配额和企业新增预留配额实行无偿分配，具体分配办法另行制定。

第十七条　企业因增减设施，合并、分立及产量变化等因素导致碳排放量与年度碳排放初始配额相差20%以上或者20万吨二氧化碳以上的，应当向主管部门报告。主管部门应当对其碳排放配额进行重新核定。

第十八条　同时符合以下条件的中国核证自愿减排量（CCER）可用于抵消企业碳排放量：

（一）在本省行政区域内产生；

（二）在纳入碳排放配额管理的企业组织边界范围外产生。

用于缴还时，抵消比例不超过该企业年度碳排放初始配额的10%，一吨中国核证自愿减排量相当于一吨碳排放配额。

第十九条　每年5月份最后一个工作日前，企业应当向主管部门缴还与上一年度实际排放量相等数量的配额和（或者）中国核证自愿减排量（CCER）。

第二十条　每年6月份最后一个工作日，主管部门在注册登记系统将企业缴还的配额、中国核证自愿减排量（CCER）、未经交易的剩余配额以及预留的剩余配额予以注销。

第二十一条　每年7月份最后一个工作日，主管部门应当公布企业配额缴还信息。

第二十二条　企业对碳排放配额分配、抵销或者注销有异议的，有权向主管部门申请复查，主管部门应当在20个工作日内予以回复。

第三章　碳排放权交易

第二十三条　碳排放权交易主体包括纳入碳排放配额管理的企业、自愿参与碳排放权交易活动的法人机构、其他组织和个人。

第二十四条　碳排放权交易市场的交易品种包括碳排放配额和中国核证自愿减排量（CCER）。

鼓励探索创新碳排放权交易相关产品。

第二十五条　碳排放权交易应当在指定的交易机构通过公开竞价等市场方式进行交易。

第二十六条　交易机构应当制定交易规则，明确交易参与方的权利义务、交易程序、交易方式、信息披露及争议处理等事项。

第二十七条　交易机构应当建立交易系统。交易参与方应当向交易机构提交申请，建立交易账户，遵守交易规则。

第二十八条　交易参与方开展交易活动应当缴纳交易手续费，收费标准由省物价部门核定。

第二十九条　主管部门会同有关部门建立碳排放权交易市场风险监管机制，避免交易价格异常波动和发生系统性市场风险。

第三十条　禁止通过操纵供求和发布虚假信息等方式扰乱碳排放权交易市场秩序。

第三十一条　主管部门组织开展跨区域碳排放权交易规则、标准、方法学的研究，探索建立跨区域碳排放权交易市场。

第四章　碳排放监测、报告与核查

第三十二条　纳入碳排放配额管理的企业应当制定下一年度碳排放监测计划，明确监测方式、频次、责任人等，并在每年 9 月份最后一个工作日前提交主管部门。

企业应当严格依据监测计划实施监测。监测计划发生变更的，应当及时向主管部门报告。

第三十三条　每年 2 月份最后一个工作日前，纳入碳排放配额管理的企业应当向主管部门提交上一年度的碳排放报告，并对报告的真实性和完整性负责。

第三十四条　主管部门委托第三方核查机构对纳入碳排放配额管理的企业的碳排放量进行核查。

第三十五条　第三方核查机构应当独立、客观、公正地对企业的碳排放年度报告进行核查，在每年 4 月份最后一个工作日前向主管部门提交核查报告，并对报告的真实性和完整性负责。

第三十六条　第三方核查机构应当具备以下条件：

（一）具有独立法人资格和固定经营场所；

（二）具有至少 8 名核查专业技术人员；

（三）具有近 3 年从事温室气体排放核查相关业务的工作经历。

第三十七条　纳入碳排放配额管理的企业应当配合第三方核查机构核查，如实提供有关数据和资料。

第三十八条　主管部门对第三方核查机构提交的核查报告采取抽查等方式进行审查，并将审查结果告知被抽查企业。

第三十九条　纳入碳排放配额管理的企业对审查结果有异议的，可以在收到审查结果后的5个工作日内向主管部门提出复查申请并提供相关证明材料。

主管部门应当在20个工作日内对复查申请进行核实，并作出复查结论。

第五章　激励和约束机制

第四十条　省政府设立碳排放专项资金，用于支持企业碳减排、碳市场调控、碳交易市场建设等。

第四十一条　主管部门应当优先支持碳减排企业申报国家、省节能减排相关项目和政策扶持。

第四十二条　鼓励金融机构为纳入碳排放配额管理的企业搭建投融资平台，提供绿色金融服务，支持企业开展碳减排技术研发和创新，探索碳排放权抵押、质押等金融产品，实现银企互利共赢。

第四十三条　建立碳排放黑名单制度。主管部门将未履行配额缴还义务的企业纳入本省相关信用记录，通过政府网站及新闻媒体向社会公布。

第四十四条　未履行配额缴还义务的企业是国有企业的，主管部门应当将其通报所属国资监管机构。

国资监管机构应当将碳减排及本办法执行情况纳入国有企业绩效考核评价体系。

第四十五条　未履行配额缴还义务的企业，各级发展改革部门不得受理其申报的有关国家和省节能减排项目。

第六章　法律责任

第四十六条　企业违反本办法第十九条规定的，由主管部门按照当年度碳排放配额市场均价，对差额部分处以1倍以上3倍以下，但最高不超过15万元的罚款，并在下一年度配额分配中予以双倍扣除。

第四十七条　企业违反本办法第三十二条和第三十三条规定的，主管部门予以警告、限期履行报告义务，可以处1万元以上3万元以下的罚款。

第四十八条　企业违反本办法第三十七条规定、导致无法进行有效核查的，主管部门予以警告、限期接受核查。逾期未接受核查的，对其下一年度的配额按上一年度的配额减半核定。

第四十九条　碳排放权交易主体、交易机构违反本办法第三十条规定的，主管部门予以警告。有违法所得的，没收违法所得，并处违法所得1倍以上3倍以下，但最高不超过15万元的罚款；没有违法所得的，处以1万元以上5万元以下的罚款。

第五十条　第三方核查机构违反本办法第三十五条规定的，主管部门予以警告。有违法所得的，没收违法所得，并处以违法所得1倍以上3倍以下，但最高不超过15万元的罚款；没有违法所得的，处以1万元以上5万元以下的罚款。

第五十一条　主管部门、有关行政机关及其工作人员，在碳排放权管理过程中玩忽职守、滥用职权、徇私舞弊的，依法给予行政处分；构成犯罪的，依法追究刑事责任。

第七章　附则

第五十二条　本办法所称碳排放是指化石燃料燃烧、工业生产过程等产生的二氧化碳排放。

所称碳排放权是指在满足碳排放总量控制的前提下，企业在生产经营过程中直接或者间接向大气排放二氧化碳的权利。

所称碳排放权交易是指碳排放权交易主体在指定交易机构，对依据碳排放权取得的碳排放配额和中国核证自愿减排量（CCER）进行的公开买卖活动。

第五十三条　中国核证自愿减排量是指依据《温室气体自愿减排交易管理暂行办法》所取得的项目减排量，单位以“吨二氧化碳当量”

（tCO_2e）计。

第五十四条　本办法所称价格发现，是指主管部门在交易初始阶段向市场投放一定数量的碳排放配额，形成初始交易价格，目的是为市场各方提供价格预期。

第五十五条　本办法所称组织边界，是指企业拥有股权或者控制权的生产业务范围。

第五十六条　本办法自 2014 年 6 月 1 日起施行。